"十二五"普通高等教育本科国家级规划教材
住房和城乡建设部"十四五"规划教材
教育部高等学校建筑电气与智能化专业教学指导分委员会规划推荐教材

建筑电气

（第三版）

方潜生　谢陈磊　主　编
方　志　张永明　陈登峰　张鸿恺　副主编

中国建筑工业出版社

图书在版编目（CIP）数据

建筑电气 / 方潜生，谢陈磊主编；方志等副主编.
3 版. -- 北京：中国建筑工业出版社，2024.9.
（"十二五"普通高等教育本科国家级规划教材）（住房和城乡建设部"十四五"规划教材）（教育部高等学校建筑电气与智能化专业教学指导分委员会规划推荐教材）.
ISBN 978-7-112-30156-0

Ⅰ．TU85

中国国家版本馆 CIP 数据核字第 2024AD1322 号

本书以最新的《高等学校建筑电气与智能化本科专业指南》为依据编写而成。同时本书结合实际工程案例，全面贯彻国家最新颁布的建筑电气与智能化设计有关标准和规范，贴近 IEC 国际标准，全面介绍了建筑电气的基本原理与主要内容。全书共 7 章，主要包括：绪论；建筑供配电系统；负荷计算；电气设备及导线、电缆；继电保护；供配电系统综合监控及自动化；电气安全与防雷接地。

本书可作为高等学校建筑电气与智能化专业、电气工程及其自动化专业和工科类其他相近专业本科生的教材，也可作为从事建筑电气设计或施工安装的工程技术人员的参考用书。

为了更好地支持相应课程的教学，我们向采用本书作为教材的教师提供课件，可直接扫封面二维码查看有需要下载者可与出版社联系。

建工书院　http://edu.cabplink.com
邮箱：jckj@cabp.com.cn　电话：(010)58337285
QQ 群：583968506

责任编辑：胡欣蕊　张　健　齐庆梅　王　跃
责任校对：赵　力

"十二五"普通高等教育本科国家级规划教材
住房和城乡建设部"十四五"规划教材
教育部高等学校建筑电气与智能化专业教学指导分委员会规划推荐教材

建筑电气（第三版）

方潜生　谢陈磊　主　编
方　志　张永明　陈登峰　张鸿恺　副主编

*

中国建筑工业出版社出版、发行（北京海淀三里河路 9 号）
各地新华书店、建筑书店经销
北京科地亚盟排版公司制版
建工社（河北）印刷有限公司印刷

*

开本：787 毫米×1092 毫米　1/16　印张：12¾　字数：312 千字
2024 年 7 月第三版　2024 年 7 月第一次印刷
定价：42.00 元（赠教师课件）
ISBN 978-7-112-30156-0
（42919）

版权所有　翻印必究
如有内容及印装质量问题，请联系本社读者服务中心退换
电话：(010) 58337283　QQ：2885381756
（地址：北京海淀三里河路 9 号中国建筑工业出版社 604 室　邮政编码：100037）

出 版 说 明

党和国家高度重视教材建设。2016年，中办国办印发了《关于加强和改进新形势下大中小学教材建设的意见》，提出要健全国家教材制度。2019年12月，教育部牵头制定了《普通高等学校教材管理办法》和《职业院校教材管理办法》，旨在全面加强党的领导，切实提高教材建设的科学化水平，打造精品教材。住房和城乡建设部历来重视土建类学科专业教材建设，从"九五"开始组织部级规划教材立项工作，经过近30年的不断建设，规划教材提升了住房和城乡建设行业教材质量和认可度，出版了一系列精品教材，有效促进了行业部门引导专业教育，推动了行业高质量发展。

为进一步加强高等教育、职业教育住房和城乡建设领域学科专业教材建设工作，提高住房和城乡建设行业人才培养质量，2020年12月，住房和城乡建设部办公厅印发《关于申报高等教育职业教育住房和城乡建设领域学科专业"十四五"规划教材的通知》（建办人函〔2020〕656号），开展了住房和城乡建设部"十四五"规划教材选题的申报工作。经过专家评审和部人事司审核，512项选题列入住房和城乡建设领域学科专业"十四五"规划教材（简称规划教材）。2021年9月，住房和城乡建设部印发了《高等教育职业教育住房和城乡建设领域学科专业"十四五"规划教材选题的通知》（建人函〔2021〕36号）以下简称为《通知》。为做好"十四五"规划教材的编写、审核、出版等工作，《通知》要求：(1) 规划教材的编著者应依据《住房和城乡建设领域学科专业"十四五"规划教材申请书》（简称《申请书》）中的立项目标、申报依据、工作安排及进度，按时编写出高质量的教材；(2) 规划教材编著者所在单位应履行《申请书》中的学校保证计划实施的主要条件，支持编著者按计划完成书稿编写工作；(3) 高等学校土建类专业课程教材与教学资源专家委员会、全国住房和城乡建设职业教育教学指导委员会、住房和城乡建设部中等职业教育专业指导委员会应做好规划教材的指导、协调和审稿等工作，保证编写质量；(4) 规划教材出版单位应积极配合，做好编辑、出版、发行等工作；(5) 规划教材封面和书脊应标注"住房和城乡建设部'十四五'规划教材"字样和统一标识；(6) 规划教材应在"十四五"期间完成出版，逾期不能完成的，不再作为《住房和城乡建设领域学科专业"十四五"规划教材》。

住房和城乡建设领域学科专业"十四五"规划教材的特点：一是重点以修订教育部、住房和城乡建设部"十二五""十三五"规划教材为主；二是严格按照专业标准规范要求编写，体现新发展理念；三是系列教材具有明显特点，满足不同层次和类型的学校专业教学要求；四是配备了数字资源，适应现代化教学的要求。规划教材的出版凝聚了作者、主审及编辑的心血，得到了有关院校、出版单位的大力支持，教材建设管理过程有严格保障。希望广大院校及各专业师生在选用、使用过程中，对规划教材的编写、出版质量进行反馈，以促进规划教材建设质量不断提高。

住房和城乡建设部"十四五"规划教材办公室
2021年11月

序

　　自 20 世纪 80 年代智能建筑出现以来,智能建筑技术迅猛发展,其内涵不断创新丰富,外延不断扩展渗透,成为世界范围内教育界和工业界的研究热点。21 世纪以来,随着我国国民经济的快速发展,新型工业化、信息化、城镇化的持续推进,智能建筑产业不但完成了"量"的积累,更是实现了"质"的飞跃,已成为现代建筑业的"龙头",为绿色、节能、可持续发展和"碳达峰、碳中和"目标的实现做出了重大的贡献。智能建筑技术已延伸到建筑结构、建筑材料、建筑设备、建筑能源以及建筑全生命周期的运维服务等方面,促进了"绿色建筑""智慧城市"日新月异的发展。国家"十四五"规划纲要提出,要推动绿色发展,促进人与自然的和谐共生。智能建筑产业结构逐步向绿色低碳转型,发展绿色节能建筑、助力实现碳中和已经成为未来建筑行业实现可持续发展的共同目标。建筑电气与智能化专业承载着建筑电气与智能建筑行业人才培养的重任,肩负着现代建筑业的未来,且直接关系国家"碳达峰、碳中和"目标的实现,其重要性愈加凸显。教育部高等学校土木类专业教学指导委员会、建筑电气与智能化专业教学指导分委员会十分重视教材在人才培养中的基础性作用,多年来积极推进专业教材建设高质量发展,取得了可喜的成绩。为提升新时期专业人才服务国家发展战略的能力,进一步推进建筑电气与智能化专业建设和发展,贯彻住房和城乡建设部《关于申报高等教育、职业教育住房和城乡建设领域学科专业"十四五"规划教材的通知》(建办人函〔2020〕656 号)精神,建筑电气与智能化专业教学指导分委员会依据专业标准和规范,组织编写建筑电气与智能化专业"十四五"规划教材,以适应和满足建筑电气与智能化专业教学和人才培养需求。该系列教材出版的目的是培养专业基础扎实、实践能力强、具有创新精神的高素质人才。真诚希望使用本规划教材的广大读者多提宝贵意见,以便不断完善与优化教材内容。

教育部高等学校土木类专业教学指导委员会副主任委员
建筑电气与智能化专业教学指导分委员会主任委员　方潜生

第三版前言

随着新一代信息技术的迅猛发展，建筑电气与智能化学科面临新的挑战和机遇。为了紧跟建筑电气与智能化前沿技术，在教育部高等学校建筑电气与智能化专业教学指导分委员会、中国建筑工业出版社的大力支持下，教材编写组在原"十二五"普通高等教育本科国家级规划教材、首届全国教材建设奖二等奖教材《建筑电气（第二版）》的基础上，编写了本教材。

本教材对前两版教材的有关章节内容作了相应修改和调整，主要有：（1）融入现行的标准、规范内容；（2）删减了已淘汰的电器、线缆产品介绍；（3）对前两版教材章节顺序进行了调整；（4）对于部分设备、线缆的图形符号、名词定义等参照最新标准作了修正；（5）删减了建筑照明相关内容；（6）增加了建筑光伏一体化技术、储能技术、直流配电技术等建筑电气新技术；（7）新增了供配电系统综合监控及自动化内容。

在前两版教材的基础上，本教材按照最新的《高等学校建筑电气与智能化本科专业指南》中关于"建筑电气"课程知识点的要求，结合实际工程案例，全面执行《民用建筑电气设计标准》GB 51348—2019、《建筑电气与智能化通用规范》GB 55024—2022，使学生熟练掌握建筑电气的基础知识，跟踪先进设计理念和设计方法，培养应用相关规范和标准的能力，具备建筑电气与智能化设计的基本能力。

本教材共7章，内容包括：绪论；建筑供配电系统；负荷计算；电气设备及导线、电缆；继电保护；供配电系统综合监控及自动化；电气安全与防雷接地。

本教材由安徽建筑大学、同济大学、西安建筑科技大学、南京工业大学、吉林建筑大学等高校教师共同编写完成。具体分工：第1章由方潜生、李善寿共同编写，第2章由张永明编写，第3章由谢陈磊编写，第4章由陈劲松、蒋婷婷编写，第5章由陈登峰编写，第6章由方志、刘建峰编写，第7章由张鸿恺编写。本教材由方潜生、谢陈磊担任主编，方志、张永明、陈登峰、张鸿恺担任副主编，魏立明担任主审。在此，对前两版教材的作者及本教材中所列各参考文献的作者致以衷心感谢。

由于编者水平有限，教材中难免有错漏之处。敬请广大师生和读者批评指正。意见建议请发至邮箱：xcl@ahjzu.edu.cn。

第二版前言

为促进"绿色建筑""智慧城市"中建筑电气与智能化的技术变革，充分利用"互联网＋"优势，在全国高等学校建筑电气与智能化学科专业指导委员会、中国建筑工业出版社、深圳市松大科技有限公司大力支持下，我们在原"十二五"普通高等教育本科国家级规划教材《建筑电气》的基础上，开发了本版教材。

在本版教材开发过程中，对原教材的章节内容作了大篇幅的修订，主要有：（1）更新相关现行标准、规范；（2）删减了已淘汰的电器、线缆产品介绍；（3）对教材原有基本内容的内涵及其表述层次予以调整；（4）对于部分图形符号、名词定义等参照国家新标准作了相应修正；（5）增补了建筑照明相关内容；（6）新增应急电源设计内容；（7）增补了绿色设计相关内容。

本版教材以实际工程项目为案例，以民用建筑10kV线路及一般照明为主线，系统介绍了建筑电气的基本原理与重点，培养学生独自完成建筑电气设计的基本能力，培养学生应用相关标准、规范的能力，使学生熟悉设计三阶段的主要任务、工作内容，具备建筑电气设计的基本能力。

本书共10章，分别介绍：建筑电气综述；电气安全技术与措施；建筑电气设计基础；建筑照明设计；建筑低压配电设计；建筑高压供电设计；继电保护与测量；自备应急电源及建筑防雷设计；绿色建筑与节能设计。

参加本次修订工作的有方潜生（第1章）、牟志平（第2、3、4、5章）、陈杰（第6、7、8、10章）、张鸿恺（第9章及全书的思考与练习题）。全书由方潜生、牟志平统稿。本书部分章节内容由安徽建筑大学刘红宇老师提供；项目案例由安徽建筑大学建筑设计研究院陈劲松先生提供并给予指导，在此谨表谢意。同时对本书修编过程中所列的各参考文献的作者致以衷心感谢。

针对《建筑电气》课程的特点，为便于学生理解课程内容和教师课堂教学，教材将知识点通过Flash动画、三维仿真、微课视频等形式进行展示，并在书中相应位置设置了资源的二维码；各章均附有思考题和习题。读者可以通过扫描本书封底的二维码下载松大慕课（MOOC）APP，在APP内打开扫码功能，扫描书中资源的二维码，即可查看并获取资源。"二维码使用说明及资源目录"详见附录。欢迎广大读者使用。

限于编者水平，书中难免有错漏之处。敬请广大师生和读者批评指正。意见建议请发至邮箱：chenjie@ahjzu.edu.cn。

第一版前言

智能建筑具有技术综合性强、工程集成度高、建设周期长、多因素相关、多目标优化的特点，因市场需要和应用深化而具有巨大的发展潜力。

智能建筑涉及的技术领域日益增多，涵盖的系统范围在不断扩大，多技术体系在智能建筑中交叉融合。作为智能建筑中的重要一环，现代建筑电气在理论与实践方面，与传统建筑电气相比，正面临一场新技术革命。

为了适应新形势下对建设人才的培养需要，特别是充分考虑21世纪建筑电气的发展趋势，根据建设部建人函〔2007〕83号文《关于普通高等教育土建学科专业"十一五"规划教材选题的通知》的要求，特为建筑电气与智能化工程专业编写"建筑电气"教材。

本书在编写过程中，考虑了建筑电气及相关相近专业学生特点，在由浅入深地介绍建筑电气基本概念、系统基本组成、功能、特点的同时，补充和增加介绍了电气控制技术的相关知识、器件的应用，结合实际案例说明问题，各专业可根据教学需要进行删减。

教材中基本内容包括：建筑电气基础，供电和配电系统理论，负荷分析与计算，高低压配电系统的保护原理，防雷与接地等基本知识。通过本部分的学习，能够认识和了解建筑电气所涵盖的内容，正确理解建筑电气的基本理论和基本原理。深化内容(标以"△"号)包括：配电系统一次电路、二次电路(电气计量与保护电路)的设计方法，功率补偿，短路电流的计算方法，电气设备的配置，电线电缆的选用与敷设等。通过本部分的学习，掌握建筑电气各环节的设计和计算方法。强化内容(标以"﹡"号)可与课程设计的相关内容相互呼应，选配普通建筑和高层建筑两个以上的实例，为某一建筑物除照明系统外的强电部分进行电气设计。学生通过该部分的学习，掌握建筑电气的整体设计步骤和方法。7.5节的建筑电气设计案例及附录可从网络免费下载，可联系出版社编辑。

本书在编写过程中广泛听取了编审委员会成员的意见，安徽建筑工业学院设计院陈劲松、安徽省建材设计院刘晓波先生为本教材提供了设计案例，在此，对他们的大力支持表示衷心的感谢；同时，对本书编写过程中参阅的参考文献的各位作者表示衷心的感谢。

本书共七章。第1章由安徽建筑工业学院方潜生编写；第2、4章及附录1由安徽建筑工业学院牟志平编写；第3、5、6章及附录2、5、6由安徽建筑工业学院刘红宇编写；第7章及附录3、4由安徽建筑工业学院赵彦强编写。全书由方潜生担任主编、牟志平统稿。

因时间仓促及学识能力有限，书中错误或不当之处在所难免，敬请读者不吝指教。

目 录

第1章 绪论 ······ 1
1.1 建筑电气概述 ······ 1
1.2 建筑电气设计基本要求 ······ 1
1.2.1 建筑电气设计范围 ······ 1
1.2.2 建筑电气设计深度 ······ 2
1.2.3 建筑电气设计原则 ······ 3
1.2.4 建筑电气设计依据 ······ 4
1.3 建筑电气新技术 ······ 5
1.3.1 建筑光伏一体化技术 ······ 5
1.3.2 储能技术 ······ 6
1.3.3 直流配电技术 ······ 6
1.3.4 微电网系统 ······ 7
1.3.5 "源网荷储"新型配电系统 ······ 7
1.3.6 "光储直柔"新型配电系统 ······ 9
1.3.7 虚拟电厂 ······ 9
思考题与习题 ······ 10

第2章 建筑供配电系统 ······ 11
2.1 负荷分级与供电要求 ······ 11
2.1.1 负荷分级 ······ 11
2.1.2 供电要求 ······ 11
2.2 供配电系统电能质量 ······ 12
2.2.1 标准电压等级 ······ 12
2.2.2 电网频率 ······ 13
2.2.3 电压偏差和调整 ······ 14
2.2.4 电压波动和闪变 ······ 15
2.2.5 公用电网谐波 ······ 17
2.2.6 三相不平衡性 ······ 19
2.3 配电线路结构 ······ 20
2.3.1 放射式结构 ······ 20
2.3.2 树干式结构 ······ 21
2.3.3 环式结构 ······ 22
2.3.4 含分布式电源的配电网络结构 ······ 22

2.4 变配电所及其主结线 ... 24
2.4.1 变配电所选址 ... 24
2.4.2 有母线主结线 ... 25
2.4.3 无母线主结线 ... 27
2.4.4 变电所主变压器选择 ... 28
2.4.5 分布式电源与储能接入 ... 29
2.4.6 自备电源 ... 32
2.5 变配电系统接地形式 ... 33
2.5.1 高压系统中性点接地方式 ... 33
2.5.2 低压系统接地形式 ... 35
2.6 智能供配电系统 ... 38
2.6.1 智能供配电系统基本概念 ... 38
2.6.2 智能供配电系统组成 ... 38
思考题与习题 ... 40

第3章 负荷计算 ... 41
3.1 负荷计算基本概念 ... 41
3.2 负荷计算常用方法 ... 42
3.2.1 设备容量计算方法 ... 42
3.2.2 需要系数法 ... 43
3.2.3 二项式系数法 ... 49
3.2.4 其他估算方法 ... 50
3.2.5 单相负荷计算常用方法 ... 51
3.3 三相负荷计算示例 ... 52
3.4 单相负荷计算示例 ... 54
3.5 功率补偿计算 ... 56
3.5.1 功率损耗构成 ... 56
3.5.2 无功功率补偿 ... 58
3.6 短路电流计算 ... 61
3.6.1 短路基本概念 ... 61
3.6.2 设备短路电参数计算 ... 63
3.6.3 无限大容量电源系统短路电流计算 ... 68
思考题与习题 ... 70

第4章 电气设备及导线、电缆 ... 72
4.1 高压电器 ... 72
4.1.1 高压电器分类 ... 72
4.1.2 常用高压电器简介 ... 73
4.2 低压电器 ... 74

  4.2.1 低压电器分类 …… 74
  4.2.2 常用低压电器简介 …… 75
 4.3 互感器 …… 81
  4.3.1 电流互感器 …… 81
  4.3.2 电压互感器 …… 83
 4.4 电气设备选择一般原则 …… 86
  4.4.1 按正常工作条件选择电气设备 …… 87
  4.4.2 电气设备动、热稳定性校验 …… 87
  4.4.3 电气设备选型示例 …… 88
 4.5 导线、电缆及选用方法 …… 88
  4.5.1 导线及电缆选择原则 …… 89
  4.5.2 导线及电缆选择内容 …… 90
  4.5.3 导线及电缆截面选择原则与校验方法 …… 92
  4.5.4 导线及电缆截面选择示例 …… 102
 思考题与习题 …… 104

第5章 继电保护 …… 106
 5.1 继电保护基本概念 …… 106
 5.2 互感器接线 …… 109
 5.3 高压供配电线路继电保护 …… 111
  5.3.1 瞬时电流速断保护 …… 111
  5.3.2 带时限电流速断保护 …… 113
  5.3.3 带时限过电流保护 …… 114
  5.3.4 三段式电流保护 …… 117
  5.3.5 单相接地保护 …… 120
  5.3.6 过负荷保护 …… 122
 5.4 电力变压器保护 …… 122
  5.4.1 纵联差动保护 …… 123
  5.4.2 瓦斯保护 …… 125
  5.4.3 电流保护 …… 125
  5.4.4 单相短路保护 …… 128
 思考题与习题 …… 128

第6章 供配电系统综合监控及自动化 …… 130
 6.1 供配电系统综合监控 …… 130
 6.2 供配电系统自动化 …… 132
 6.3 供配电系统二次回路 …… 133
  6.3.1 二次回路图 …… 134
  6.3.2 高压断路器控制回路 …… 135

目录

- 6.3.3 中央信号回路 ··· 139
- 6.3.4 测量和绝缘监视回路 ··· 142
- 6.4 供配电系统操作电源 ··· 145
  - 6.4.1 直流操作电源 ··· 145
  - 6.4.2 交流操作电源 ··· 146
- 6.5 供配电系统自动控制装置 ··· 147
  - 6.5.1 自动重合闸装置 ··· 147
  - 6.5.2 备用电源自动投入装置 ··· 150
- 思考题与习题 ··· 151

第7章 电气安全与防雷接地 ··· 153

- 7.1 电气安全 ··· 153
  - 7.1.1 触电类型及其危害 ··· 153
  - 7.1.2 电气安全技术措施 ··· 155
- 7.2 建筑防雷 ··· 160
  - 7.2.1 过电压及雷电 ··· 160
  - 7.2.2 建筑物防雷分类 ··· 164
  - 7.2.3 防雷设备 ··· 165
  - 7.2.4 防雷措施 ··· 171
- 7.3 电气系统接地 ··· 181
  - 7.3.1 接地基本概念 ··· 181
  - 7.3.2 接地装置计算 ··· 182
- 思考题与习题 ··· 187

参考文献 ··· 188

扫一扫查看本书数字资源

第1章 绪 论

1.1 建筑电气概述

建筑电气是"建筑电气工程"的简称,是指电气工程技术在建筑中的应用。它是以电能、电气设备和电气技术为手段,构建、维持或改善建筑环境功能,提高建筑环境等级和效益的一门科学。建筑电气根据建筑的使用性质分为民用建筑电气和非民用建筑电气。民用建筑电气设计针对新建、改建和扩建的单体及群体民用建筑的电气设计;非民用建筑电气设计主要针对工业建筑的电气设计。本教材主要介绍民用建筑的相关电气理论与设计。

建筑电气包含两方面内容:一个是以传输、分配、转换电能为标志,承担着实现电能的供应、输配、转换和利用;另一个是以传输信号,进行信息交换为标志,承担着实现各类信息的获取、传输、处理、存储、显示及应用。习惯上,前者称为"强电",后者称为"弱电"。具体特征如下:

(1) 建筑电气是由供、输、变、配(含操作、控制、计量、保护等)、用多个环节共同组成的统一体。而每一环节始终贯穿于从一条简单支路到规模复杂电网的勘察、设计、施工、验收、运行、使用、维护保养等过程中。因此,"建筑电气"涵盖了上述环节的方方面面。

(2) 建筑电气因电源性质不同,有直流电路和交流电路之分。直流电路中,既有独立变送配的专用直流电路,如地铁、城际高铁、动车等;也有寄生在交流电路中的直流电路,如变频器,充电桩,各种电子类、安全类设备等。交流电路中,因负载连接的不同,电路有单相、三相供电系统;有对称、不对称供电系统。大多数情况下,民用建筑中的三相供电系统多为不对称系统。

(3) 负载属性因电源性质不同而具有多重性。直流中为阻性,交流中既可以是纯阻性、纯感性、纯容性,也可以是电阻电感、电阻电容、电阻电感电容的任意组合。

(4) 建筑电气中,多种电路并举共存,功能各异。技术涵盖电力、电能、自动化、电子、通信、计算机、网络、智能化等领域,种类多、范围广、覆盖面大。

(5) 一个完整全面的建筑电气项目的设计,由建筑电气专业人员自主设计的仅占其中的一部分,其余部分是由相关专业人员设计,建筑电气专业人员配合完成。

1.2 建筑电气设计基本要求

1.2.1 建筑电气设计范围

建筑电气设计范围主要包括设计边界界定和明确设计内容两个方面。

1. 设计边界界定

（1）工程内部线路与外部网络的边界界定

工程内部线路与外部网络的边界界定主要是指建设工程与市政网络的边界划分。这是因为电气设计线路边界不是以建筑红线来界定的，例如：供电、通信网络、有线电视网络的接入等，通常是由建设单位与相关主管部门商定。

（2）专业设计之间相互衔接的边界界定

专业设计之间相互衔接的边界界定主要是指建设工程项目内部各专业设计或与其他单位进行联合设计时的边界划分。这保证了整个工程项目电气设计的具体分工和相互交接边界，避免出现彼此脱节、推诿、扯皮等不良现象的发生。

2. 明确设计内容

现代建筑电气的设计内容、项目繁多复杂，不是某一个人或某一个单位能够全部承担的，大多数情况下，往往需要一些专项设计单位或专业公司协助合作共同完成。因此，参与工程项目建筑电气设计的各专业人员以及各合作单位之间，都必须有明确的设计分工和具体的设计内容，以确保设计工作有序高效进行。

1.2.2 建筑电气设计深度

所谓设计深度，是指设计文件应具有的内容和要求。在民用建筑工程不同设计阶段，其设计深度要求不完全一致，但前后应具有支撑、衔接的关联关系。

根据我国《建筑工程设计文件编制深度规定》规定："民用建筑工程一般分为方案设计、初步设计和施工图设计三个阶段；对于技术要求相对简单的民用建筑工程，经有关主管部门同意，且合同中没有做初步设计约定，可在方案设计审批后直接进入施工图设计。"建筑电气是民用建筑工程的重要组成部分，其设计过程也要遵循上述规定。

1. 方案设计阶段

对于大、中型复杂工程项目的建筑电气设计，一般需要进行方案设计。其主要工作是解决与建筑设计方案的配合，向当地主管部门收集整理相关设计资料，确定总体设计方案，编制方案设计文件等。

方案设计文件的主要内容有：

（1）明确建筑电气设计任务；

（2）向当地电力、气象、电信、消防及其他主管部门收集相关设计资料；

（3）提出设备容量及总容量的各种数据，确定供电方式、负荷等级及供电措施等；

（4）绘制并提供与市政网络分界点容量分布、干线敷设方位等必要简图；

（5）对于有自动控制要求的，须提供必要的自控方案及控制流程框图；

（6）需与建筑配合的大型公共建筑工程项目，应提供相关设备布置平面图；

（7）列出主要电气设备，提供工程项目概算，特别是当有多种方案时，应提供不同方案下的经济技术指标、概算，以便建设单位对比、分析。

2. 初步设计阶段

一般建筑的电气工程设计可直接进入初步设计阶段，小型和技术要求简单的建筑工程，经有关主管部门同意，且合同中有不做初步设计约定的，也可以用方案设计代替初步设计。

初步设计阶段的主要任务是：在工程的建筑方案、建筑设计基础上进行电气方案的设计。大、中型复杂项目还应做多个方案进行经济技术综合分析与比较，并根据工程具体情况以及建设方的技术维护水平、经济承受能力等因素，确定技术先进、安全可靠、经济合理的方案之后，进行必要的计算和内部作业，编制出初步设计文件。

初步设计文件的主要内容有：

（1）设计方案的确定；

（2）主要设备材料清单；

（3）工程概算和控制工程投资；

（4）提出对施工图设计阶段的要求等。

3. 施工图设计阶段

施工图设计阶段的主要任务是：依据已批准的初步设计文件进行具体设备与线路计算，确定电气设备选型以及具体安装工艺，编制施工图设计文件等。

施工图设计文件的主要内容有：

（1）编制施工图预算；

（2）安排设备、材料采购以及非标设备定制等；

（3）提出施工和安装说明及注意事项等。

1.2.3 建筑电气设计原则

建筑电气设计应根据建设单位设计任务书、现场原始资料、建筑性质、使用功能与类别进行，并按国家、行业相关现行标准和技术规范要求、规定执行。一般应遵循的原则如下：

1. 满足用户合理需求原则

随着科学技术的发展，现代建筑功能日趋复杂，用户要求日益提高。因此，设计时首先要对设计对象的性质、使用功能和用途有充分的了解；其次是对设计委托书和用户的使用要求，进行认真分析与综合，并在此基础上，在不违反国家相关政策法令、现行标准与规范的前提下，最大限度地满足用户合理需求，并适当留有发展余地。

2. 贯彻安全原则

电气安全主要包括人身安全；设备、设施及供用电安全以及建筑物安全等几个方面。严格地讲，安全是建筑电气设计的第一要务。现代建筑由于设备设施的增多，使建筑内敷设有大量用途各异的管线。为安全起见，这些管线应具有足够的安全间距、绝缘强度、负荷能力、动热稳定裕量，以保证设备、设施及供用电线路的运行安全，确保从事电气设备操作、使用人员的人身安全。因此，通常根据建筑物的重要性和潜在危险程度，设有防雷与防电击、火灾报警与联动、安全监控等必要的技术措施。特殊场合或有特殊要求时，还应设有防静电或抗震技术措施。

3. 贯彻经济、适用原则

所谓经济是指在设计中采用符合现行标准、规范的先进技术和节能设备，选择合理运行方式，达到既满足使用功能，又最大限度减少电能，降低各种资源消耗、节约运行费用的目的。有条件时，尽可能合理利用自然环境因素，提高能源利用率，为建筑物的经济运行创造条件。

适用是指能为建筑设备、建筑及其环境正常运行提供所必需的动力，能满足用电设备对负荷容量、电能质量与供电可靠性的要求，真正做到安全、稳定、便捷、高效、易操作、无障碍。

4. 贯彻节能、环保原则

节能是我国的一项基本国策。对于以电能作为唯一动力源的建筑设备、设施而言，在建筑工程方案确定之后，电气设计就是贯彻、执行节能国策的重要技术环节。

电气设计不应以节能为目的而降低设计标准，甚至忽视安全保障。正确的做法是从系统的观念出发，在电气设备、设施运行的全寿命周期内，从设计到运行的全过程中每一个环节，自觉关注并应用安全、合理、可行的节能技术措施。

电能是清洁能源，但其供配电设备在运行过程中会对环境造成一定的化学污染和电磁污染。因此，在电气设计中应采取必要的措施，以减少这些污染，保护人身安全及供配电设备周边的自然环境。

除上述设计原则之外，建筑电气设计还应考虑当地经济水平，正确处理近期与远期的关系；应考虑设备材料的供应情况以及安装维护管理水平；应考虑设备设施的形体、色调、安装位置与建筑物的性质、风格协调一致，在不增加投资或仅增加少量投资的情况下，尽可能创造良好的氛围，使之达到满意适用、安全可靠、技术先进、经济合理、管理方便、易维护、可扩展的基本要求。

1.2.4 建筑电气设计依据

建筑电气设计依据主要有：

1. 上级主管部门关于建设工程的正式批文与建设单位的设计委托书

上述文件是建筑电气设计的法律依据和责任凭证，必须有明确的文字规定设计的性质、设计任务名称、设计范围、工程时限、投资额度、设计变更的处理、设计取费及方式等重要事项，并经各方签字盖章确认。

2. 与设计需要相关的各类原始资料

与设计需要相关的各类原始资料包括电气设计所需的气象、水文、地质等自然条件资料；电气相关的建筑设计图、条件图、建筑平面图；用电设备的名称、规格、位置、负荷变动规律、供电与控制方式要求；供电、通信、有线电视、计算机网络等的接网条件与方式；有关建筑在安全、火灾、雷电危害、地震危害等方面潜在危险的必要说明等。

3. 建筑电气设计有关的法律法规

建筑电气设计有关的法律法规如：《中华人民共和国建筑法》《中华人民共和国电力法》《中华人民共和国消防法》《中华人民共和国电力供应与使用条例》《供电营业规则》等。

4. 建筑电气设计有关的技术规范与标准

《民用建筑电气设计标准》GB 51348—2019，《建筑电气与智能化通用规范》GB 55024—2022，《供配电系统设计规范》GB 50052—2009，《低压配电设计规范》GB 50054—2011，《建筑物电子信息系统防雷技术规范》GB 50343—2012，《建筑物防雷设计规范》GB 50057—2010，《建筑设计防火规范（2018年版）》GB 50016—2014，《消防应急照明和疏散指示系统技术标准》GB 51309—2018，《火灾自动报警系统设计规范》GB 50116—2013，《建筑照明设计标准》GB/T 50034—2024，《智能建筑设计标准》GB 50314—2015 等。

5. 建筑电气设计有关的标准图集

《建筑电气工程设计常用图形和文字符号》09DX001，《民用建筑工程电气设计深度图样》09DX003《建筑电气常用数据》19DX101-1，《双电源自动转换装置设计图集》

04CD01,《预制分支和铝合金电力电缆》BD101-7,《室内管线安装》D301-1~3,《防雷与接地上册》D500-D502,《防雷与接地下册》D503~D505,《等电位联结安装》15D502,《住宅小区建筑电气设计与施工》12DX603,《数据中心工程设计及安装》18DX009,《封闭式母线及桥架安装》D701-1~3,《民用建筑电气设计与施工》08D800-1~8,《常用低压配电设备及灯具安装》D702-1~3等。

建筑电气设计除了遵循以上通用依据,还需根据建筑物使用性质、功能等因素,考虑特殊建筑遵循的专用标准、规范,如医院、体育场、特种实验室等。

1.3 建筑电气新技术

目前,建筑能耗已经成为与工业能耗、交通能耗并列的三大"能耗大户"之一。全球建筑能耗约占所有能耗的28%,因此在建筑领域实现绿色低碳化发展已成为实现"美丽中国"目标的重要途径。随着"双碳"目标的深入实施,建筑能耗受到了各界的广泛关注。建筑已经从传统的"刚性负荷"转变为"柔性负荷、弹性负荷",因此建筑不仅是能源的消费者,还是能源的生产者。建筑负荷参与电网调度已经成为一种新趋势,对电气系统的设计、运行管理提出了新要求。各种新型建筑电气技术逐渐在建筑配电系统中获得广泛应用。近年来我国主要围绕分布式光伏发电、储能技术、低压直流配电、柔性用电等"光储直柔"技术体系开展了广泛的研究与工程实践。

1.3.1 建筑光伏一体化技术

当前"节能建筑"已逐渐向"产能建筑"转变,在公共建筑、工商业园区安装光伏发电系统已经成为一种趋势。根据安装形式不同,光伏方阵与建筑结合的形式分别是"安装型"太阳能光伏建筑(Building Attached Photovoltaic,BAPV)以及"构建型"和"建材型"太阳能光伏建筑(Building Integrated Photovoltaic,BIPV),如图1-1所示。BAPV与BIPV区别在于,BAPV是附着于建筑屋顶或外立面的光伏发电系统;BIPV是一种将太阳能发电产品集成到建筑上的技术,如光电瓦屋顶、光电幕墙和光电采光顶等。两者性能对比分析如表1-1所示。

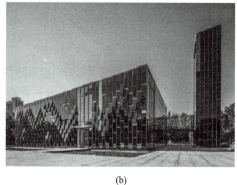

(a) (b)

图1-1 光伏方阵与建筑结合的两种形式

(a) BAPV屋顶;(b) BIPV幕墙

BIPV 和 BAPV 性能对比分析　　　　　　　　　表 1-1

性能	BAPV	BIPV
安全性	需要钢结构等来固定光伏设备，受力更加复杂，固定结构承受压力较大；光伏设备也更容易受到风雨等外力的侵蚀，安全性面临较大考验	光伏设备成为建筑的一部分，不需要额外的空间和装置来固定设备，受力更加简单清晰，安全性更高
观赏性	需要在现有建筑的屋顶或墙面等位置架设光伏产品，建筑物外观较凌乱，整体性较差，观赏性不足	将光伏设备融入建筑，直接将其作为屋顶或墙面，可以通过对组件在颜色、形状和透明度等方面的设计满足建筑物定制化的需要，更具观赏性
便捷性	分二期施工，屋面的施工难度大，工期长；固定装置的存在也使得设备的拆卸更加繁琐，维护难度加大	屋面建设的难度小、完工速度快；屋面含多块电池组件，拆卸方便，因此设备的检修更加简单
经济性	光伏设备维护过程中会对已有建筑产生踩踏和毁损，维护成本更高；使用寿命短，一般在 20 年左右	避免了墙体和固定设备的成本，造价相对 BAPV 更低；不会由于维护对现有建筑造成外部损伤，维护成本更低；用电方即为建筑所有者，克服了 BAPV 的劣势；光伏组件不像 BAPV 一样暴露在室外，不容易受到外力的侵蚀和损伤，使用寿命一般在 50 年左右，更具经济性

1.3.2　储能技术

随着光伏发电这类清洁能源装机规模和利用率不断提升，新能源的波动性、间歇性等技术缺陷日趋凸显，由此产生的电力消纳难、外送难、调峰难等问题，严重制约行业可持续发展。储能技术是促进可再生能源规模化利用的重要技术之一，利用储能系统可发挥四大作用：①平滑光伏发电；②利用削峰填谷产生收益；③停电时提供重要负荷的备用电源；④降低建筑的尖峰负荷，减轻变压器供电压力。为了构建清洁低碳、安全高效的能源体系，当前全球正加快推进储能行业由研发示范向商业化转型发展。尤其是将建筑与光伏发电、储能系统相结合，形成建筑光储一体化发展模式，已经取得了积极进展。常见的储能形式包括：

1. 物理储能

物理储能包括抽水蓄能、压缩空气储能、飞轮储能等，其中抽水蓄能起主导作用。物理储能具有规模大、循环寿命长和运行费用低等优点，但需要特殊的地理条件和场地，建设的局限性较大，且一次性投资费用较高，不适合较小功率的离网发电系统。

2. 电化学储能

电化学储能是通过化学电池完成的能量储存、释放与管理过程。常见的电化学电池包括铅酸电池、铅碳电池、磷酸铁锂电池、三元锂电池、钠离子电池、钠硫电池、半固态/固态电池以及全钒液流电池等。电化学储能主要特点是配置灵活、建设期短、响应速度快，且性价比高，近年来装机持续增长。2023 年上半年，我国新增投运电化学储能电站 227 座，总功率 7.41GW，总能量 14.71GWh，超过此前历年累计装机规模总和。

目前电化学储能在公共建筑、工商业园区领域的应用处于起步阶段。随着储能技术的发展，未来电化学储能技术在低碳建筑、低碳园区建设领域将会越发重要，低成本和安全性也将成为未来建筑电化学储能技术的必然要求。

1.3.3　直流配电技术

直流输电技术在高压输电领域获得了巨大成功，采用直流模式建设大电网可以从根本上消除交流电网的稳定性问题。相对于交流配电网而言，直流配电网线损小，可靠性高，无需相频控制，接纳分布式电源能力强。近年来在低压配电领域，采用低压直流配电技术建设配电网的工程示范及相关研究正在全球范围内兴起。国内较为知名的工程包括珠海多端柔性直流配电网示范工程、苏州中低压直流配用电系统示范工程等。

根据国内外研究可知，虽然直流配电网在供电容量、线路损耗、电能质量、无功补偿等方面都明显优于交流配电网，将具有低投入、低损耗、高可靠性的分布式电源接入直流配电网，必然会成为电力领域的一个重要发展方向。但是，大量分布式电源的接入同时也给直流配电网的规划和运行带来了很多不确定性因素。直流配电网的研究有待进一步深入：

（1）关于直流配电网的研究还处于定性阶段，证明了此概念在某些方面对于交流配电网具有一定的优越性。但其优越性究竟如何，相比目前的配电系统到底有多大的优势，对连接的交流电网的影响到底有多大，都需要进一步研究。

（2）以太阳能、风能等作为一次能源的分布式发电技术，其输出的有功功率不同于传统发电厂，会随着温度、光照、风速等自然条件的变化而产生明显的波动，且无法对其进行有效的调节。因此，为了优化系统运行过程，有必要对这类分布式能源随气象变化的规律和统计特性加以研究。

1.3.4 微电网系统

微电网系统是指由分布式电源、储能装置、能量转换装置、负荷、监控和保护装置等组成的小型发配电系统，是一个能够实现自我控制、保护和管理的自治系统，既可以与外部电网并网运行，也可以孤立运行。微电网系统的主要目标是实现分布式电源的灵活、高效应用，解决数量庞大、形式多样的分布式电源并网问题。微电网系统能够促进分布式电源与可再生能源的大规模接入，实现对负荷多种能源形式的高可靠供给，使传统电网向智能电网过渡是实现主动式配电网的一种有效方式。

从全球来看，微电网系统目前处于实验和示范阶段，微电网系统的技术推广已经度过幼稚期，市场规模稳步增长。未来5~10年，微电网系统的市场规模、地区分布和应用场景都将会发生显著变化。国内较为知名的微电网工程包括：舟山摘箬山岛新能源微电网项目、珠海万山岛智能微电网示范项目、北京延庆新能源微电网示范项目、合肥市高新区微电网示范项目等。总体而言微电网研究与应用目前在技术、经济、商业模式的研究都有待进一步深入：

（1）缺乏统一、规范的微电网体系技术标准和规范。国内微电网体系技术标准和规范尚未建立，很大程度上影响了微电网技术的研究和示范工程的建设。

（2）电力电子技术在微电网中的应用水平不高。微电网技术的发展与先进的电力电子技术、计算机控制技术、通信技术紧密相关。根据微电网的特殊需求，需要研制一系列新型的电力电子设备。

（3）微电网的保护控制技术尚不成熟，微电网中关键设备如储能变流器、并网接口、协调控制器、继电保护及自动化设备还不够完善，同时在国家层面还缺乏统一的技术标准。

（4）投资及运维成本高。微电网是一个多要素协同的复杂能源系统，需要专业的技术人员进行管理、维护和运营，运维成本较高。

1.3.5 "源网荷储"新型配电系统

"源网荷储"新型配电系统是一种包含"电源、电网、负荷、储能"整体解决方案的运营模式，如图1-2所示。

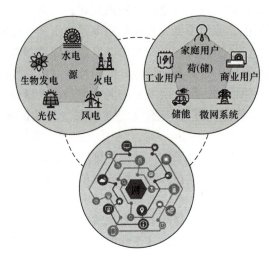

图1-2　源网荷储运营模式

根据2021年2月25日《国家发展改革委 国家能源局关于推进电力源网荷储一体化和多能互补发展的指导意见》发改能源规〔2021〕280号；10月26日国务院发布的《国务院关于印发2030年前碳达峰行动方案的通知》国发〔2021〕23号文，源网荷储一体化是实现碳达峰的重要支撑。源网荷储系统的研究应用，一是提高大电网故障应对能力，能够使大电网故障应急处理时间从分钟级缩短至毫秒级，为预防控制大面积停电时间提供了专业手段；二是源网荷储可精准控制社会可中断的用电负荷和储能资源，提高电网安全运行水平，可解决清洁能源消纳过程中电网波动性等问题，支撑分布式能源发展。

"源网荷储一体化"的落地，将有效解决新能源与传统能源和储能之间协同难、消纳难等制约新能源行业发展的突出"痛点"，助力加快构建以新能源为主体的新型电力系统。"源网荷储"新型配电系统表现为"多能互补、多态融合、多元互动"三个特征。

1. 多能互补：风光电热协同供能

在新型电力系统中，多能互补意味着电源侧由多种能源的简单叠加过渡到基于复杂能流网络的多种能源联动性、系统性的大时空尺度优化配置。同时负荷侧也变为可满足用户"电—气—热—冷"多元化需求的区域综合能源系统。

2. 多态融合：源网荷储一体转变

在电网形态方面，新型电力系统电网形态呈现特高压主电网与微电网、局域网的融合发展，交流大电网与交直流配电网共存等显著特征。而传统电网调度所表现出的"源随荷动、只调整集中式发电"特征，逐步转变为适应于新型电力系统的源网荷储一体化。源网荷储一体化进一步催生了"多站合一""虚拟电厂"等新的行业形态。

3. 多元互动：多元负荷产销融合

"双碳"目标下，电动汽车入网技术（Vehicle to Grid，V2G）技术以及分布式光伏产品将进一步占据能源市场，从而推动新型电力系统负荷的多元化发展。这些分布式负荷及能源的出现为提升用户侧对电网的调节能力，为实现源网荷储协同提供了重要契机，能源消费者的身份也从单纯的消费者转变为具有电网双向调节能力的产销者。在能源互联网建设的背景下,多元互动、产销融合的全新系统运行模式将不断提升电网的网荷互动能力以及需求响应能力。

1.3.6 "光储直柔"新型配电系统

光储直柔是在建筑领域应用太阳能光伏(Photovoltaic)、储能(Energy storage)、直流配电(Direct current)和柔性交互(Flexibility)四项技术的简称。

"光"即太阳能光伏技术。太阳能光伏发电是未来主要的可再生电源之一,而体量巨大的建筑外表面是发展分布式光伏的空间资源。近十几年来,太阳能光伏技术有了快速的迭代与进步,光伏组件在实验室条件下最高的转化效率已达到47.1%,当前量产晶体硅组件的效率也很容易达到22%以上,且单位容量的成本下降到过去的1/10。

"储"即储能技术。在未来的电力系统中,储能是不可或缺的组成部分。建筑中的储能设施,其广义上有多种形式。其中电化学储能是近年来技术发展最为迅速的储能技术。电池储能技术具有响应速度快、效率高及对安装维护要求低等优点。建筑中应急电源、不间断电源等已普遍采用电化学储能。未来,随着电动车的普及,具有双向充放电功能的充电桩可将电动车作为建筑的移动储能,进一步丰富储能系统的形式。

"直"即直流技术。直流与交流相比具有形式简单、易于控制、传输效率高等特点,在航空、通信、舰船等专用系统中都大量地采用直流供电系统。在建筑中采用直流供电系统目的在于利用直流简单、易于控制的特点,便于光伏、储能等分布式电源灵活、高效地接入和调控,实现可再生能源的大规模应用;同时,利用低压直流安全性好的特点,打造本质安全的用电环境。直流建筑的重要特征就是"光伏、储能、直流、柔性"以及四者的协同。

"柔"即柔性用电技术。柔性是指能够主动改变建筑从市政电网取电的能力。事实上,建筑设备用电往往具有可中断、可调节的特性,建筑设备的柔性已经受到国内外学者的广泛关注。传统建筑能源供应主要是解决电力供应和建筑用能二者之间的关系,柔性要解决的是市电供应、分布式光伏、储能以及建筑用能四者的协同关系。发展柔性技术对于解决当下电力负荷峰值突出问题,以及未来与高比例可再生能源发电形态相匹配的问题具有重要意义。

1.3.7 虚拟电厂

虚拟电厂是将不同地域、不同空间的可调节(可中断)负荷、储能、微电网、电动汽车、分布式电源等一种或多种资源聚合起来,实现自主协调优化控制,参与电力系统运行和电力市场交易的智慧能源系统,如图1-3所示。

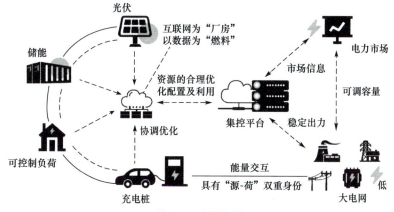

图1-3 虚拟电厂

虚拟电厂不同于需求侧响应，虚拟电厂的侧重点在于增加供给，会产生逆向潮流现象，而需求侧响应重点强调削减负荷，不会发生逆向潮流现象。是否会造成电力系统产生逆向潮流是虚拟电厂和需求侧响应两者最主要的区别之一。虚拟电厂既可作为"正电厂"向系统供电调峰，又可作为"负电厂"加大负荷消纳，配合系统填谷；既可快速响应指令，保障系统稳定并获得经济补偿，也可等同于电厂参与各类电力市场辅助服务获得经济收益。当前，国内可再生能源发展迅猛，社会用电短期峰值负荷不断攀升，加之极端天气的影响，导致部分区域电力供需紧张，保障电网安全运行的灵活性调节资源日益缺乏，电力系统运行可靠性和经济效率严重下降，建设适应高比例可再生能源发展的新型电力系统势在必行。当前电网"双高①""双峰②"特性明显，备用容量严重不足，预计2030年电网备用容量缺口将达到2亿kW。虚拟电厂作为提升电力系统调节能力的重要手段之一，对缓解电力紧张将发挥重要作用，市场前景广阔。

目前，国内虚拟电厂仍处于初级阶段，以试点示范为主。较为典型的示范工程包括：国网冀北虚拟电厂示范工程、杭州国家高技术产业创新中心虚拟电厂项目、深圳国家高技术产业创新中心虚拟电厂项目等。依据运行模式的不同，虚拟电厂的发展可分为三个阶段，分别为邀约型、市场型以及跨空间自主调度型虚拟电厂。当前，我国虚拟电厂正处于邀约型向市场型过渡阶段，在政策、市场、技术、商业模式上呈现以下几个特点：

（1）虚拟电厂政策还有待完善，亟待出台国家和省级层面专项政策。

（2）虚拟电厂总体处于试点示范阶段，且省级层面缺乏统一的虚拟电厂平台。

（3）大部分虚拟电厂试点实现了初步的用户用能监测，鲜有项目实现虚拟电厂的优化调度及对分布式能源的闭环控制。

（4）虚拟电厂商业模式仍不清晰，均处于探索阶段。

思考题与习题

1. 何谓建筑电气？建筑电气涵盖的知识范围是如何界定的？
2. 民用建筑电气设计依据主要有哪些？
3. 简述建筑电气设计的一般原则。
4. 简述建筑电气的设计内容。
5. 建筑电气工程设计三个阶段中，各阶段设计深度是如何规定的？
6. 试分析"光储直柔"新型配电系统如何助力建筑零碳用电？
7. 虚拟电厂技术怎样助推新型电力系统发展？

---

①② 电力系统"双高"（高比例可再生能源、高比例电力电子设备）、"双峰"（用电需求夏高峰、冬高峰）特征进一步凸显。

第 2 章　建筑供配电系统

2.1　负荷分级与供电要求

2.1.1　负荷分级

用电设备所消耗的功率称为电力负荷。不同用电设备在突然中断供电时造成的损失及影响程度各不相同。损失或影响越大的，对供电可靠性的要求应该越高。因此，必须将电力负荷分类，以便采用不同的供电方案对应不同等级的电力负荷。

依据国家工程建设规范《建筑电气与智能化通用规范》GB 55024—2022，电力负荷即建筑用电负荷应根据对供电可靠性的要求及中断供电所造成的损失或影响程度分为特级、一级、二级和三级 4 个级别。建筑物主要用电负荷的分级，如表 2-1 所示。

建筑主要用电负荷分级　　　　表 2-1

用电负荷分级	用电负荷分级依据	适用的建筑物	用电负荷名称
特级	1) 中断供电将危害人身安全、造成人身重大伤亡； 2) 中断供电将在经济上造成特别重大损失； 3) 在建筑中具有特别重要作用及重要场所中不允许中断供电的负荷	高度超过 150m 的一类高层公共建筑	安全防范系统、航空障碍照明等
一级	1) 中断供电将造成人身伤害； 2) 中断供电将在经济上造成重大损失； 3) 中断供电将影响重要用电单位的正常工作，或造成人员密集的公共场所秩序严重混乱	一类高层建筑	安全防范系统、航空障碍照明、值班照明、警卫照明、客梯、排水泵、生活给水泵等
二级	1) 中断供电将在经济上造成较大损失； 2) 中断供电将影响较重要用电单位的正常工作或造成公共场所秩序混乱	二类高层建筑	安全防范系统、客梯、排水泵、生活给水泵等
二级		一类和二类高层建筑	主要通道、走道及楼梯间照明等
三级	不属于特级、一级和二级的用电负荷	—	—

2.1.2　供电要求

1. 特级负荷的供电要求

特级用电负荷应由 3 个电源供电，并应符合下列规定：

（1）3 个电源应由满足一级负荷要求的两个电源和一个应急电源组成；

（2）应急电源的容量应满足同时工作最大特级用电负荷的供电要求；

（3）应急电源的切换时间，应满足特级用电负荷允许最短中断供电时间的要求；

（4）应急电源的供电时间，应满足特级用电负荷最长持续运行时间的要求；

（5）对一级负荷中的特别重要负荷的末端配电箱切换开关上端口宜设置电源监测和故障报警。

2. 一级负荷的供电要求

一级用电负荷应由两个电源供电，并应符合下列规定：

（1）当一个电源发生故障时，另一个电源不应同时受到损坏；

（2）每个电源的容量应满足全部一级、特级用电负荷的供电要求。

一级负荷中断供电后果严重，因此要由双电源供电。并要求当一个电源发生故障时，另一个电源不应同时受到影响而损坏，以维持继续供电。

考虑电网的实际情况，在发生故障时还是有可能会引起全部电源进线同时失电而造成停电事故。因此，一级负荷中特别重要的负荷，除了由电网提供的两个电源供电外，还应增设应急电源，并且严禁将其他负荷接入应急供电系统，以保证其供电的可靠性。

应急电源定义为：用作应急供电系统组成部分的电源。可作为应急电源使用的有：供电网络中独立于正常电源的专用馈电线路、独立于正常电源的发电机组、蓄电池组等。

3. 二级负荷的供电要求

二级用电负荷应符合下列规定：

（1）二级负荷的外部电源进线宜由 35kV、20kV 或 10kV 双回线路供电；当负荷较小或地区供电条件困难时，二级负荷可由一回 35kV、20kV 或 10kV 专用的架空线路供电；

（2）当建筑物由一路 35kV、20kV 或 10kV 电源供电时，二级负荷可由两台变压器各引一路低压回路在负荷端配电箱处切换供电，另有特殊规定者除外；

（3）当建筑物由双重电源供电，且两台变压器低压侧设有母联开关时，二级负荷可由任一段低压母线单回路供电；

（4）对于冷水机组（包括其附属设备）等季节性负荷为二级负荷时，可由一台专用变压器供电；

（5）由双重电源的两个低压回路交叉供电的照明系统，其负荷等级可定为二级负荷。

4. 三级负荷的供电要求

三级负荷可采用单电源单回路供电。

2.2 供配电系统电能质量

电力系统中的所有电气设备，都是在一定的电压和频率下工作的。电气设备的额定电压和额定频率，是电气设备正常工作且能获得最佳经济效果的电压和频率。电压和频率是衡量电能质量的两个基本参数。

一般交流电力设备的额定频率为 50Hz，此频率通称为工频（工业频率）。对供电系统来说，提高电能质量主要是提高电压质量。电压质量是按照国家标准或规范对电力系统电压的偏差、波动和波形的一种质量评估。

此外，三相系统中三相电压或三相电流是否平衡也是衡量电能质量的一个指标。

2.2.1 标准电压等级

《标准电压》GB/T 156—2017 中规定了电力系统和设备的标准电压，如表 2-2 所示。

第 2 章 建筑供配电系统

电力系统中发电、输电及配电、用电设备在正常工作下的电压即额定电压必须要与其相符合。

标准电压是一个电压等级系列。电力系统中，通常把1000V及以下称为低压，1000V以上至35kV称为中压，35kV以上至220kV称为高压，220kV以上称为超高压。

三相交流系统及相关设备的标准电压　　　　　　表 2-2

序号	系统标称电压（kV）	设备最高电压（kV）	交流发电机电压（kV）
1	—	—	0.115
2	0.22/0.38	—	0.23
3	0.38/0.66	—	0.4，0.69
4	1 (1.14)	—	—
5	3 (3.3)	3.6	3.15
6	6	7.2	6.3
7	10	12	10.5，13.8，15.75，18
8	20	24	20，22，24，26
9	35	40.5	—
10	66	72.5	—
11	110	126 (123)	—
12	220	252 (245)	—
13	330	363	—
14	500	550	—
15	750	800	—
16	1000	1100	—

注　1. 系统标称电压定义为用以标示或识别系统电压的给定值。
　　2. 规定设备最高电压用以表示设备绝缘，以及在相关设备性能中可以依据这个最高电压的其他特性。
　　3. 对用于标称电压不超过1000V的设备，运行和绝缘仅依据系统标称电压而定。
　　4. 1.14kV仅限于某些行业内部使用，其余括号内的数值为用户有要求时使用。

2.2.2　电网频率

1. 频率偏差及其危害

我国电力系统的标称频率（即工频频率）是50Hz，系统中所有设备按照此频率设计、制造并运行。标称频率就是指系统设计选定的频率。

电力系统在运行当中，实际频率与标称频率之间可能有偏差，这个差值称为频率偏差。

电力系统的工频频率与发电机组转速严格对应，而发电机组的转速取决于输入、输出能量的平衡，且具有机械惯性。这样，发电机发出的功率与用电设备、线路消耗的电能之间的平衡，关系到工频频率的变化。当系统用电超过或低于发电厂发出电力时，电力系统的频率就要降低或升高，发电厂发出电力变化也同样会引起系统频率的改变。

系统低频率运行，会降低发电、供电、用电设备的效率，影响产品质量，对许多设备造成积累性疲劳伤害，如汽轮机的叶片振动加大而产生裂纹，以致断裂事故等。系统频率大幅度低于标称值时，将威胁系统的安全稳定，甚至能引起电压崩溃。

系统高频率运行，会增加系统和用户的无谓损耗，使旋转、往复动作设备超速运转，造成毁灭性伤害等。

2. 频率偏差限值与频率调整

《电能质量 电力系统频率偏差》GB/T 15945—2008 标准中规定：

（1）电力系统正常运行下频率偏差的限值为±0.2Hz，当系统的容量较小时，可放宽到±0.5Hz；

（2）周期性或非周期性的快速从电力系统中取用功率的冲击性负荷，引起系统频率变化的限值为±0.2Hz。

为防止系统在低于或高于标称频率下运行，要求提高负荷预测精度，减小计划发出电力与实际负荷的偏差，进一步发挥自动发电控制（Automatic Generation Control，AGC）的作用。电力系统运行时的频率调整有一次调频、二次调频等。

一次调频是指当电力系统负荷发生微小变化、频率偏离标称值时，发电机组通过调速器参与频率调整，自动增减发电机的输出功率，以维持电力系统频率稳定。一次调频的特点是响应速度快，但是只能做到有差控制，抑制变动周期较短（秒级）、幅度较小的随机波动负荷引起的频率偏移。

二次调频是指当负荷变动有更大的周期（分钟级），幅度变化较大时，可通过调频器平行上下移动机组有功功率-频率静态特性，改变机组有功输出，使系统负荷改变带来的频率变化保持在允许范围之内，可做到无差调节。二次调频分为手动调频及自动调频。手动调频由运行人员根据系统频率变动的状况来调节发电机的发出电力；自动调频就是现代电力系统采用的 AGC 调频方式，通过装在发电厂和调度中心的装置自动增减发电机的发出电力，保持系统频率在较小的范围内波动。

在电力系统故障，系统频率下降时，可动用系统的备用发电容量，增加低频率（周波）减负荷装置实现频率的稳定回升；当频率升高时，快速减少发电机的发出电力，甚至进行高频切机，使系统频率尽快降低到标称值附近。

2.2.3　电压偏差和调整

1. 电压偏差的概念

电压偏差定义为：实际运行电压与系统标称电压偏差的相对值的百分数。即：

$$\Delta U\% = \frac{U - U_N}{U_N} \times 100\% \tag{2-1}$$

式中　ΔU——电压偏差；

　　　U_N——电压标称值，V；

　　　U——电压实际值，V。

电压偏差实际上就是电压长时间地偏离了标称值，对设备正常运行有较大影响。例如实际运行电压低于标称值（欠电压），会使作为动力的感应电动机转矩下降、电流增大、温度升高，从而降低生产效率、影响产品质量、缩短电机寿命；会使气体放电灯不易或反复点燃，降低照度等。实际运行电压高于标称值（过电压）时，会使电光源照度增加但寿命缩短；会使感应电动机电流增加、温度升高、绝缘受损，从而缩短电机寿命；会使电子产品的绝缘永久损坏等。

2. 电压偏差的允许值

规定电压偏差的允许范围很有必要，我国《电能质量 供电电压偏差》GB/T 12325—2008 标准中规定：

220V 单相供电电压的允许偏差范围为标称电压的 +7%、-10%；20kV 及以下三相供电电压的允许偏差为标称电压的 ±7%；35kV 及以上供电电压正负偏差绝对值之和要求不超过标称电压的 10%（如电压上下偏差均为正或负，则取最大的绝对值）。另外，对供电距离较长、短路容量较小以及对电压偏差有特殊要求的用户，可由供用电双方协商解决。

3. 电压偏差的调整

供配电系统在运行中，因潮流重新分布、运行方式改变等因素，经常会造成供电电压的较大偏差。为满足用电设备对电压的要求，必须采取措施进行电压调整。常见的电压调整方法有：

（1）电力变压器调压

普通的电力变压器有无励磁调压装置，称为分接开关。将高压绕组引出几个抽头接至分接开关的电压分接头。改变电压分接头的位置即可调压，不过要在变压器完全不带电的情况下才能调整。如果对电压调整有较高要求需要经常带负载调压的，可以采用有载调压变压器。

（2）采用无功补偿调压

供配电系统中存在大量的感性负载如感应电动机、电力变压器、接触器、继电器、电焊机、附带电感镇流器的气体放电灯等，它们产生的相位滞后的感性无功功率，降低了功率因数，增加了电压损耗。采用并联电容器补偿感性无功功率，可以减小系统的电压损耗，改善电压水平。如装设于变电所内的无功补偿装置采用分组投切的办法，则可对供电范围实行中心调压。串联电容补偿，则可用于配电网中局部调压，这种调压作用会随线路负载的变化而变化，因此具有自行调节的能力。

（3）其他的调压手段

其他的调压手段，如切除次要的负荷，增加供电线路导线截面、供电线路，缩短供电距离，改善供电线路的功率因数，用阻抗相对较小的电缆线路代替架空线路，尽量使三相负载平衡等也能有效改善电压的偏差。

2.2.4 电压波动和闪变

1. 电压波动和闪变的概念及其危害

电压波动是指电网电压的方均根值（有效值）一连串的变动或连续的变化。

闪变是指电光源照度变化对人眼形成刺激的主观感受，是波动电压作用于光源在一段时间内引起的积累效应。

供配电系统中负荷的剧烈变动将引起电压波动。各种短路故障会造成负荷剧变，进而引起电压较大波动。正常运行时不稳定的负荷如电焊机、大厦中的电梯、电动汽车充电等都会引起供配电系统电压波动。

电压波动可使电动机转速不均匀，影响产品质量；能造成自动化控制装置误动作，计算机电子信息系统工作异常、硬件损坏；产生照明闪烁，引起人眼视觉的不适与疲劳，影响工作与学习；影响对电压波动敏感的精密仪器实验结果等。

2. 电压变动的计算与限值

电压变动 $d\%$ 是衡量电压波动大小的一个指标,用电压均方根(有效)值曲线上相邻两个极值电压之差对电网标称电压 U_N 的百分数表示,即:

$$d\% = \frac{\delta U}{U_N} \times 100\% \tag{2-2}$$

式中　δU——电压均方根(有效)值曲线上相邻两个极值电压之差;
　　　U_N——系统标称电压。

《电能质量　电压波动和闪变》GB/T 12326—2008 规定了用户在电力系统公共连接点产生的电压变动的限值,见表 2-3。公共连接点(Point of Common Coupling,PCC)是电力系统中一个以上用户的连接处。

实际负荷引起的电压变动值可用公式计算。已知三相负荷有功、无功的变化量 ΔP、ΔQ,在系统中产生的电压变动为:

$$d\% = \frac{R_{eq}\Delta P + X_{eq}\Delta Q}{U_N^2} \times 100\% \tag{2-3}$$

式中　R_{eq}、X_{eq}——电网的等值电阻与电抗,Ω。

电压变动限值　　　　　　表 2-3

r(次/h)	$d\%$	
	35kV 及以下	35kV 以上
$r \leq 1$	4	3
$1 < r \leq 10$	3*	2.5*
$10 < r \leq 100$	2	1.5
$100 < r \leq 1000$	1.25	1

注　1. 电压变动频度 r:为单位时间内电压变动的次数。电压由小到大或大到小各算一次变动,同方向的多次变动,如果间隔时间小于 30ms,也只算一次变动。
　　2. 对于随机性不规则的电压波动,表中标有"*"的值为其限值。

考虑高压电网中,$X_{eq} \gg R_{eq}$,因此公式(2-3)可简化为:

$$d\% \approx \frac{\Delta Q}{S_d} \times 100\% \tag{2-4}$$

式中　S_d——公共连接点处的正常较小运行方式下的短路容量。可用最大短路容量乘
　　　　　　以 0.7 代替。

负荷变动以无功功率的变化量为主时,三相平衡负荷的电压变动简化计算公式为:

$$d\% \approx \frac{\Delta S}{S_d} \times 100\% \tag{2-5}$$

式中　ΔS——三相负荷的变化量。

如果是接于相间的单相负荷,计算公式为:

$$d\% \approx \frac{\sqrt{3}\Delta S_S}{S_d} \times 100\% \tag{2-6}$$

式中　ΔS_S——接于相间的单相负荷的变化量。

如果电压波动的变化率低于每秒 0.2% 时,则可以视为电压偏差。

第2章 建筑供配电系统

3. 闪变的限值

电力系统公共连接点处的闪变限值，见表 2-4。要求在一周（即 168h）的测量时间内，所有长时间闪变值 P_{lt} 都应满足要求。

闪变限值　　　　　表 2-4

P_{lt}	
≤110kV	>110kV
1	0.8

短时间闪变值 P_{st}：衡量短时间（基本记录周期为 10min）内闪变强弱的一个统计量值，计算公式为：

$$P_{st}=\sqrt{0.0314P_{0.1}+0.0525P_1+0.0657P_3+0.28P_{10}+0.08P_{50}} \quad (2-7)$$

式中　$P_{0.1}$、P_1、P_3、P_{10}、P_{50}——10min 内瞬时闪变视感度超过 0.1%、1%、3%、10% 和 50% 时间的察觉单位值。

采用 220V、60W 的白炽灯，在 $P_{st}<0.7$ 的情况下，一般察觉不出闪变；如果 $P_{st}>1.3$ 时则闪变将使人不舒服。

长时间闪变值 P_{lt}：反映长时间（基本记录周期为 2h）闪变强弱的量值，由短时间闪变值 P_{st} 推算出来，计算公式为：

$$P_{lt}=\sqrt[3]{\frac{1}{n}\sum_{j=1}^{n}(P_{stj})^3} \quad (2-8)$$

式中　n——长时间闪变值测量时间内所包含的短时间闪变值个数（$n=12$）。
　　　P_{stj}——2h 内第 j 个短时间闪变值。

4. 电压波动的抑制

可采取以下措施，抑制电压波动和闪变：

（1）因设备故障而引起电压大幅波动的，应尽快予以切除；

（2）对负荷剧烈变动的大型电气设备如炼钢的电弧炉等，采用专用直配高压线，专用变压器对其供电；

（3）将负荷剧烈变动的设备接于短路容量较大的电网中，或由更高级电压供电；

（4）采用静止无功补偿装置（Static Var Compensater，SVC）或有源滤波装置（Active Power Filters，APF）抑制电压波动与闪变；

（5）改进负荷剧烈变动设备的生产工艺，优化设计也是抑制电压波动与闪变的有效方法。

2.2.5　公用电网谐波

1. 谐波的概念及其危害

电力系统工频交流电对其进行傅里叶级数分解，得到的大于基波频率的整数倍分量，被称为交流电的高次谐波；频率与工频相同的分量是基波。

工频交流电之所以会产生波形畸变，是因为公用电网中有许多向公用电网注入谐波电流或在公用电网中产生谐波电压的设备（即谐波源）。电力系统中主要的谐波源有：电力变压器、电抗器、电弧炉、整流变流设备、电弧焊、电力机车、气体放电灯、电视机等。

电网中高次谐波的存在会严重危害电力系统和用电设备。比如，谐波的存在可能会使电网发生谐振、增加电网损耗，引起电机的附加损耗和发热、产生机械振动与噪声，造成变压器铁芯过热，电度表计量误差，使继电保护与自动装置误动作，对通信电路产生干扰等。

2. 公用电网谐波的限值与计算

国标《电能质量 公用电网间谐波》GB/T 24337—2009 规定了公用电网谐波（相）电压的限值，如表 2-5 所示。

公用电网谐波（相）电压限值　　　　　　表 2-5

电网标称电压（kV）	电压总谐波畸变率（%）	各次谐波电压含有率（%）	
		奇次	偶次
0.38	5	4	2
6	4	3.2	1.6
10			
35	3	2.4	1.2
66			
110	2	1.6	0.8

表 2-5 中，谐波含有率（Harmonic Ratio，HR）是指周期性交流物理量中含有的第 h 次谐波分量的均方根值，计算公式为：

$$HRU_h = \frac{U_h}{U_1} \times 100\% \tag{2-9}$$

式中　U_1——基波电压均方根值，V；

U_h——第 h 次谐波电压均方根值，V。

总谐波畸变率（Total Harmonic Distortion，THD）为周期性交流物理量中的谐波含量的均方根值与基波均方根值之比的百分数。电压总谐波畸变率用 THD_u 表示，计算公式为：

$$THD_u = \frac{\sqrt{\sum_{h=2}^{\infty}(U_h)^2}}{U_1} \times 100\% \tag{2-10}$$

用户注入电网公共连接点的谐波电流分量的均方根值不应超过表 2-6 中规定的值。

当公共连接点处的最小短路容量与表中基准容量不同时，谐波电流的允许值要经过换算，换算公式为：

$$I'_h = \frac{S_k}{S_{kj}} I_h \tag{2-11}$$

式中　S_{kj}——基准短路容量，VA。

S_k——实际短路容量，VA。

I_h——基准短路容量下的各次谐波电流的允许值，I。

I'_h——实际短路容量下的各次谐波电流的允许值，I。

第2章 建筑供配电系统

注入公共连接点的谐波电流限值　　　　表2-6

标称电压 (kV)	基准短路容量 (MVA)	谐波次数和允许的谐波电流均方根值 (A)									
		2	3	4	5	6	7	8	9	10	11
0.38	10	78	62.0	39.0	62.0	26.0	14.0	19.0	21.0	16.0	28.0
6	100	43	34.0	21.0	34.0	14.0	24.0	11.0	11.0	8.5	16.0
10	100	26	20.0	13.0	20.0	8.5	15.0	6.4	6.8	5.1	9.3
35	250	15	12.0	7.7	12.0	5.1	8.8	3.8	4.1	3.1	5.6
66	500	16	13.0	8.1	13.0	5.4	9.3	4.1	4.3	3.3	5.9
110	750	12	9.6	6.0	9.6	4.0	6.8	3.0	3.2	2.4	4.3

标称电压 (kV)	基准短路容量 (MVA)	谐波次数和谐波电流允许值 (A)									
		12	13	14	15	16	17	18	19	20	21
0.38	10	13.0	24.0	11.0	12.0	9.7	18.0	8.6	16.0	7.8	8.9
6	100	7.1	13	6.1	6.8	5.3	10	4.7	9.0	4.3	4.9
10	100	4.3	7.9	3.7	4.1	3.2	6.0	2.8	5.4	2.6	2.9
35	250	2.6	4.7	2.2	2.5	1.9	3.6	1.7	3.2	1.5	1.8
66	500	2.7	5.0	2.3	2.6	2.0	3.8	1.8	3.4	1.6	1.9
110	750	2.0	3.7	1.7	1.9	1.5	2.8	1.3	2.5	1.2	1.4

3. 公用电网谐波抑制措施

（1）增加可控硅变换装置的脉冲数，消除较低次谐波，减少产生的谐波电流。

（2）采用相数倍增法组成6相、12相、18相、24相等换流设备。相数越多，换流波形的脉冲数越多，消除的低次谐波也越多。如12相时可消除5、7、17、19、29、31次谐波，总谐波量为基波电流的11.7%；24相时还可以消除11、13、35、37次谐波，总谐波量为基波电流的5.3%。

（3）改变换流变换器之间互有相位差，比如30°、20°、15°、10°等，其消除谐波的效果等同于相数倍增法。

（4）高压电网的容量大，可以减小谐波的影响，因此大容量的谐波设备可改由更高一级的电压供电。

（5）采用Dyn11连接组别的配电变压器。因Dyn11连接组别的变压器，高压绕组为三角形接法，使3次及其整数倍谐波形成环流而不会注入系统中。

（6）安装无源交流滤波装置。在谐波源处就近安装由电容器、电抗器和电阻器等组合而成的无源滤波装置，利用低阻抗谐振回路吸收谐波电流，防止谐波注入的有效措施。

（7）安装有源滤波装置。向电网送入大小、相位相同，极性相反的电流，抵消总谐波电流。

（8）其他抑制谐波的措施，例如限制接入电网的谐波设备容量，防止电容器对谐波的放大，消除局部谐振，谐波设备与谐波敏感负荷分开接线等都有助于消除谐波的影响。

2.2.6 三相不平衡性

1. 三相不平衡的概念及其危害

供配电系统中，当三相电压或电流的幅值不等，或相位不是120°时，三相电不平衡。引起三相电不平衡的因素有两方面：

（1）由于三相负载不对称所引起的三相不平衡；

(2) 由于系统中发生各种不对称的短路故障造成三相不平衡。

三相电压或电流的不平衡会造成旋转电机振动、发热过度，引起保护误动作，发电机的容量利用率下降，变压器的磁路不平衡产生附加损耗、负荷较大相的绕组过热，对通信电路产生干扰等。

2. 三相不平衡度及其限值

用对称分量法把不平衡的三相电压和电流分解为正序、负序、零序分量。作为电能质量指标之一的负序电压不平衡度 $\varepsilon_{u2}\%$，用电压负序分量均方根值 U_2 与电压正序分量均方根值 U_1 的百分比表示，计算公式为：

$$\varepsilon_{u2}\% = \frac{U_2}{U_1} \times 100\% \tag{2-12}$$

国标《电能质量 三相电压不平衡》GB/T 15543—2008 中规定：系统正常运行时，公共连接点的负序电压不平衡度 $\varepsilon_{u2}\% \leqslant 2\%$，短时间内 $\varepsilon_{u2}\% \leqslant 4\%$；接于公共连接点的每个用户的允许值，一般为 $\varepsilon_{u2}\% \leqslant 1.3\%$，短时间内 $\varepsilon_{u2}\% \leqslant 2.6\%$。

3. 三相不平衡改善措施

(1) 将单相负荷尽量均匀地分配到各相中去，使各相的负荷之差限制在 15% 以内；
(2) 将不平衡负荷分散到不同的供电点，以免集中连接造成不平衡度超过允许值；
(3) 将不平衡负荷接入更高级电压的系统中，更大的短路容量会大大改善三相不平衡度；
(4) 采用分相补偿技术或静止无功电源等，改善三相不平衡。

2.3 配电线路结构

根据《电力系统技术导则》GB/T 38969—2020 定义，电力系统由发电、供电（输电、变电、配电）、用电设备以及为保障其正常运行所需的继电保护和安全自动装置、调度自动化、电力通信等二次设备构成的统一整体。

其中，配电网是指从电源侧（输电网、发电设施、分布式电源等）接受电能并通过配电设施就地或逐级分配给各类用户的电力网络。35~110kV 电网为高压配电网，6~20kV 电网为中压配电网，220V/380V 电网为低压配电网。

配电线路结构主要分为放射式、树干式和环式结构。

2.3.1 放射式结构

1. 单回路放射式结构

单回路放射式供电方式的特点是每个用户由变电所（配电所）一条线路送电过去，供电的可靠性较高。当任意一个回路故障时，由该回路的线路首端在变电所内的保护动作，不影响其他回路供电。单回路放射式结构如图 2-1 所示。

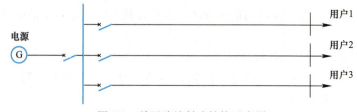

图 2-1 单回路放射式结构示意图

2. 双回路放射式结构

对于重要的用户（如特级负荷、一级负荷），单回路放射式结构不满足供电可靠性要求，则可采用双回路放射式结构，如图 2-2 所示。

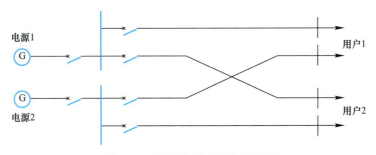

图 2-2　双回路放射式结构示意图

当双回路放射式结构采用交叉供电的形式时，可保证用户得到两个电源，以保证特级负荷、一级负荷的供电要求。此种结构形式常见于中压和低压供配电系统中。

2.3.2　树干式结构

1. 单回路树干式结构

单回路树干式结构就是由电源端向负荷端配出主干线，在干线上再引出数条分支线向用户供电，如图 2-3 所示。单回路树干式结构比放射式结构要节省设备和导线。其不足之处在于，一旦干线发生故障，所有支线用户将全部受影响，所以单回路树干式结构一般用于向三级负荷供电。

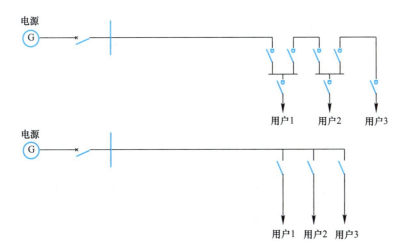

图 2-3　单回路树干式结构示意图

2. 双回路树干式结构

对于可靠性要求高的用户，可采用双回路树干式结构对其送电。两条干线路互为备用，可将双回路干线引自不同的电源，如图 2-4 所示。双回路树干式结构可以向二级以上负荷供电。这种结构在中、低压系统中应用广泛。

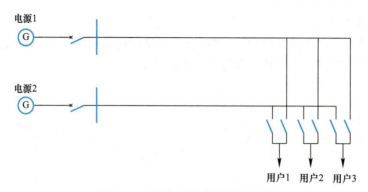

图 2-4 双回路树干式结构示意图

2.3.3 环式结构

环式结构，常见于中压系统或高压系统，在城市供电网中应用较多。例如城市 110kV、220kV 供电的主干网通常是环网。单环式结构可用于对二、三级负荷供电。电源可为多个或一个，通常采用开环运行方式，以提高供电可靠性，单电源单环式结构示意图如图 2-5 所示。

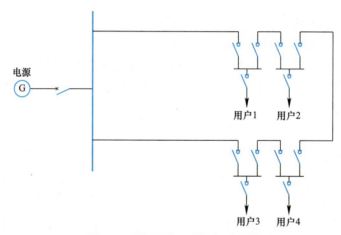

图 2-5 单电源单环式结构示意图

2.3.4 含分布式电源的配电网络结构

随着分布式发电（Distributed Generation，DG）、微电网（Microgrid，MG）、储能（Energy Storage，ES）等技术的飞速发展，含分布式电源的配电网络在未来会有更广泛的应用。

1. 单电源放射状接线

传统的单电源放射状接线，如图 2-6 所示。单电源放射状接线适用于城市非重要负荷架空线和郊区季节性用户，干线可以分段。其优点是较为经济，配电线路和高压开关柜数量相对较少，新增负荷也比较方便；缺点主要是故障影响范围较大，供电可靠性较差。当线路故障时，部分线路或全线将停电；当电源故障时，将导致整条线路停电。

含分布式发电、微电网、储能的单电源放射状接线在继承了传统接线优点的同时，通过微电网或储能的孤岛运行能力，还提高了供电可靠性。在分布式发电、微电网、储能发展成熟的将来，该接线方式将会有更广泛的应用。

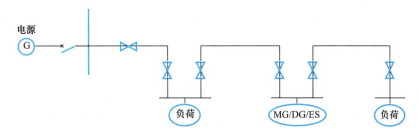

图 2-6　含分布式发电、微电网、储能的单电源放射状接线示意图

2．双电源放射状接线

双电源放射状接线，如图 2-7 所示。双电源放射状接线可靠性比单电源放射状高，缺点是每个负荷都必须引双电源线进入，方案的线路投资比较大。

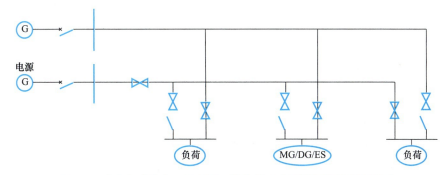

图 2-7　含分布式发电、微电网、储能的双电源放射状接线示意图

在含分布式发电、微电网、储能的供配电系统中，供电可靠性本身已经较高，使用双电源接线性价比并不高，因此该接线方式对可靠性要求较高的区域使用。

3．双电源手拉手环网接线

含分布式发电、微电网、储能的双电源手拉手环网接线，如图 2-8 所示，是通过联络断路器将来自不同变电站（对应手拉手）或相同变电站（对应环网）不同母线的两条馈线连接起来形成环网。任何一个区段故障时，通过联络断路器可将负荷转供到相邻馈线上完成转供。该接线供电可靠性满足 N-1 原则，供电可靠性较高。

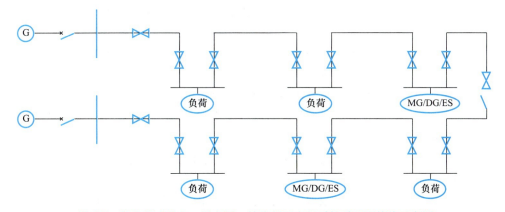

图 2-8　含分布式发电、微电网、储能的双电源手拉手环网接线示意图

结合分布式发电、微电网、储能的接入，可靠性得到进一步提高，因此适用于负荷供电要求较高的区域。

4. 多分段多联络接线

含分布式发电、微电网、储能的多分段多联络接线，如图 2-9 所示，适用于负荷密度较高，对供电可靠性要求高并有架空线的区域。多分段、多连接的城网的优点是可提高线路的负荷转移能力、线路设备的利用率、供电可靠性等，加入分布式发电、微电网、储能后系统可靠性进一步提升。

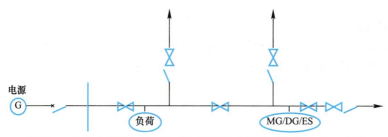

图 2-9 含分布式发电、微电网、储能的多分段多联络接线示意图

2.4 变配电所及其主结线

变电所是接受电能、变换电压、分配电能的场所，配电所（配电房）是接受电能、分配电能的场所。在供配电系统中，一般将 35kV 以上的高压变成 10kV（6kV）中压的变电所称为区域变电所或总降压变电所。把 10kV（6kV）变成 0.4kV 的变配电所称为用户变电所，在工业企业中则称为车间变电所。10kV（6kV）配电站又称开闭所，在城市电网中使用较为普遍。

2.4.1 变配电所选址

我国《20kV 及以下变电所设计规范》GB 50053—2013、《35kV～110kV 变电所设计规范》GB 50059—2011 以及《民用建筑电气设计标准》GB 51348—2019 确定了变配电所所址选择的原则：

（1）深入或靠近负荷中心。可以减少大电流传输的距离，降低电能、电压损耗，降低有色金属的消耗量。

（2）便于进出线。变配电所的进出线回路很多，应在周围留出足够的空间，尤其是架空线路。

（3）靠近电源侧。变配电所靠近电源侧可以避免反向送电，优化供电路径。

（4）满足供电半径的要求。每个电压等级的线路输送功率的大小和输送距离都有一个合理的范围。所以，变电所在某个电压下的最远供电距离是有限制的。以最远供电距离为半径画出一个圆，圆内就是变电所的供电范围。在变配电所的位置选择中，要考虑能覆盖其全部的供电用户。

（5）便于设备运输。变电所内有电力变压器、成套的开关电气设备需要运输，因此要选择交通便利的地方。

（6）避免将变配电所设在有剧烈振动、高温、多尘、有腐蚀性气体的场所，避免有潮湿或易积水的、有爆炸危险的、有火灾危险区域等。

此外,箱式变电站的位置设置应按照《住宅建筑电气设计规范》JGJ 242—2011 所规定的距离,即箱式变电站距离住宅外墙最小距离为 20m。若受条件所限,箱式变电站距离住宅外墙的最小间距不得小于 10m,且箱式变电站需做好电磁屏蔽。

2.4.2 有母线主结线

母线也称为汇流排,是接受电能和分配电能的导体。因为母线是各条供配电线路的汇合点,所以母线的结线方式直接关系着各路负荷运行的可靠性、安全性与灵活性。户外高压母线一般使用与架空线路相同的导线。户内使用的母线,采用硬质的金属材料,截面形状有矩形、管形、槽形等。常用矩形截面的有铜排或铝排。

1. 单母线不分段结线

在有母线的主结线中,单母线不分段结线是一种最简单的结线方式。它的每条进出线中都应安装断开回路的开关以及保护电器,如图 2-10 所示。图 2-10 中断路器 QF 的作用是带负载切断负荷电流或故障电流并提供保护。隔离开关靠母线侧的称为母线隔离开关,靠近线路侧的称为线路隔离开关。隔离开关 QS 的作用是隔离电压,以便断路器 QF 检修。

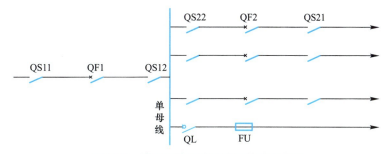

图 2-10　单电源单母线不分段结线示意图

单母线不分段结线形式线路简单,使用设备较少。由于是母线制,扩建较为方便。但它的可靠性较差,例如当母线或母线侧隔离开关(或其他开关)发生故障及检修时,就会造成全部负荷停电。

单母线不分段的结线方式也能双电源进线,不过两路电源要分主用和备用,采用自动切换或手动切换,正常使用时只能一路电源进线接在母线上。

2. 带旁路母线的单母线结线

图 2-11 中第一回路断路器 QF1 需要检修时,为了让该路负荷的工作不受到影响,而设置一个旁路母线,在旁路母线与主母线之间接有隔离开关 QS22、QS21 和断路器 QF2 组成的替代回路。

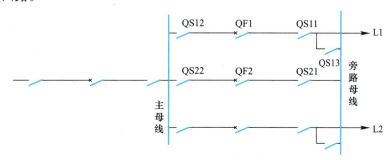

图 2-11　单母线带旁路母线结线示意图

在检修 QF1 时，首先合上隔离开关 QS21、QS22 及断路器 QF2，给旁路母线充电。然后等电位合上 QS13。再分别切除断路器 QF1，隔离开关 QS12 和 QS11，就可以检修断路器 QF1，并通过旁路母线继续给 L1 回路供电。检修完毕后，反向操作恢复正常供电。

3. 单母线分段结线

单母线分段结线，如图 2-12 所示。每个母线段接有一个或两个电源，在母线中间用断路器或隔离开关来联络。

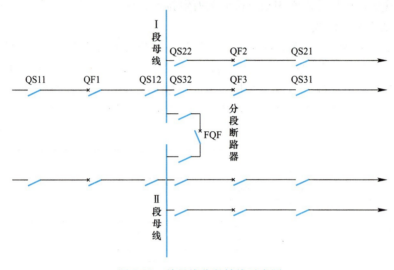

图 2-12　单母线分段结线示意图

采用单母线分段式结线，其可靠性高于单母线不分段结线。当某段母线发生故障时，仅停一半负荷。某段母线电源失电，可经过倒闸操作，用母线分段开关维持失电母线上负荷的继续供电。

单母线分段式结线的好处是，对重要负荷可从不同的母线段引出回路，对它们进行多电源供电。单母线分段可分出多于两段的母线。

《20kV 及以下变电所设计规范》GB 50053—2013 规定：6～10kV 母线的分段处宜装设断路器，当不需带负荷操作且无继电保护和自动装置要求时，可装设隔离开关或隔离触头。

4. 双母线结线

当重要负荷多，配电回路数多，且对供电连续性要求较高，采用单母线分段制有困难时，可采用双母线结线形式。双母线结线常见于 35～110kV 的母线系统或有自备发电厂的 6～10kV 的重要母线系统中。不分段式双母线结线，如图 2-13 所示。两条母线可以指定一条为工作母线，另一条为备用母线，或者两组母线同时工作。

双母线结线的优点是供电可靠、运行灵活。通过各个回路上两组母线隔离开关的轮换操作，可以做到检修任一组母线而不中断供电。检修任何回路的母线隔离开关，只停该回路供电。各回路可以任意接到不同的母线组，能灵活地适应系统中各种运行方式。

双母线结线形式有：双母线不分段结线、双母线分段结线、双母线带旁路母线结线等。

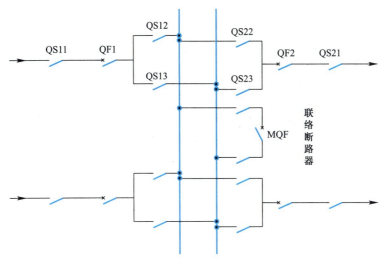

图 2-13 不分段式双母线结线示意图

双母线结线形式也有缺陷,比如当一条母线故障时,不能自动把故障母线回路切换到正常母线上等。因此,在双母线结线形式之上还有双断路器、半断路器结线形式,主要用于电力系统重要的发电厂、超高压变电所。

2.4.3 无母线主结线

1. 变压器-线路单元结线

双回路变压器-线路单元结线,如图 2-14 所示。这种结线方式的优点是结线最简单,设备最少,变压器高压侧只装设简单的开关,或没开关。缺点是运行方式不够灵活,如当线路发生故障或检修时,此线路的变压器要停运,互为备用的变压器(或备用电源)通常无法承载停运变压器的所有负荷。变压器发生故障或检修时也如此。

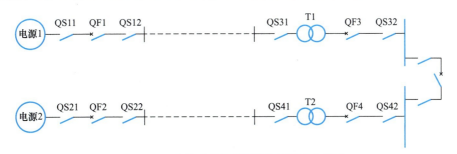

图 2-14 双回路变压器-线路单元结线示意图

2. 变压器-桥式结线

35~110kV 线路为两回路左右的电源进线时,有两台电力变压器终端式总降压变电所宜采用桥形结线。桥形结线实际上就是变压器高压侧单母线分段结线的去掉母线简化形式,其原来的母线分段联络变成了"桥"。根据桥联结位置的不同,桥式结线可分为内桥和外桥两种联结方式。

(1) 内桥结线

内桥结线,如图 2-15(a)所示,联结桥断路器 QF5 在线路断路器 QF1 和 QF2 之内。这种结线方式用于输配电线路需要经常操作,主变压器不必经常退出运行的变电所。如当电源 1 或线路检修时，断路器 QF1 断开，此时变压器 T1 可以由电源 2 经过联结桥断路器 QF5 继续供电，当电源 2 或线路检修时也一样。当检修线路断路器 QF1 或 QF2 时，还是利用联结桥 QF5 的作用，使这两台电力变压器能一直保持正常运行。该结线适用于终端型的工业企业总降压变电所。

（2）外桥结线

外桥结线，如图 2-15（b）所示。联结桥断路器 QF5 在线路断路器 QF1 和 QF2 之外。在进线回路只安装隔离开关，不必安装断路器。外桥式结线主要用于变压器需要经常操作的变电所。

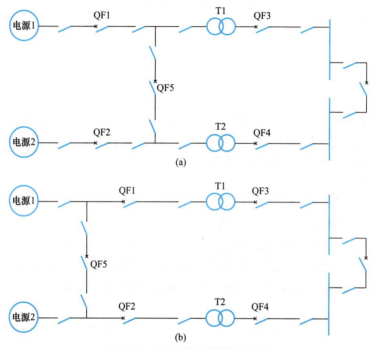

图 2-15　内桥与外桥结线示意图
(a) 内桥结线；(b) 外桥结线

2.4.4　变电所主变压器选择

变压器是利用电磁感应的原理来改变交流电压的装置，主要构件是初级线圈、次级线圈和铁芯（磁芯）。变压器根据冷却系统，可分为干式变压器与油浸式变压器。

（1）干式变压器：使用空气作为冷却介质，广泛用于局部照明、高层建筑、机场、码头、机床设备等场所，简单地说干式变压器就是指铁芯和绕组不浸渍在绝缘油中的变压器。具体冷却方式分为自然空气冷却和强迫空气冷却。自然空冷时，变压器可在额定容量下长期连续运行。强迫风冷时，变压器输出容量可提高 50%。适用于断续过负荷运行，或应急事故过负荷运行；由于过负荷时负载损耗和阻抗电压增幅较大，处于非经济运行状态，故不应使其处于长时间连续过负荷运行。

（2）油浸式变压器：使用油作为绝缘和冷却介质，变压器铁芯和绕组浸入油中，有助于消散运行期间产生的热量，并在绕组和铁芯之间提供良好的绝缘。油浸式变压器常用于高压系统。

此外，变压器根据相数还可分为单相变压器与三相变压器，前者在一次侧和二次侧均为一个单相绕组，后者在一次侧和二次侧都有一个三相绕组。

主变压器的台数和容量按照《20kV 及以下变电所设计规范》GB 50053—2013、《35kV～110kV 变电站设计规范》GB 50059—2011 等规范要求选择。

1. 主变压器台数选择

（1）存在二级以上负荷的变电所，宜装设两台变压器（技术经济比较合理时也可装设两台以上），当一台变压器发生故障或检修时，另一台变压器能对一、二级负荷继续供电。如果变电所可由中、低压侧取得足够的备用电源容量时，可装设一台主变压器；

（2）对季节性负荷或昼夜负荷变动较大的变电所，考虑采用经济运行方式时，也可采用两台变压器；

（3）负荷集中且容量相当大的变电所，考虑单台配电变压器容量的限制，也可以采用两台或多台变压器；

（4）除上述几种情况外，一般变电所宜采用一台变压器；

（5）在确定变电所主变压器台数时，应考虑负荷的发展，留有 15%～25% 左右的裕量。

2. 主变压器容量选择

变压器容量选择时，应同时考虑有功功率和无功功率，因此，以视在功率为变压器选择的依据。

（1）变电所单台主变压器容量选择

主变压器容量 $S_{N.T}$ 必须满足变电所总计算负荷 $S_{\Sigma m}$ 的需要，即：

$$S_{N.T} \geqslant S_{\Sigma m} \tag{2-13}$$

（2）变电所装有两台及以上主变压器容量选择

变压器的容量 $S_{N.T}$ 应满足下面几个条件：

1）变压器的总容量必须满足变电所总计算负荷 $S_{\Sigma m}$ 的需要；

2）当任一台变压器断开时，其余变压器的容量应满足特级、一级、二级负荷的全部需要；

3）断开一台变压器时，其余主变压器的容量不应小于全部负荷的 60%。

（3）配电变压器（低压为 0.4kV）的容量不宜大于 1250kVA，预装式变电所变压器，单台容量不宜大于 800kVA。

3. 选择变压器的其他规定

（1）多层或高层主体建筑内的变电所，宜选用不燃或难燃型变压器；在严重影响安全运行的多尘或腐蚀性气体存在的场所，应选用防尘型或防腐型变压器；

（2）配电变压器宜选用 Dynll 接线组别的变压器；

（3）共用变压器将严重影响照明质量及光源寿命时，可设照明专用变压器；对严重影响电能质量的冲击性负荷，可设专用变压器；

（4）应适当考虑今后 5～10 年电力负荷的增长，留有一定的余地，其中干式变压器的过载能力较小，更宜留有较大的裕量。

2.4.5 分布式电源与储能接入

1. 分布式发电

（1）基本概念

分布式发电主要指布置在电力负荷附近，容量在 9MW 以下，与环境兼容、节约能源的发电装置，如微型燃气轮机、太阳能光伏发电、燃料电池、风力发电等。容量在 8MW 以上的独立电源可作为微型电厂并入电网。

分布式电源可用于工厂、企业、办公楼、医院、体育场所、居民家庭等用户的供电。对于利用可再生能源的分布式电源，如太阳能、风能、氢能、地热和生物质能等，可积极推广应用。对于利用天然气等清洁能源的微型电厂，应提倡采用冷热电三联供形式，以提高能源利用效率。

（2）并网

运行不同容量的分布式电源并网的电压等级参照表 2-7 确定。

分布式电源并网的电压等级　　　　表 2-7

分布式电源总容量范围	并网电压等级
数千瓦至数十千瓦	400V
数百千瓦至九兆瓦	10kV、35kV
大于 9MW 的微型电厂	35kV、66kV、110kV

分布式电源并网运行应装设专用的并、解列装置和开关。解列装置应具备低压、低频等可靠判据。在配电线路跳闸和分布式电源内部故障时，分布式电源应立即与电网解列，在电网电压和频率稳定后方可重新并网。

分布式电源所发出电力应就近消纳为主。用户建设的分布式电源若需向电网反送电力，应向电力公司申请批准。原则上限制分布式电源在低谷时段向电网反送功率，但可再生能源除外。

分布式电源的运行不能对电网产生谐波污染，必要时应装设滤波装置。分布式电源接入点的功率因数应满足电力公司的要求。分布式电源应装设双向的峰谷电能表。原则上电力公司对并网运行的分布式电源不予调度，对微型电厂给予调度。

（3）分布式电源接入

配电网规划设计时应对允许分布式电源接入的地点和总装机容量做出规定。

容量较大的微型电厂如需并网，应进行接入系统设计方案，通过后申报电力公司批准，同时应做好配套的电网建设工作。

配电网规划设计时应考虑为允许接入的分布式电源留有事故备用容量，并应对分布式电源的接入进行初步的企业经济效益分析。分布式电源的接入不应影响城市配电网的设计与运行控制，具体要求如下：

1）分布式电源容量不宜超过接入线路容量的 10%～30%（专线接入除外），《民用建筑电气设计标准》GB 51348—2019 规定：光伏发电系统总容量不宜超过上一级变压器额定容量的 25%。

2）刚度系数（接入点短路电流与分布式电源机组的额定电流之比）不低于 10，《民用建筑电气设计标准》GB 51348—2019 规定：光伏发电系统额定电流与并网点的三相短路电流之比不宜高于 10%。

3）分布式电源接入后线路短路容量不超过断路器遮断容量，否则须加装短路电流限制装置。光伏发电系统宜配置无功补偿装置。

2. 交流接入方式

光伏和储能系统的直流电逆变成交流电，接入传统的交流建筑供配电系统，其接入方式示意图如图 2-16 所示。配电网通过变压器将电能输送到交流母线，各用电负荷与交流母线相连直接供电，直流设备（光伏和储能）通过 AC/DC 变换器与交流母线互联。这种分布式发电和储能接入方式，相当于把直流设备通过 AC/DC 变换器等效于一个"交流设备"，建筑能量管理系统对负荷、光伏、储能进行统一的管理。

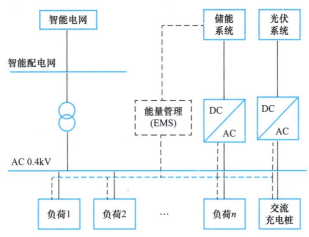

图 2-16　分布式发电和储能传统交流接入方式示意图

3. "光储直柔"接入方式

依据《民用建筑直流配电设计标准》T/CABEE 030—2022，光储直柔定义为配置建筑光伏和建筑储能，采用直流配电系统，且用电设备具备功率主动响应功能的新型建筑能源系统。"光储直柔"建筑智能供配电系统架构，如图 2-17 所示。

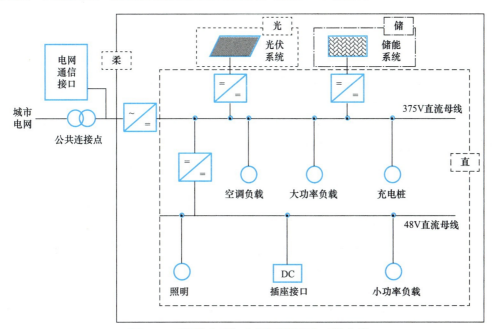

图 2-17　"光储直柔"建筑智能供配电系统架构

2.4.6 自备电源

根据《民用建筑电气设计标准》GB 51348—2019 规定，自备电源包含自备柴油发电机组、应急电源、不间断电源。当符合下列条件之一时，用电单位应设置自备电源：

1) 一级负荷中含有特别重要负荷；
2) 设置自备电源比从电力系统取得第二电源更经济合理，或第二电源不能满足一级负荷要求；
3) 当双重电源中的一路为冷备用，且不能满足消防电源允许中断供电时间的要求；
4) 建筑高度超过 50m 的公共建筑的外部只有一回电源不能满足用电要求。

（1）自备柴油发电机组

自备柴油发电机组的容量与台数应根据应急或备用负荷大小以及单台电动机最大启动容量等综合因素确定。当应急或备用负荷较大时，可采用多机并列运行，应急柴油发电机组并机台数不宜超过 4 台，备用柴油发电机组并机台数不宜超过 7 台。额定电压为 230V/400V 的机组并机后总容量不宜超过 3000kW。当受并机条件限制时，可实施分区供电。

（2）应急电源

应急电源（Emergency Power Supply，EPS）指用作应急供电系统组成部分的电源。应急电源与正常电源之间，应采取防止并列运行的措施，即采用"先断后合"方式。下列电源可作为应急电源：

1) 供电网络中独立于正常电源的专用馈电线路；
2) 独立于正常电源的发电机组；
3) 蓄电池组。

应急电源应根据允许中断供电的时间选择，并应符合下列规定：

1) 允许中断供电时间为 30s（60s）的供电，可选用快速自动启动的应急发电机组；
2) 自动投入装置的动作时间能满足允许中断供电时间时，可选用独立于正常电源之外的专用馈电线路；
3) 连续供电或允许中断供电时间为毫秒级装置的供电，可选用蓄电池静止型不间断电源装置（Uninterruptible Power Supply，UPS）；
4) 允许中断供电时间为毫秒级的应急照明供电，可采用应急照明集中电源装置。

若采用自备应急发电机，则负荷计算应满足下列要求：

1) 当自备应急发电机仅为一级负荷中的特别重要负荷供电时，应按一级负荷中的特别重要负荷的计算容量，选择自备应急发电机容量；
2) 当自备应急发电机为同时使用的消防负荷及火灾时不允许中断供电的非消防负荷供电时，应按两者的计算负荷之和，选择应急发电机容量；
3) 当自备应急发电机作为第二电源时，计算容量应按消防状态与非消防状态对第二电源需求的较大值，选择自备应急发电机容量。

当单相负荷的总计算容量小于计算范围内三相对称负荷总计算容量的 15% 时，可全部按三相对称负荷计算；当超过 15% 时，宜将单相负荷换算为等效三相负荷，再与三相负荷相加。

（3）不间断电源装置

当用电负荷不允许中断供电时或允许中断供电时间为毫秒级的重要场所，应配置 UPS。

UPS 设置原则如下：

第 2 章 建筑供配电系统

1）不间断电源装置宜用于电容性和电阻性负荷；

2）为信息网络系统供电时，UPS 的额定输出功率应大于信息网络设备额定功率总和的 1.2 倍，对其他用电设备供电时，其额定输出功率应为最大计算负荷的 1.3 倍；

3）当选用两台 UPS 并列供电时，每台 UPS 的额定输出功率应大于信息网络设备额定功率总和的 1.2 倍；

4）当 UPS 的输入电源直接由自备柴油发电机组提供时，其与柴油发电机容量的配比不宜小于 1∶1.2。蓄电池初装容量的供电时间不宜小于 15min。

2.5 变配电系统接地形式

2.5.1 高压系统中性点接地方式

高压供配电系统中作为电源的三相发电机和三相电力变压器的中性点是否接地以及如何接地，构成了不同的中性点接地方式。一般有三种接地方式：

1. 中性点不接地系统

系统电源中性点不接地，如图 2-18 所示。线路正常运行时，对地有分布电容存在，此时相电压对称，三个相的对地电容电流 I_∞ 也对称。这样，三个相的对地电容电流的相量和为零，大地中没有电流流过。各相的对地电压为其相电压。

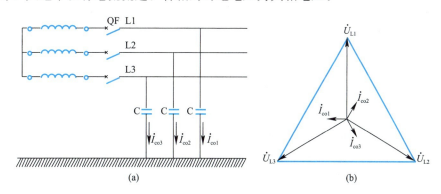

图 2-18 正常运行时中性点不接地系统的等值电路与电流电压相量图
(a) 等值电路；(b) 电流电压相量图

当系统发生单相接地故障时，假设 L3 相接地，则 L3 相对地电压为零，如图 2-19 所示。L1 相对地电压计算公式为：

$$\dot{U}_{L1O} = \dot{U}_{L1} - \dot{U}_{L3} = \dot{U}_{L13} \tag{2-14}$$

L2 相对地电压计算公式为：

$$\dot{U}_{L2O} = \dot{U}_{L2} - \dot{U}_{L3} = \dot{U}_{L23} \tag{2-15}$$

由图可知，L3 相接地时，非故障 L1、L2 两相对地电压都由相电压升高到线电压，即升高了 $\sqrt{3}$ 倍。

L3 相接地时的接地电流计算公式为：

$$\dot{I}_C^{(1)} = -(\dot{I}_{C \cdot L1} + \dot{I}_{C \cdot L2}) \tag{2-16}$$

由上式可看出，接地电流有效值是故障时非故障对地电容电流有效值的 $\sqrt{3}$ 倍，故障时

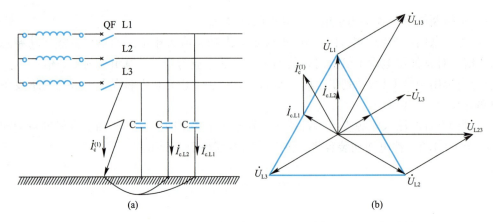

图 2-19 单相接地时中性点不接地系统的电路与电流电压相量图
(a) 电路；(b) 电流电压相量图

非故障对地电容电流有效值又是正常下对地电容电流有效值的 $\sqrt{3}$ 倍，所以中性点不接地系统中单相接地电流的有效值是正常下对地电容电流有效值的 3 倍，计算公式为：

$$I_C^{(1)} = 3I_{C0} \tag{2-17}$$

式中　$I_C^{(1)}$——中性点不接地系统单相对地电容电流有效值。

一般电缆的单位电容为 200~400pF/m 左右，架空线单位电容为 5~6pF/m，电缆线路的接地电容电流是同等长度架空线路的 37 倍左右。

电缆线路单相接地电流有效值的经验计算公式为：

$$I_C^{(1)} = 0.1 U_N L_{cab} \tag{2-18}$$

式中　U_N——系统标称电压，kV；
　　　L_{cab}——电缆长度，km。

由式 (2-18) 可类推出架空线以及电缆、架空混合线路的单相接地电流有效值公式。

显然，当中性点不接地系统中发生单相接地故障时，接地电流为电容性电流，数值较小，不构成短路；并且故障时系统线电压的对称性也没遭受破坏，所以三相用电设备仍能正常运行；不过，非故障相对地电压要升高到正常的 $\sqrt{3}$ 倍。为防止绝缘损坏及再有一相发生接地时，造成两相接地短路事故，在中性点不接地系统中，要装设专门的绝缘监视装置和单相接地保护。当系统发生单相接地故障时，绝缘监视装置发出信号，提醒工作人员及时处理故障；当有可能危及人身及设备安全时，则采用零序的单相接地保护，动作于跳闸。

在我国的中压系统特别是 3~10kV，一般采用中性点不接地的运行方式。我国的低压系统中也有中性点不接地的形式。

2. 中性点经消弧线圈（阻抗）接地系统

中性点不接地系统，当线路较长、回路多、电网比较庞大时，发生单相接地的接地电流较大，会在接地点形成断续电弧，引起危险的过电压。因此，在单相接地的电容性电流大于规定值的电力系统中，电源中性点必须采取经消弧线圈接地的运行方式，如图 2-20 所示。

消弧线圈实际上是一个单相（分匝式或连续可调型）电抗器，接于电源中性点与大地之间。系统发生单相接地时，接地点的电流为接地电容电流 $I_C^{(1)}$ 与消弧线圈电感电流 $I_L^{(1)}$ 之和，两电流相互抵消，小于生弧电流，没有电弧产生。

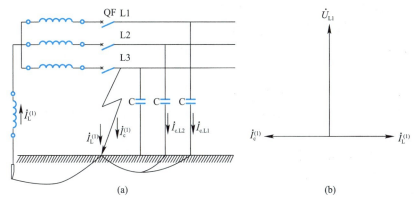

图 2-20 中性点经消弧线圈接地系统的电路与电流电压相量图
(a) 电路；(b) 电流电压相量图

中性点不接地系统和中性点经消弧线圈（阻抗）接地系统发生单相接地时的接地电流较小，所以统称为小接地电流系统。

3. 中性点直接接地（或经低阻抗接地）系统

中性点直接接地系统单相接地短路如图 2-21 所示。此系统单相接地时，形成单相接地短路 $K^{(1)}$。单相短路电流 $I_K^{(1)}$ 远大于线路的正常负荷电流，因此系统单相接地时，短路保护装置动作于跳闸，切除故障。

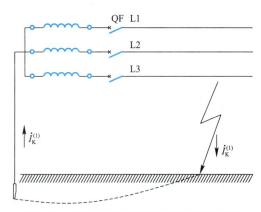

图 2-21 中性点直接接地系统单相接地短路

中性点直接接地系统发生单相接地时，非故障相的对地电压不会升高。因此系统中的供用电设备对地绝缘只需按相电压考虑。

中性点直接接地系统通常用于 110kV 及以上的超高压系统，主要考虑的是绝缘成本。我国的低压系统中也有中性点直接接地的形式。中性点直接接地（或经低阻抗接地）系统又称为大接地电流系统。

2.5.2 低压系统接地形式

按照国际电工委员会（International Electrotechnical Commission，IEC）规定，低压系统接地制式一般由两个字母组成，必要时可加后续字母。因为 IEC 以法文作为正式文件，因此所用字母为相应法文文字的首字母。

第一个字母：表示电源接地点对地的关系。其中，T 为 Terre，表示直接接地；I 为

Isolant，表示不接地，或通过阻抗与大地相连。

第二个字母：表示电气设备外露导电部分与地的关系。其中，T 为 Terre，表示独立于电源接地点的直接接地；N 为 Neutre，表示直接与电源系统接地点或与该点引出的导体相连接。

后续字母：表示中性线与保护地线的关系。其中，C 为 Combinaison，表示中性线 N 与保护地线 PE 合并为 PEN 线；S 为 Separateur，表示中性线与保护地线分开；C-S：表示在电源侧为 PEN 线，从某点分开为 N 及 PE 线。

以三相系统为例，系统接地有 TN、TT、IT 三种系统。TN 系统按 N 线（中性线）与 PE 线（保护线）的组合情况还分 TN-C、TN-S 和 TN-C-S 三种系统。

1. TN 系统

TN 系统为中性点直接接地的运行方式，又分为 TN-C、TN-S、TN-C-S 系统。TN 系统中，引出有中性线（N 线）、保护线（PE 线）或保护中性线（PEN 线）。

中性线（N 线）用于接相电压用电设备，流回单相及三相不平衡电流，减小负载中性点的电位偏移。

保护线（PE 线）连接正常情况下不带电，但故障下可能会带电的并易被触及的外露可导电部分（例如设备金属外壳、金属构件、构架等），防止发生触电，以保障人身及设备安全。

保护中性线（PEN 线）将中性线（N 线）与保护线（PE 线）的功能合二为一。PEN 线在我国称为"零线"，俗称"地线"。

（1）TN-C 系统

TN-C 系统属于三相四线制系统，如图 2-22 所示。TN-C 系统在我国低压配电系统中曾经应用普遍。TN-C 系统从电源引出四根线，分别是：L1、L2、L3、PEN 线，其中 PEN 线兼有的 N 线与 PE 线的作用。因 PEN 线中可能有不平衡电流通过，因此对设备有电磁干扰，并且 PEN 线断线后，可使与其相连的外露可导电部分带电。TN-C 系统发生单相接地时构成接地短路，线路保护装置动作，把故障切除。

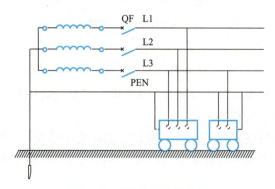

图 2-22 TN-C 系统示意图

（2）TN-S 系统

TN-S 系统属于三相五线制系统，如图 2-23 所示。TN-S 系统从电源引出五根线，分别是：L1、L2、L3、N、PE 线，设备的外露可导电部分接 PE 线。该系统在发生单相接地短路故障时，线路的保护装置动作，切除故障。此系统 PE 线上没有电流，即使中性点偏移也没有对地电压。TN-S 系统主要用于对安全要求高、对抗电磁干扰要求高的场所。

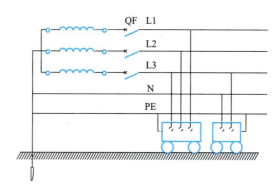

图 2-23　TN-S 系统示意图

（3）TN-C-S 系统

此低压供配电系统的前一部分为 TN-C 系统，后一部分通常从进户总配电箱开始 PEN 线分开为 PE 和 N 线，形成 TN-S 系统，如图 2-24 所示。该系统兼有 TN-C 系统和 TN-S 系统的特点，是广泛采用的低压供配电系统。一般场所采用 TN-C 系统，对安全要求和抗电磁干扰要求高的场所，则采用 TN-S 系统。在民用建筑中，许多电源进线采用的是 TN-C 系统，进入建筑物内转换为 TN-S 系统。应注意的是，PEN 自分开后，PE 线与 N 线不能再合并，否则将丧失分开后形成的 TN-S 系统的特点。

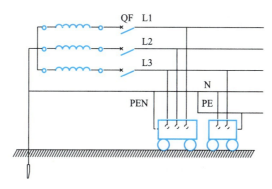

图 2-24　TN-C-S 系统示意图

2. TT 系统

TT 系统的电源中性点直接接地，从电源也引出四根线，分别是：L1、L2、L3、N 线，属于三相四线制系统。设备的外露可导电部由各自的 PE 线单独接地，如图 2-25 所示。TT 系统中的接地 PE 线各自独立，相互无电气联系，没有电磁干扰问题。该系统在发生单相接地故障时，通过故障点和工作接地构成回路形成单相短路，线路启动的保护动作，切除故障。

该系统因绝缘不良而漏电时，漏电电流可能较小，无法使线路启动过电流保护动作。所以该系统要装设灵敏度较高的漏电保护装置。TT 系统适用于安全要求较高、抗电磁干扰要求严格的场所。

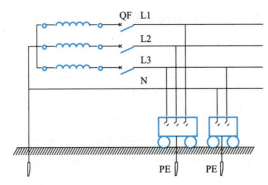

图 2-25 TT 系统示意图

3. IT 系统

IT 系统属于三相三线制系统,如图 2-26 所示。其电源中性点不接地,或经高阻抗接地。该系统单相接地时接地电流小,能继续供电给三相负载。所以主要用于对连续供电要求较高及有易燃易爆危险的场所,如矿井、医院的手术室等场所。

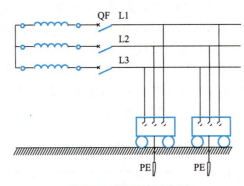

图 2-26 IT 系统示意图

2.6 智能供配电系统

2.6.1 智能供配电系统基本概念

智能供配电系统(Intelligent Power Supply and Distribution System,IPDS)是在传统的供配电系统基础上,充分考虑新能源发电以及储能装置的接入情形,利用物联网、大数据、云计算、人工智能等现代信息技术,实现对建筑供配电系统的自动化监控和运维管理。其目标是实现源网荷储一体化能源管理,是需求侧绿色、低碳、高效综合能源系统的发展方向之一。

2.6.2 智能供配电系统组成

智能供配电系统组成如图 2-27 所示,主要由"源网荷储"+"管理"五部分组成,"源"包括新能源发电和电网供电,"网"主要是建筑侧的配电网,"荷"主要是建筑分项计量/分类计量负荷,"储"主要是蓄电或暖通空调蓄冷/蓄热,"管理"主要是基于分项计量/分类计量的能耗监测,以及建筑设备管理(Building Maragement System,BMS)或楼宇自动化(Building Automation,BA)的设备运行数据,按照"端""边""云"的形式进行动态能源管理。

第 2 章 建筑供配电系统

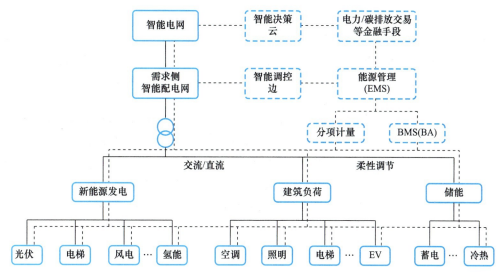

图 2-27 智能供配电系统组成示意图

智能配电系统网络架构如图 2-28 所示，分别是现场设备层、通信层、管理层。智能供配电系统主要实现的功能包括：

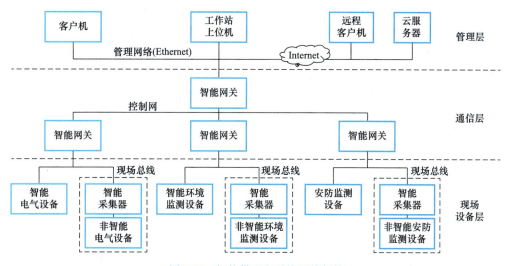

图 2-28 智能供配电系统网络架构

（1）提升分布式发电接入与消纳能力

目前在建筑及工商业园区存在大量可再生能源/清洁能源，主要包括光伏发电、小型风力发电、电梯再生制动电能回收利用、燃料电池、小型热电联产等。

（2）提升交直流混合配电网的管理水平

交流配电网与直流配电网融合发展并形成建筑级、工商业园区级的交直流混合配电网络是智能配电网系统的重要发展形式。在交直流混合配电网中分布式发电的直流电源、直流储能（含电动汽车充电）及直流负载高效地接入直流配电网，交流负载接入传统交流配电网，直流网络和交流网络通过双向变换器（AC/DC）互联支撑。

(3) 提升建筑能效监管水平

建筑用能主要有电能、燃气等多种形式,在智能供配电管理系统基础上,通过建筑能耗分项计量和分类计量,可建立建筑能耗监测系统,实现对各种类型建筑能耗的在线监测和动态分析,为建筑节能运行管理、实施建筑节能改造提供数据支撑。

(4) 提升能源管理智慧化水平

传统能源管理主要是基于分项计量和分类计量的能耗监测及建筑设备管理(BMS)或楼宇自动化(BA)的设备运行数据,进行能耗统计、能耗分析、能耗诊断、负荷预测、需求侧响应、碳排管理等功能。智能供配电系统综合考虑分布式发电就近接入消纳、电动汽车灵活充放电、空调等需求侧响应、建筑储能、分时电价等因素,进行"源网荷储"一体化的能源管控,荷随源动,"柔性"的能源管理,提高总体能效、降低综合成本。

思考题与习题

1. 什么是特级负荷、一级负荷、二级负荷?其供电有哪些要求?
2. 什么是设备额定电压?什么是系统标称电压?两者有什么区别?
3. 电力网的电压高低如何划分?
4. 我国电力网频率偏差的限值是多少?
5. 电压偏差的定义是什么?电压偏差会造成哪些危害?调整电压偏差的手段有哪些?
6. 电压波动和闪变的概念是什么?有什么危害?如何抑制电压波动和闪变?
7. 谐波的概念是什么?如何产生的?危害有哪些?采用哪些方法能够抑制谐波?
8. 三相不平衡的概念是什么?有什么危害?如何改善三相不平衡?
9. 供配电线路的结构形式有哪几种?各有什么特点?
10. 什么叫作变配电所?根据电压等级不同,变电所在供配电系统中有哪些类型?
11. 简述变配电所的位置选择原则。
12. 有母线的主结线形式有哪些?
13. 什么是内桥式结线、外桥式结线?
14. 分布式电源如何接入供配电系统?
15. 简述主变压器的台数与容量选择原则。
16. 电力系统中性点运行方式有哪几种?各有什么特点?
17. 低压供配电接地形式有哪几种?各有什么特点?
18. 简述中性线(N线)、保护线(PE线)、保护中性线(PEN线)的作用。
19. 简述智能供配电系统组成与架构体系。

第3章 负荷计算

3.1 负荷计算基本概念

1. 计算负荷

由于建筑中用电设备大多数情况下并不是同时运行，即使同时运行，也不是所有设备都能达到额定最大容量。另外，各用电设备的工作制也不一样，有长期、断续周期、短时之分。在设计建筑供配电系统时，如果简单地把各种用电设备的容量累加起来作为选择导线、电缆、开关电器、变压器、无功补偿、继电保护整定等依据，计算过大会使设备和导线电缆选型过大，造成投资成本增加和有色金属浪费，并且开关电器起不到保护作用；计算过小则又会出现线路过载运行，开关电器误动作。

为避免发生上述情况，在设计建筑供配电系统时，综合考虑负荷实际运行时各种因素，将用电设备相关的原始数据，通过一定的计算方法，得到供配电系统设计所需要的假想负荷，即计算负荷。基于计算负荷值，合理选择变压器容量规格、导线、开关电器设备、保护元件及进行无功补偿、继电保护整定，统计电网损耗，电能质量控制等。

计算负荷是通过统计计算求出的假想的持续性负荷，用来按发热条件选择供配电系统中各元件的负荷值。

2. 尖峰电流

尖峰电流是指单位时间内单台或多台设备持续运行的最大负荷电流。通常是以启动电流的周期分量作为计算电压损失、电压波动或电压下降以及选择开关电器与保护元件的依据。其实质是指系统的暂态负荷。

3. 负荷计算相关物理量

（1）负荷曲线

负荷曲线是表征电力负荷随时间变动情况的图形。一般绘在直角坐标上，纵坐标表示负荷功率，横坐标表示负荷变动所对应的时间。

负荷曲线按负荷对象分，有工厂的、车间的或某台设备的负荷曲线；按负荷的功率性质分，有有功负荷和无功负荷曲线；按所表示的负荷变动时间分，有年、月、日和工作班的负荷曲线；按绘制的方式分，由点连成的负荷曲线［图3-1（a）］和梯形负荷曲线［图3-1（b）］。

（2）年最大负荷和30min最大平均负荷

年最大负荷是指一年当中的最大工作班内，以半小时（30min）为时间统计单位的平均功率的最大值。用符号 P_m、Q_m、S_m、I_m 分别表示年有功、无功、视在最大负荷和最大的负荷电流。

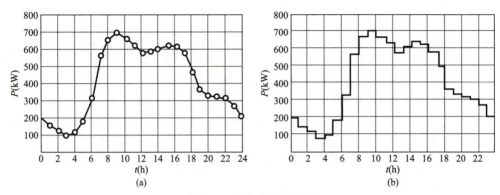

图 3-1　负荷曲线示意图

(a) 由点连成的负荷曲线；(b) 梯形负荷曲线

30min 最大平均负荷是指在一段时间内以半小时（30min）为时间间隔统计出来的平均功率的最大值，用 P_m、Q_m、S_m、I_m 表示。年最大负荷实质上就是 30min 的最大平均负荷。

（3）年最大负荷利用小时数 T_m

年最大负荷利用小时数是一个假想的时间，当用户以年最大负荷持续运行 T_m 个小时，所消耗的电能恰好等于全年实际电能的消耗量。

（4）平均负荷和负荷率

平均负荷是指用户在一段时间内消耗电功率的平均值，用以计算系统的最大平均负荷与电能消耗，也称等效负荷，记作 P_{av}、Q_{av}、S_{av}、I_{av}。常选用具有代表性、用电较为集中的时间段内的最大负荷做样本计算平均负荷。根据选取时间的不同，有日平均负荷、月平均负荷、年平均负荷之分。

对于特级、一级、二级负荷，该值可用于确定备用或应急电源容量；对于季节性负荷，该值可帮助确定变压器容量、台数及经济运行方式。

负荷率又称负荷系数，为平均负荷 P_{av} 与最大负荷 P_m（P_{30}）的比值。它反映了负荷波动不平坦的程度。从提高供电效率来说，希望负荷率越接近于 1 越好。一般企业的负荷率维持在 0.7 以上。

3.2　负荷计算常用方法

负荷计算时，需要将用电设备按其运行工作制分成不同的用电设备组，根据设备的铭牌功率，按其运行性质计算设备容量，然后基于设备容量再进行设备负荷计算。负荷计算方法一般包括：需要系数法、二项式系数法及其他估算法等。

3.2.1　设备容量计算方法

1. 长期运行工作制

这类工作制的设备运行时间长，停歇时间短，设备能在规定的环境温度下连续运行，并达到稳定的温升。此类设备有水泵、通风机、压缩机、电热设备和照明、机床等。这类设备的设备容量等于铭牌标明的额定功率，即：

$$P_e = P_N \tag{3-1}$$

式中　P_e——设备计算有功负荷，kW；
　　　P_N——设备铭牌额定功率，kW。

2. 断续周期工作制

这类工作制的设备以非连续的方式反复进行工作，周期性的工作和停歇。工作时间 t_g 与停歇时间 t_o 相互交替重复，一个周期一般不超过 10min。此类设备典型的有起重设备和电焊设备等。

断续周期工作制的设备用负荷持续率 $\varepsilon\%$（或暂载率）来表示其工作特性，即：

$$\varepsilon\% = \frac{t_g}{T} \times 100\% = \frac{t_g}{t_g + t_o} \times 100\% \tag{3-2}$$

起重设备的标准负荷持续率有 15%、25%、40%、60% 等；电焊设备的标准负荷持续率有 40%、50%、65%、75%、100% 等。这类设备如果负荷持续率不是 100%，就不能满载连续工作，否则会损坏设备。

在进行负荷计算时，断续周期工作制设备要换算到统一负荷持续率下的负荷，负荷持续率换算公式为：

$$P_e = P_N \sqrt{\frac{\varepsilon_N\%}{\varepsilon\%}} \tag{3-3}$$

式中　P_e——设备容量，kW；
　　　P_N——设备铭牌额定功率，kW；
　　　$\varepsilon_N\%$——设备铭牌负荷持续率；
　　　$\varepsilon\%$——需要换算到的负荷持续率。

（1）对于起重设备计算负荷时，须将暂载率统一换算为 $\varepsilon_{25}\% = 25\%$ 时的功率再进行计算，计算公式为：

$$P_e = P_N \sqrt{\frac{\varepsilon_N\%}{\varepsilon_{25}\%}} = 2P_N \sqrt{\varepsilon_N\%} \tag{3-4}$$

式中　$\varepsilon_N\%$——设备铭牌负荷暂载率；
　　　$\varepsilon_{25}\%$——需要换算到的负荷暂载率。

（2）对于电焊设备计算负荷时，须将暂载率统一换算到 $\varepsilon_{100}\% = 100\%$ 时的功率后再进行计算，计算公式为：

$$P_e = P_N \sqrt{\frac{\varepsilon_N\%}{\varepsilon_{100}\%}} = P_N \sqrt{\varepsilon_N\%} = S_N \cos\varphi \sqrt{\varepsilon_N\%} \tag{3-5}$$

式中　$\varepsilon_{100}\%$——需要换算到的负荷暂载率；
　　　S_N——设备铭牌额定视在功率，kVA；
　　　$\cos\varphi$——设备额定功率因数。

3. 短时运行工作制

这类工作制的设备运行时间很短，停歇时间长，设备在工作时的发热通常难以达到稳定温升，而在停歇时间内能冷却到环境温度。如控制闸门、风门、阀门的电动机，机床上的进给电动机等。此类工作制的设备数量少且功率小，所以负荷计算时一般不计入。

3.2.2　需要系数法

需要系数法就是用需要系数折算设备容量，得出计算负荷的方法，用这种方法得出来的计算负荷就是 30min 最大平均负荷。需要系数 K_d 反映了设备实际运行的最大功率 $P_m(P_{30})$ 与设备容量 P_e 之间的关系。此法适用于初步设计和施工图设计阶段,计算公式为:

$$P_m = \frac{K_\Sigma K_L}{\eta_e \eta_{wL}} P_N = K_d P_e \tag{3-6}$$

式中 K_Σ——设备组同期系数,即用电设备组在最大负荷时,工作着的用电设备容量与该组用电设备总容量之比;

      K_L——设备组负荷系数,即用电设备组在最大负荷时,工作着的用电设备实际所需的功率与这些用电设备总容量之比;

      η_e——设备组平均效率,即用电设备组输出与输入功率之比;

      η_{wL}——配电线路平均效率,即供电线路末端与线路首端功率之比;

      P_e——设备组设备容量总和;

      K_d——设备需要系数。

如图 3-2 所示电路,计算是由 A 点→D 点顺序逐级向前级累加,至高压侧 D 点为止。

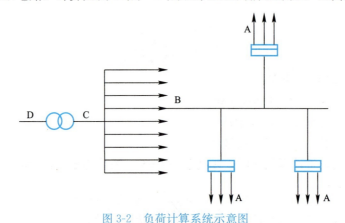

图 3-2 负荷计算系统示意图

(1) 图 3-2 中 A 点:单组三相设备(用电设备组)的计算负荷单组设备负荷的计算公式为:

$$P_m = K_d \sum P_e \tag{3-7}$$

$$Q_m = P_m \tan\varphi \tag{3-8}$$

$$S_m = \frac{P_m}{\cos\varphi} \tag{3-9}$$

$$I_m = \frac{S_m}{\sqrt{3} U_N} \tag{3-10}$$

式中 P_m——计算有功功率(计算负荷,下同),kW;

      K_d——需要系数,部分民用建筑设备需要系数(设备的需要系数,也与设备类型相关,如电梯采用三相异步电机驱动的曳引机,如电梯采用永磁同步电机驱动的曳引机,则 K_d 要选择接近或等于 1。)如表 3-1 所示,部分民用建筑照明需要系数如表 3-2 所示,机械加工工业设备组需要系数如表 3-3 所示(详细数据可查《全国民用建筑工程设计技术措施节能专篇-电气》《全国民用建筑工程设计技术措施-电气》《民用建筑电气设

第 3 章 负荷计算

计标准》GB 51348—2019《工业与民用配电设计手册》等相关资料）；

P_e——单台设备容量，kW；

$\sum P_e$——设备组设备容量总和，kW；

Q_m——计算无功功率，kvar；

S_m——计算视在功率，kVA；

I_m——计算电流，A；

$\tan\varphi$——设备组功率因数角的正切值，$\tan\varphi = \tan\arccos\varphi$；

$\cos\varphi$——设备组功率因数；

U_N——用电设备的额定电压，kV。

部分民用建筑设备需要系数表　　　　　表 3-1

序号	用电设备分类	K_d	$\cos\varphi$	$\tan\varphi$
1	各种风机、空调器	0.70～0.80	0.80	0.75
	恒温空调箱	0.60～0.70	0.95	0.33
	冷冻机	0.85～0.90	0.80	0.75
	集中式电热器	1.00	1.00	0
	分散式电热器（20kW 以下）	0.85～0.95	1.00	0
	分散式电热器（100kW 以上）	0.75～0.85	1.00	0
	小型电热设备	0.30～0.50	0.95	0.33
2	各种水泵（15kW 以下）	0.75～0.80	0.80	0.75
	各种水泵（17kW 以上）	0.60～0.70	0.87	0.57
3	客梯（1.5t 及以下）	0.35～0.50	0.50	1.73
	客梯（2t 及以上）	0.60	0.70	1.02
	货梯	0.25～0.35	0.50	1.73
	输送带	0.60～0.65	0.75	0.88
	起重机械	0.10～0.20	0.50	1.73
4	锅炉房用	0.75～0.85	0.85	0.62
5	消防用电	0.40～0.60	0.80	0.75
6	食品加工机械	0.50～0.70	0.80	0.75
	电饭锅、电烤箱	0.85	1.00	0
	电炒锅	0.70	1.00	0
	电冰箱	0.60～0.70	0.70	1.02
	热水器（淋浴用）	0.65	1.00	0
	除尘器	0.30	0.85	0.62
7	修理间机械设备	0.15～0.20	0.50	1.73
	电焊机	0.35	0.35	2.68
	移动式电动工具	0.20	0.50	1.73
8	打包机	0.20	0.60	1.33
	洗衣房动力	0.65～0.75	0.50	1.73
	天窗开闭机	0.10	0.50	1.73

续表

序号	用电设备分类	K_d	$\cos\varphi$	$\tan\varphi$
9	载波机	0.85～0.95	0.80	0.75
	收讯机	0.80～0.90	0.80	0.75
	发讯机	0.70～0.80	0.80	0.75
	电话交换机	0.75～0.85	0.80	0.75
	客房床头电气控制箱	0.15～0.25	0.60	1.33

部分民用建筑照明需要系数表　　　　表 3-2

序号	建筑名称	K_d	备注
1	宿舍楼	0.60～0.80	一开间内 2～3 盏灯、3～4 个插座
2	一般办公楼	0.70～0.80	一开间内 2 盏灯、2～3 个插座
3	高级办公楼	0.60～0.70	
4	科研楼	0.80～0.90	一开间内 2 盏灯、2～3 个插座
5	发展与交流中心	0.60～0.70	
6	教学楼	0.80～0.90	三开间内 6～11 盏灯、1～2 个插座
7	图书馆	0.60～0.70	—
8	托儿所、幼儿园	0.80～0.90	
9	小型商业、服务业用房	0.85～0.90	—
10	综合商业、服务楼	0.75～0.85	
11	食堂、餐厅	0.80～0.90	
12	高级餐厅	0.70～0.80	
13	一般旅馆、招待所	0.70～0.80	一开间内 1 盏灯 2～3 个插座、集中卫生间
14	高级旅馆、招待所	0.60～0.70	自带卫生间
15	旅游宾馆	0.35～0.45	单间内 4～5 盏灯、4～6 个插座
16	电影院、文化馆	0.70～0.80	
17	剧场	0.60～0.70	
18	礼堂	0.50～0.70	
19	体育练习馆	0.70～0.80	
20	体育馆	0.65～0.75	
21	展览厅	0.50～0.70	
22	门诊楼	0.60～0.70	
23	一般病房楼	0.65～0.75	
24	高级病房楼	0.50～0.60	
25	锅炉房	0.90～1.00	—

机械加工工业设备组需要系数

表 3-3

序号	用电设备名称	K_d	$\cos\varphi$	$\tan\varphi$
1	一般工作制的小批生产金属冷加工机床	0.14~0.16	0.50	1.73
2	大批生产金属冷加工机床	0.18~0.20	0.50	1.73
3	小批生产金属冷加工机床	0.20~0.25	0.55~0.60	1.51~1.33
4	大批生产金属热加工机床	0.27	0.65	1.17
5	金属冷加工机床	0.12~0.15	0.50	1.73
6	压床,锻锤,剪床	0.25	0.60	1.33
7	锻锤	0.20~0.30	0.50	1.73
8	生产用通风机	0.70~0.75	0.80~0.85	0.75~0.62
9	卫生用通风机	0.65~0.70	0.80	0.75
10	通风机	0.40~0.50	0.80	0.75
11	泵,空气压缩机,电动发电机组	0.70~0.85	0.85	0.62
12	透平压缩机	0.85	0.85	0.62
13	压缩机	0.50~0.65	0.80	0.75
14	不联锁的提升机,带式输送机,蝶旋输送机等连续运输机械	0.50~0.60	0.75	0.88
15	同上,但带有联锁的	0.65	0.75	0.88
16	ε=25%的起重机及电动葫芦	0.14~0.20	0.50	1.73
17	铸铁及铸钢车间起重机	0.15~0.30	0.50	1.73
18	轧钢车间,脱锭车间起重机	0.25~0.35	0.50	1.73
19	锅炉房,修理,金工,装配等车间起重机	0.05~0.15	0.50	1.73
20	加热设备,干燥箱	0.80	0.95~1.00	0~0.33
21	高频感应电炉	0.70~0.80	0.65	—
22	低频感应电炉	0.80	0.35	—
23	高频装置(电动发电机/真空振荡器)	0.80	0.80/0.65	0.75/1.17
24	高频装置(电动发电机真空管振荡器)	0.65/0.80	0.70/0.87	1.02/0.55
25	0.2~0.5t 电阻炉	0.65	0.80	0.75
26	电炉变压器	0.35	0.35	—
27	自动装料电阻炉	0.70~0.80	0.98	0.20
28	非动装料电阻炉	0.60~0.70	0.98	0.20
29	单头焊接电动发电机	0.35	0.60	1.33
30	多头焊接电动发电机	0.70	0.70	1.02
31	自动弧焊变压器	0.50	0.50	1.73
32	点焊机与缝焊机	0.35~0.60	0.60	1.33
33	对焊机,铆钉加热器	0.35	0.70	1.02
34	单头焊接变压器	0.35	0.35	2.67
35	多头焊接变压器	0.40	0.35	2.67
36	煤气电气滤清机组	0.80	0.78	0.80
37	点焊机*	0.10~0.15	0.50	1.73
38	高频电炉	0.50~0.70	0.70	1.00
39	电阻炉	0.55	0.80	0.75

注:*为实测数据。

(2) 图 3-2 中 B 点：多组三相用电设备的计算负荷

在计算供配电干线或变电所低压母线上的计算负荷时，要考虑各用电设备组的最大负荷不可能同时出现。因此，在确定多组用电设备的总计算负荷时，应把各用电设备组的最大负荷累加起来后，再就同时运行进行折算。即：引入有功同时系数 $K_{\Sigma p}$（取 $0.80\sim 0.95$）与无功同时系数 $K_{\Sigma q}$（取 $0.85\sim 0.97$）。同时系数，越靠近电源（变电所）端，取值越大，且可以累乘。多组设备的计算公式为：

$$P_{\Sigma m}=K_{\Sigma p}\sum_{i=1}^{\infty}P_{mi} \tag{3-11}$$

$$Q_{\Sigma m}=K_{\Sigma q}\sum_{i=1}^{\infty}Q_{mi} \tag{3-12}$$

$$S_{\Sigma m}=\sqrt{P_{\Sigma m}^2+Q_{\Sigma m}^2} \tag{3-13}$$

$$I_{\Sigma m}=\frac{S_{\Sigma m}}{\sqrt{3}U_N} \tag{3-14}$$

式中　　$P_{\Sigma m}$、$Q_{\Sigma m}$、$S_{\Sigma m}$、$I_{\Sigma m}$——多组用电设备的总计算有功功率、总计算无功功率、总计算视在功率、总计算电流；

P_{mi}、Q_{mi}——第 i 组用电设备的计算有功功率、计算无功功率。

(3) 图 3-2 中 C 点：系统低压侧配电母线上的计算负荷

配电母线进行负荷计算时，不仅要考虑不同配电干线的 $K_{\Sigma p}$ 与 $K_{\Sigma q}$，而且若在低压侧配有电容补偿时，其计算无功应减去补偿无功容量。

$$P'_{\Sigma m}=K_{\Sigma p}\sum_{i=1}^{\infty}\Sigma P_m \tag{3-15}$$

$$Q'_{\Sigma m}=K_{\Sigma q}\sum_{i=1}^{\infty}\Sigma Q_m-Q_c \tag{3-16}$$

$$S'_{\Sigma m}=\sqrt{P'^2_{\Sigma m}+Q'^2_{\Sigma m}} \tag{3-17}$$

$$I'_{\Sigma m}=\frac{S'_{\Sigma m}}{\sqrt{3}U_N} \tag{3-18}$$

式中　　$P'_{\Sigma m}$、$Q'_{\Sigma m}$、$S'_{\Sigma m}$、$I'_{\Sigma m}$——C 点的总计算有功功率、总计算无功功率、总计算视在功率、总计算电流；

P_m、Q_m——为 B 点各干线的计算有功功率、计算无功功率；

Q_c——为低压侧电容无功补偿容量，kvar。

(4) 图 3-2 中 D 点：系统高压侧负荷计算

在系统低压侧计算负荷基础上，再加上变压器的有功损耗和无功损耗，即可确定变压器高压侧计算负荷，用于选择变压器高压侧进线导线截面。

$$P''_{\Sigma m}=P'_{\Sigma m}+\Delta P_r \tag{3-19}$$

$$Q''_{\Sigma m}=Q'_{\Sigma m}+\Delta Q_r \tag{3-20}$$

$$S''_{\Sigma m}=\sqrt{P''^2_{\Sigma m}+Q''^2_{\Sigma m}} \tag{3-21}$$

$$I''_{\Sigma m}=\frac{S''_{\Sigma m}}{\sqrt{3}U_N} \tag{3-22}$$

第3章 负荷计算

式中 $P''_{\Sigma m}$、$Q''_{\Sigma m}$、$S''_{\Sigma m}$——分别为D点的总计算有功功率、总计算无功功率、总计算视在功率、总计算电流;

ΔP_r、ΔQ_r——为变压器的有功损耗和无功损耗。

3.2.3 二项式系数法

需要系数法主要适合于计算总负荷,负载的数量、容量越大,计算结果越准确。当设备台数较少时,用需要系数法计算,结果偏小,当设备只有一两台时,不适用需要系数法。

二项式系数法既考虑了电气设备组的总负荷,又计入了设备组中少数大容量设备对计算负荷的影响,因此在计算电气设备台数较少而容量差别较大的线路时,比较合适选用二项式系数法进行复核计算。

(1)图3-2中A点:单组三相设备(用电设备组)的计算负荷单组设备负荷的计算公式为:

$$P_m = bP_e + cP_x \tag{3-23}$$

式中 b、c——二项式系数,其中b为平均负荷系数,c为最大负荷系数,如表3-4所示;

P_x——x台最大容量的设备总容量,如表3-4所示。

部分用电设备组二项式系数表   表3-4

用电设备组名称	二项式系数		最大容量设备台数 x①	$\cos\varphi$	$\tan\varphi$
	b	c			
小批生产的金属冷加工机床电动机	0.14	0.40	5	0.50	1.73
大批生产的金属冷加工机床电动机	0.14	0.50	5	0.50	1.73
小批生产的金属热加工机床电动机	0.24	0.40	5	0.60	1.33
大批生产的金属热加工机床电动机	0.26	0.50	5	0.65	1.17
通风机、水泵、空压机及电动发电机组电动机	0.65	0.25	5	0.80	0.75
非联锁的连续运输机械及铸造车间整砂机械	0.40	0.40	5	0.75	0.88
联锁的连续运输机械及铸造车间整砂机械	0.60	0.20	5	0.75	0.88
锅炉房和机加、机修、装配等类车间的吊车(ε=25%)	0.06	0.20	3	0.50	1.73
铸造车间的吊车(ε=25%)	0.09	0.30	3	0.50	1.73
自动连续装料的电阻炉设备	0.70	0.30	2	0.95	0.33
实验室用的小型电热设备(电阻炉干燥箱等)	0.70	0	—	1.00	0
工频感应电炉(未带无功补偿装置)	—	—	—	0.35	2.68
高频感应电炉(未带无功补偿装置)	—	—	—	0.60	1.33
电弧熔炉	—	—	—	0.87	0.57
点焊机、缝焊机	—	—	—	0.60	1.33
对焊机、铆钉加热机	—	—	—	0.70	1.02
自动弧焊变压器	—	—	—	0.40	2.29
单头手动弧焊变压器	—	—	—	0.35	2.68
多头手动弧焊变压器	—	—	—	0.35	2.68

续表

用电设备组名称	二项式系数 b	二项式系数 c	最大容量设备台数 x①	$\cos\varphi$	$\tan\varphi$
单头弧焊电动发电机组	—	—	—	0.60	1.33
多头弧焊电动发电机组	—	—	—	0.75	0.88
生产厂房及办公室、阅览室、实验室照明②	—	—	—	1.00	0
变配电所、仓库照明②	—	—	—	1.00	0
宿舍（生活区）照明②	—	—	—	1.00	0
室外照明、应急照明②	—	—	—	1.00	0

注：① 如果用电设备组的设备总台数 $n<2x$ 时，则最大容量设备台数取 $x=n/2$，且按"四舍五入"修约规则取整。

② 这里的 $\cos\varphi$ 和 $\tan\varphi$ 值均为白炽灯照明数据。如为荧光灯照明，则 $\cos\varphi=0.9$，$\tan\varphi=0.48$；如为高压汞灯、钠灯，则 $\cos\varphi=0.5$，$\tan\varphi=1.73$。

式 (3-23) 中，等式右边第一项 bP_e 是用电设备组的平均负荷，第二项 cP_x 是 x 台容量最大的设备投入运行时的附加负荷。如果设备组只有一、两台设备时，就可以直接用设备容量作为计算负荷使用而无需用二项式系数法。单组用电设备的计算无功负荷 Q_m、计算视在负荷 S_m 和计算电流 I_m 的计算公式与需要系数法的式 (3-8)～式 (3-10) 相同。

(2) 图 3-2 中 B 点：多组三相用电设备的计算负荷

二项式系数法求多组用电设备的总计算有功功率 $P_{\Sigma m}$ 的公式为：

$$P_{\Sigma m} = \sum_{i=1}^{\infty}(bP_e)_i + (cP_x)_{\max} \tag{3-24}$$

式中 $\sum_{i=1}^{\infty}(bP_e)_i$——各组平均有功负荷之和；

$(cP_x)_{\max}$——各组附加负荷中最大的一组。

总计算无功功率 $Q_{\Sigma m}$ 的公式为：

$$Q_{\Sigma m} = \sum_{i=1}^{\infty}(bP_e\tan\varphi)_i + (cP_x)_{\max}\tan\varphi_{\max} \tag{3-25}$$

式中 $\sum_{i=1}^{\infty}(bP_e\tan\varphi)_i$——各组平均无功负荷之和；

$\tan\varphi_{\max}$——最大附加负荷设备组的平均功率因数角对应的正切值。

多组用电设备的计算视在负荷 $S_{\Sigma m}$ 和计算电流 $I_{\Sigma m}$ 的计算公式与需要系数法的式 (3-13)、式 (3-14) 相同。

3.2.4 其他估算方法

在项目评估、立项、规划、工程方案设计阶段等可以采用比需要系数法、二项式系数法更简单的一些方法来大致确定建筑设备总负荷，以确定供电方案和选择变压器容量与台数，通常根据用电水平和装备标准进行估算。

(1) 单位面积功率法（负荷密度法）

$$P_m = \frac{\sigma \cdot A_e}{1000} \tag{3-26}$$

$$Q_m = \frac{\sigma \cdot A_e}{1000} \tag{3-27}$$

式中　P_m——总计算有功功率，kW；
　　　σ——单位负荷密度，W/m² 或 VA/m²；
　　　A_e——建筑面积，m²。

（2）单位指标法

$$P_\mathrm{m} = \frac{\rho \cdot N}{1000} \tag{3-28}$$

$$S_\mathrm{m} = \frac{\rho \cdot N}{1000} \tag{3-29}$$

式中　P_m——总计算有功功率，kW；
　　　ρ——单位负荷密度，W/人（户、床、套、…）或 VA/人（户、床、套、…）；
　　　N——总数量，总人数（总户数、总床数、总房间数等）。

3.2.5　单相负荷计算常用方法

1. 单相负荷计算原则

低压供配电系统中，除了三相负荷之外，还有大量的电光源、家用电器、办公电器等单相设备。在三相线路中，单相用电设备应均衡分配到三相上，使各相的计算负荷尽量相近。

单相负荷等效三相负荷原则：

（1）单相负荷与三相负荷同时存在时，应将单相负荷换算成等效三相负荷后，再与三相负荷相加；

（2）若三相线路中，单相负荷的总计算功率不超过三相对称负载总功率的15％时，则不论单相负荷如何分配，均应按三相对称负荷计算；

（3）若单相负荷总计算功率超过三相负荷总计算功率15％时，则应将单相负荷功率换算为等效三相负荷功率，再与三相负荷功率相加；

（4）只有单相负荷时，等效三相负荷为最大相负荷的3倍；

（5）只有线间负荷时，采用负荷均分法、换算系数法等效为单相负荷，再计算三相负荷；

（6）既有单相负荷，又有三相负荷时，先将三相负荷换算成单相负荷，各相负荷分别相加后，选最大相负荷的3倍作为等效三相负荷，以满足安全运行的要求。

2. 单相负荷等效三相负荷计算

先用需要系数法计算出 L1、L2、L3 三相各自单相总计算负荷，再找出最大负荷相，等效三相负荷为最大负荷相计算负荷的三倍，即：

$$P_\mathrm{eq} = 3P_{\mathrm{m} \cdot \varphi} \tag{3-30}$$

式中　$P_{\mathrm{m} \cdot \varphi}$——最大负荷相计算负荷；
　　　P_eq——等效三相负荷。

3. 线间负荷等效三相负荷计算

设备接于线电压下时，负荷应按照一定比例分配到相关两相中。负荷分配的方法有两种：

（1）负荷均分法

即接于线电压下的单相负荷，相关两相各分一半负荷。这种方法只在 $\cos\varphi = 1$ 时才完全准确。具体计算公式为：

接于 L1 和 L2 之间的负荷为 P_{L12}，L2 和 L3 之间的负荷为 P_{L23}，L3 和 L1 之间的负

荷为 P_{L31}。假定三个线间负荷 $P_{L12} > P_{L23} > P_{L31}$，

当 $P_{L23} > 0.15 P_{L12}$ 时：

$$P_{eq} = 1.5(P_{L12} + P_{L23}) \tag{3-31}$$

当 $P_{L23} \leqslant 0.15 P_{L12}$ 时：

$$P_{eq} = \sqrt{3} P_{L12} \tag{3-32}$$

当只有 P_{L12}，$P_{L23} = P_{L31} = 0$ 时：

$$P_{eq} = \sqrt{3} P_{L12} \tag{3-33}$$

(2) 换算系数法

要较为精确地分配单相线电压负荷，需用到换算系数法，公式为：

L1 相：$P_{L1} = p_{L12-1} P_{L12} + p_{L31-1} P_{L31}$ (3-34)

$Q_{L1} = q_{L12-1} P_{L12} + q_{L31-1} P_{L31}$ (3-35)

L2 相：$P_{L2} = p_{L12-2} P_{L12} + p_{L23-2} P_{L23}$ (3-36)

$Q_{L2} = q_{L12-2} P_{L12} + q_{L23-2} P_{L23}$ (3-37)

L3 相：$P_{L3} = p_{L23-3} P_{L23} + p_{L31-3} P_{L31}$ (3-38)

$Q_{L3} = q_{L23-3} P_{L23} + q_{L31-3} P_{L31}$ (3-39)

式中，p_{L12-1}、q_{L12-1} 分别为接在 L1、L2 相间的单相负荷换算到 L1 相的有功、无功系数，其余的系数依此类推。

单相线电压负荷换算为相电压负荷系数，如表3-5所示。

单相线电压负荷换算为相电压负荷系数   表3-5

负荷换算系数	功率因数							
	0.35	0.40	0.50	0.60	0.65	0.70	0.80	0.90	1.00
p_{L12-1}、p_{L23-2}、p_{L31-3}	1.27	1.17	1.00	0.89	0.84	0.80	0.72	0.64	0.50
p_{L12-2}、p_{L23-3}、p_{L31-1}	0.27	0.17	0	0.11	0.16	0.20	0.28	0.36	0.50
q_{L12-1}、q_{L23-2}、q_{L31-3}	1.05	0.86	0.58	0.38	0.30	0.22	0.09	0.05	0.29
q_{L12-2}、q_{L23-3}、q_{L31-1}	1.63	1.44	1.16	0.96	0.88	0.80	0.67	0.53	0.29

3.3 三相负荷计算示例

【例3-1】 一学生宿舍区共有三栋楼，照明全部为荧光灯。第一栋等效三相照明负荷 21kW，第二栋等效三相照明负荷 33kW，第三栋等效三相照明负荷 27kW。试用需要系数法求宿舍区的三相计算负荷。（荧光灯 $\cos\varphi = 0.9$，$\tan\varphi = 0.48$）

解：

宿舍区总照明负荷设备容量为：

$$P_e = 21 + 33 + 27 = 81 \text{kW}$$

查表3-2，得 $K_d = 0.6 \sim 0.8$（取 0.8），则计算负荷：

$$P_m = K_d P_e = 0.8 \times 81 = 64.8 \text{kW}$$

$$Q_m = P_m \tan\varphi = 64.8 \times 0.48 = 31.1 \text{kvar}$$

$$S_{\mathrm{m}}=\frac{P_{\mathrm{m}}}{\cos\varphi}=\frac{64.8}{0.9}=72\mathrm{kVA}$$

$$I_{\mathrm{m}}=\frac{S_{\mathrm{m}}}{\sqrt{3}U_{\mathrm{N}}}=\frac{72}{\sqrt{3}\times0.38}=109.4\mathrm{A}$$

【例 3-2】 某车间拥有三相负载：大批量生产冷加工机床 60 台，共 315kW；大批量生产热加工机床 45 台，共 150kW；电焊机 5 台，共 100kW，额定负荷持续率为 50%。车间采用 220V/380V 的 TN-C 系统配电。试用需要系数法确定该车间的三相计算负荷 $P_{\Sigma\mathrm{m}}$、$Q_{\Sigma\mathrm{m}}$、$S_{\Sigma\mathrm{m}}$ 和 $I_{\Sigma\mathrm{m}}$。

解：

1）冷加工机床组

查表 3-3 得：$K_{\mathrm{d}}=0.2$，$\tan\varphi=1.73$

$$P_{\mathrm{m}\cdot1}=K_{\mathrm{d}}P_{\mathrm{e}}=0.2\times315=63\mathrm{kW}$$

$$Q_{\mathrm{m}\cdot1}=P_{\mathrm{m}\cdot1}\tan\varphi=63\times1.73=108.99\mathrm{kvar}$$

2）热加工机床

查表 3-3 得：$K_{\mathrm{d}}=0.27$，$\tan\varphi=1.17$

$$P_{\mathrm{m}\cdot2}=K_{\mathrm{d}}P_{\mathrm{e}}=0.27\times150=40.5\mathrm{kW}$$

$$Q_{\mathrm{m}\cdot2}=P_{\mathrm{m}\cdot2}\tan\varphi=40.5\times1.17=47.39\mathrm{kvar}$$

3）电焊机

查表 3-1 得：$K_{\mathrm{d}}=0.35$，$\tan\varphi=2.68$

$$P_{\mathrm{e}}=P_{\mathrm{N}}\sqrt{\varepsilon_{\mathrm{N}}\%}=100\times\sqrt{50\%}=70.71\mathrm{kW}$$

$$P_{\mathrm{m}\cdot3}=K_{\mathrm{d}}P_{\mathrm{e}}=0.35\times70.71=24.75\mathrm{kW}$$

$$Q_{\mathrm{m}\cdot3}=P_{\mathrm{m}\cdot3}\tan\varphi=24.75\times2.68=66.33\mathrm{kvar}$$

4）总负荷

取 $K_{\Sigma\mathrm{p}}=0.9$，$K_{\Sigma\mathrm{q}}=0.95$

$$P_{\Sigma\mathrm{m}}=K_{\Sigma\mathrm{p}}\sum_{i=1}^{\infty}P_{\mathrm{m}\cdot i}=0.9\times(63+40.5+24.75)=115.43\mathrm{kW}$$

$$Q_{\Sigma\mathrm{m}}=K_{\Sigma\mathrm{q}}\sum_{i=1}^{\infty}Q_{\mathrm{m}\cdot i}=0.95\times(108.99+47.39+66.33)=211.57\mathrm{kvar}$$

$$S_{\Sigma\mathrm{m}}=\sqrt{P_{\Sigma\mathrm{m}}^2+Q_{\Sigma\mathrm{m}}^2}=\sqrt{115.43^2+211.57^2}=241.01\mathrm{kVA}$$

$$I_{\Sigma\mathrm{m}}=\frac{S_{\Sigma\mathrm{m}}}{\sqrt{3}U_{\mathrm{N}}}=\frac{241.01}{\sqrt{3}\times0.38}=366.19\mathrm{A}$$

【例 3-3】 已知某企业拥有 380V 三相金属冷加工机床，功率 15kW 的 2 台，12kW 的 4 台，5.5kW 的 12 台，试用二项式系数法求计算负荷。

解：

查表 3-4，小批金属冷加工机床的 $b=0.14$，$c=0.4$，$x=5$，$\cos\varphi=0.5$，$\tan\varphi=1.73$。

$$P_{\mathrm{e}}=15\times2+12\times4+5.5\times12=144\mathrm{kW}$$

$$P_{\mathrm{x}}=15\times2+12\times3=66\mathrm{kW}$$

$$P_{\mathrm{m}}=bP_{\mathrm{e}}+cP_{\mathrm{x}}=0.14\times144+0.4\times66=46.56\mathrm{kW}$$

$$Q_\mathrm{m} = P_\mathrm{m} \tan\varphi = 46.56 \times 1.73 = 80.55 \mathrm{kvar}$$

$$S_\mathrm{m} = \frac{P_\mathrm{m}}{\cos\varphi} = \frac{46.56}{0.5} = 93.12 \mathrm{kVA}$$

$$I_\mathrm{m} = \frac{S_\mathrm{m}}{\sqrt{3}U_\mathrm{N}} = \frac{93.12}{\sqrt{3} \times 0.38} = 141.48 \mathrm{A}$$

【例 3-4】 已知例 3-2 中的企业除了拥有 380V 三相金属冷加工机床之外,还有三相通风机 3kW 的 5 台,1kW 的 2 台;三相电阻炉 4kW,2.5kW 各 2 台。试用二项式系数法求企业总计算负荷。

解:

1) 金属冷加工机床组(由例 3-3 可知结果)

$$(bP_\mathrm{e})_1 = 0.14 \times 144 = 20.16 \mathrm{kW}$$

$$(cP_\mathrm{x})_1 = 0.4 \times 66 = 26.4 \mathrm{kW}$$

2) 通风机组

查表 3-4 得:$b=0.65$,$c=0.25$,$x=5$,$\cos\varphi=0.8$,$\tan\varphi=0.75$。

因通风机总共只有 7 台,所以实际取 $x=7/2 \approx 4$ 台。

$$(bP_\mathrm{e})_2 = 0.65 \times (3 \times 5 + 1 \times 2) = 11.05 \mathrm{kW}$$

$$(cP_\mathrm{x})_2 = 0.25 \times (3 \times 4) = 3 \mathrm{kW}$$

3) 电阻炉组

查表 3-4 得:$b=0.7$,$c=0.3$,$x=2$,$\cos\varphi=0.95$,$\tan\varphi=0.33$。

$$(bP_\mathrm{e})_3 = 0.7 \times (4 \times 2 + 2.5 \times 2) = 9.1 \mathrm{kW}$$

$$(cP_\mathrm{x})_3 = 0.3 \times (4 \times 2) = 2.4 \mathrm{kW}$$

4) 总计算负荷

$$P_{\Sigma \mathrm{m}} = \sum_{i=1}^{\infty}(bP_\mathrm{e})_i + (cP_\mathrm{x})_{\max} = (20.16+11.05+9.1) + 26.4 = 66.71 \mathrm{kW}$$

$$Q_{\Sigma \mathrm{m}} = \sum_{i=1}^{\infty}(bP_\mathrm{e}\tan\varphi)_i + (cP_\mathrm{x})_{\max}\tan\varphi_{\max}$$

$$= (20.16 \times 1.73 + 11.05 \times 0.75 + 9.1 \times 0.33) + (26.4 \times 1.73) = 91.8 \mathrm{kvar}$$

$$S_{\Sigma \mathrm{m}} = \sqrt{P_{\Sigma \mathrm{m}}^2 + Q_{\Sigma \mathrm{m}}^2} = \sqrt{66.7^2 + 91.8^2} = 113.5 \mathrm{kVA}$$

$$I_{\Sigma \mathrm{m}} = \frac{S_{\Sigma \mathrm{m}}}{\sqrt{3}U_\mathrm{N}} = \frac{113.5}{\sqrt{3} \times 0.38} = 172.4 \mathrm{A}$$

3.4 单相负荷计算示例

【例 3-5】 已知某单位宿舍的照明负荷(荧光灯),L1 相总设备容量为 10kW、L2 相总设备容量为 11kW、L3 相总设备容量为 9.5kW。试用需要系数法求等效三相照明负荷。(荧光灯 $\cos\varphi=0.9$,$\tan\varphi=0.48$)

解:

查表 3-2 得:$K_\mathrm{d}=0.6 \sim 0.8$(取 0.8),则各项计算负荷:

第3章 负荷计算

L1 相：$P_{m \cdot L1} = K_d P_e = 0.8 \times 10 = 8\text{kW}$

L2 相：$P_{m \cdot L2} = K_d P_e = 0.8 \times 11 = 8.8\text{kW}$

L3 相：$P_{m \cdot L3} = K_d P_e = 0.8 \times 9.5 = 7.6\text{kW}$

最大负荷相为 L2，所以三相等效负荷为：

$$P_{eq} = 3P_{m \cdot L2} = 3 \times 8.8 = 26.4\text{kW}$$

等效三相的无功、视在功率和计算电流也可由需要系数法公式算出，略。

【例 3-6】 室外一条照明线路采用 380V 600W 高压钠灯，L1、L2 两相间接有 20 盏，L2、L3 两相间接有 21 盏，L3、L1 两相间接有 19 盏。试计算这条照明线路上的等效三相计算负荷。($K_d = 1$，$\cos\varphi = 0.5$，$\tan\varphi = 1.73$)

解：

各相间计算负荷：

L1、L2 两相间计算负荷：$P_{m \cdot L12} = K_d P_e = 1 \times (20 \times 600) = 12000\text{W}$

L2、L3 两相间计算负荷：$P_{m \cdot L23} = K_d P_e = 1 \times (21 \times 600) = 12600\text{W}$

L3、L1 两相间计算负荷：$P_{m \cdot L31} = K_d P_e = 1 \times (19 \times 600) = 11400\text{W}$

取两个最大负荷，得：$P_{eq} = 1.5(P_{m \cdot L12} + P_{m \cdot L23}) = 1.5 \times (12000 + 12600) = 36900\text{W}$

等效三相计算无功为：$Q_{eq} = P_{eq} \tan\varphi = 36900 \times 1.73 = 63837\text{var}$

等效三相视在功率、等效三相电流计算略。

【例 3-7】 用换算系数法，求例 3-6 的等效三相计算负荷。

解：

各相间计算负荷：

L1 相：$P_{L1} = p_{L12-1}P_{L12} + p_{L31-1}P_{L31} = 1 \times 12000 + 0 \times 11400 = 12000\text{W}$

$\quad\quad Q_{L1} = q_{L12-1}P_{L12} + q_{L31-1}P_{L31} = 0.58 \times 12000 + 1.16 \times 11400 = 20184\text{var}$

L2 相：$P_{L2} = p_{L12-2}P_{L12} + p_{L23-2}P_{L23} = 0 \times 12000 + 1 \times 12600 = 12600\text{W}$

$\quad\quad Q_{L2} = q_{L12-2}P_{L12} + q_{L23-2}P_{L23} = 1.16 \times 12000 + 0.58 \times 12600 = 21228\text{var}$

L3 相：$P_{L3} = p_{L23-3}P_{L23} + p_{L31-3}P_{L31} = 0 \times 12600 + 1 \times 11400 = 11400\text{W}$

$\quad\quad Q_{L3} = q_{L23-3}P_{L23} + q_{L31-3}P_{L31} = 1.16 \times 12600 + 0.58 \times 11400 = 21228\text{var}$

L2 相为最大负荷相，则等效三相负荷：

$$P_{eq} = 3 \times 1 \times 12600 = 37800\text{W} \quad\quad Q_{eq} = 3 \times 1 \times 21228 = 63684\text{var}$$

等效三相视在功率、等效三相电流计算略。

【例 3-8】 某车间 AB、BC 相电焊机均为 47kW，$K_d = 0.5$，$\cos\varphi = 0.6$，$\tan\varphi = 1.33$，$\varepsilon_N\% = 60\%$；C 相照明共 6kW，$K_d = 0.9$，$\cos\varphi = 0.9$，$\tan\varphi = 0.48$；三相冷加工机床共 420kW，$K_d = 0.14$，$\cos\varphi = 0.5$，$\tan\varphi = 1.73$；三相通风机共 80kW，$K_d = 0.8$，$\cos\varphi = 0.8$，$\tan\varphi = 0.75$；试计算车间三相计算负荷。

解：

1) 计算 A、B 两相间设备容量：

$$P_{e \cdot L12} = P_N \sqrt{\varepsilon_N\%} = 47 \times \sqrt{60\%} = 36.4\text{kW}$$

2) 计算 B、C 两相间设备容量：

$$P_{e \cdot L23} = P_N \sqrt{\varepsilon_N\%} = 47 \times \sqrt{60\%} = 36.4\text{kW}$$

3) 计算 AB、BC 相间各相间计算负荷：

A 相：$P_{L1} = p_{L12-1} P_{L12} + p_{L31-1} P_{L31} = 0.89 \times 36.4 + 0.11 \times 0 = 32.4 \text{kW}$

$Q_{L1} = q_{L12-1} P_{L12} + q_{L31-1} P_{L31} = 0.38 \times 36.4 + 0.96 \times 0 = 13.83 \text{kvar}$

B 相：$P_{L2} = p_{L12-2} P_{L12} + p_{L23-2} P_{L23} = 0.11 \times 36.4 + 0.89 \times 36.4 = 36.4 \text{kW}$

$Q_{L2} = q_{L12-2} P_{L12} + q_{L23-2} P_{L23} = 0.96 \times 36.4 + 0.38 \times 36.4 = 48.78 \text{kvar}$

C 相：$P_{L3} = p_{L23-3} P_{L23} + p_{L31-3} P_{L31} = 0.11 \times 36.4 + 0.89 \times 0 = 4 \text{kW}$

$Q_{L3} = q_{L23-3} P_{L23} + q_{L31-3} P_{L31} = 0.96 \times 36.4 + 0.38 \times 0 = 34.94 \text{kvar}$

4）计算 C 相单项计算负荷：

$$P_{e \cdot L3\text{单}} = P_N = 6 \text{kW}$$

$$P_{m \cdot L3\text{单}} = K_d P_{e \cdot L3\text{单}} = 0.9 \times 6 = 5.4 \text{kW}$$

综上可得，各单项计算负荷中 B 相负荷最大，即为三相等效计算负荷。

5）计算 AB、BC、C 相等效三相负荷：

$$P_{eq} = 3 \times K_d \times P_{L2} = 3 \times 0.5 \times 36.4 = 54.6 \text{kW}$$

$$Q_{eq} = 3 \times K_d \times Q_{L2} = 3 \times 0.5 \times 48.78 = 73.17 \text{kvar}$$

6）计算三相冷加工机床计算负荷：

$$P_{m \cdot \text{机}} = K_d P_e = 0.14 \times 420 = 58.8 \text{kW}$$

$$Q_{m \cdot \text{机}} = P_{m \cdot \text{机}} \tan\varphi = 58.8 \times 1.73 = 101.72 \text{kvar}$$

7）计算三相通风机计算负荷：

$$P_{m \cdot \text{风}} = K_d P_e = 0.8 \times 80 = 64 \text{kW}$$

$$Q_{m \cdot \text{风}} = P_{m \cdot \text{风}} \tan\varphi = 64 \times 0.75 = 48 \text{kvar}$$

8）计算车间三相计算负荷：

$$P_{\Sigma m} = P_{eq} + P_{m \cdot \text{机}} + P_{m \cdot \text{风}} = 54.6 + 58.8 + 64 = 177.4 \text{kW}$$

$$Q_{\Sigma m} = Q_{eq} + Q_{m \cdot \text{机}} + Q_{m \cdot \text{风}} = 73.17 + 101.72 + 48 = 222.89 \text{kvar}$$

$$S_{\Sigma m} = \sqrt{P_{\Sigma m}^2 + Q_{\Sigma m}^2} = \sqrt{177.4^2 + 222.89^2} = 284.87 \text{kVA}$$

$$I_{\Sigma m} = \frac{S_{\Sigma m}}{\sqrt{3} U_N} = \frac{284.87}{\sqrt{3} \times 0.38} = 432.83 \text{A}$$

3.5 功率补偿计算

供配电系统中的变配电设备及用电设备大部分属于感性负载，如电力变压器、电抗器、继电器、接触器、感应电动机、电焊机等，它们在工作时需要吸收无功功率，造成功率因数下降。发电设备在容量为一定时，无功功率需求的增加将会造成发出的有功功率下降，而影响发电机的出力。同时，无功功率在系统的输送中会造成诸多不利的影响，例如无功功率在通过线路时，会引起有功损耗、电网电压损失。在电网输送有功功率不变的前提下，无功功率增加而使总电流增加，造成供配电系统中的变压器、开关电器、导线以及测量仪器仪表等的一次、二次设备的容量、规格尺寸增大，从而使投资成本增加。供配电系统进行必要的无功补偿对改善供电质量、降低系统能耗、节省企业电费开支、减少碳排放具有重要意义。

3.5.1 功率损耗构成

在负荷计算中，要把供配电系统的功率损耗逐步加到总计算负荷中去，如图 3-3 所示为供配电系统各部分计算负荷及损耗。图 3-3 中，$P_{m(6)}$ 是单组设备计算负荷，$P_{\Sigma m(5)}$ 为 380V 低压母线上的总负荷，由母线上所有计算负荷相加再乘上同时系数得到。$P_{\Sigma m(4)}$ 等于 $P_{\Sigma m(5)}$ 加上变压器损耗 ΔP_{T2}，$P_{\Sigma m(4)}$ 计入线路损耗 ΔP_{L1} 就是 $P_{\Sigma m(3)}$。10kV 母线上的总计算负荷是 $P_{\Sigma m(2)}$，由母线上所有计算负荷相加并乘上同时系数得到，$P_{\Sigma m(1)}$ 是用户的总负荷，在 $P_{\Sigma m(2)}$ 的基础上计入变压器损耗 ΔP_{T1} 得到。

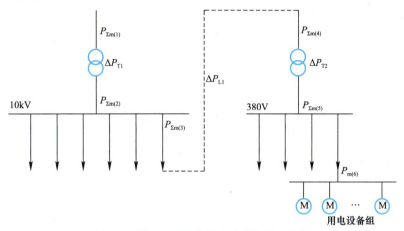

图 3-3 供配电系统各部分计算负荷及损耗

1. 三相供配电线路损耗

三相供配电线路的有功功率损耗 ΔP_L，无功功率损耗 ΔQ_L 可按下式计算：

$$\Delta P_L = 3I_m R_\varphi = 3I_m r_0 l \tag{3-40}$$

$$\Delta Q_L = 3I_m X_\varphi = 3I_m x_0 l \tag{3-41}$$

式中　I_m——计算电流，A；

　　　R_φ、X_φ——每相导线的电阻、电抗，Ω；

　　　r_0、x_0——单位长度（km）的电阻、电抗值，Ω；

　　　l——线路每相计算长度，km。

用户内部的供配电线路通常比较短，线路损耗大多数可以省略。

2. 变压器损耗

变压器的损耗包括有功功率损耗 ΔP_T 和无功功率损耗 ΔQ_T。

（1）有功功率损耗

变压器的有功功率损耗由两部分组成，其中一部分为与负荷大小无关的空载损耗，又称铁损，是变压器铁芯中涡流、磁滞产生的有功损耗。另一部分是与负荷电流（或功率）平方成正比的短路损耗，又称铜损，是变压器一、二次绕组的电阻产生的有功损耗。

变压器有功功率损耗的计算公式：

$$\Delta P_T = \Delta P_{Fe \cdot T} + \Delta P_{cu \cdot N \cdot T} \left(\frac{S_m}{S_{N \cdot T}}\right)^2 \tag{3-42}$$

式中　$\Delta P_{Fe \cdot T}$、$\Delta P_{cu \cdot N \cdot T}$——变压器铁损和额定负载下的铜损，kW，产品手册中可查到；

　　　$S_{N \cdot T}$、S_m——变压器额定容量与计算容量（计算视在功率），kVA。

（2）无功功率损耗

变压器的无功功率损耗一部分是产生磁通引起的无功损耗，另一部分是变压器一、二次绕组电抗上产生的无功损耗，计算公式为：

$$\Delta Q_T = \frac{I_{0.T}\%}{100}S_{N.T} + \frac{\Delta u_{k.T}\%}{100}\frac{(S_m)^2}{S_{N.T}} \tag{3-43}$$

式中　$I_{0.T}\%$——变压器空载电流百分数，产品手册上可查到；

　　　$\Delta u_{k.T}\%$——变压器短路（阻抗）电压百分数，产品手册上可查到。

变压器的功率损耗还可以按下式粗略估算：

$$\Delta P_T \approx 0.015 S_{N.T} \tag{3-44}$$

$$\Delta Q_T \approx 0.06 S_{N.T} \tag{3-45}$$

3.5.2　无功功率补偿

我国《供电营业规则》中规定：除电网有特殊要求的用户外，用户在当地供电企业规定的电网高峰负荷时的功率因数，100kVA 及以上的高压供电用户为 0.90 以上；其他电力用户和大、中型电力排灌站、趸购转售电企业的为 0.85 以上；农业用电为 0.80 以上。在《功率因数调整电费办法》中规定了不同功率因数下的电费增收比例。

1. 无功功率补偿形式

电力用户广泛应用并联电力电容器进行无功补偿。可根据其装设的位置不同分为三种补偿方式：个别补偿、分组补偿和集中补偿。个别补偿就是将电容器装设在需要补偿的电气设备附近，与电气设备同时运行和退出。分组补偿，即对用电设备组，每组采用电容器进行补偿。集中补偿的电力电容器通常设置在变、配电所的高、低压母线上。根据《民用建筑电气设计标准》GB 51348—2019 规定：35kV 及以下无功补偿宜在配电变压器低压侧集中补偿，补偿基本无功功率的电容器组，宜在变电所内集中设置。有高压负荷时宜考虑高压无功补偿。变电所计量点的功率因数不宜低于 0.9。

电容器无功补偿位置示意图如图 3-4 所示，个别补偿处于供电末端的负荷处，能最大限度地减少系统的无功输送量，有最好的补偿效果。其缺点是：补偿电容通常随着设备一起投切，当设备停止运行时，补偿电容也随之而退出，因此使用效率不高。

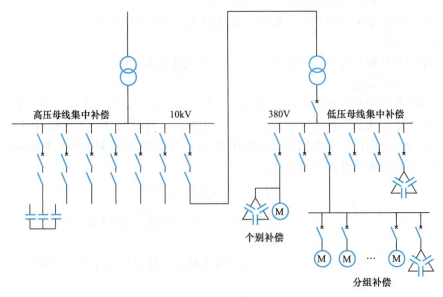

图 3-4　电容器无功补偿位置示意图

分组补偿，其电容器的利用率比个别补偿大，所以电容器总容量也比个别补偿小，投资比个别补偿小。

集中补偿的电力电容器通常设置在变、配电所的高、低压母线上，这种补偿方式投资少，便于集中管理。高压母线的无功补偿可以满足供电部门对用户功率因数的要求，减小主变压器无功。电力电容器设置在低压母线上，补偿效果好于高压母线补偿。

供配电系统中电力电容器常采用高、低压混合补偿的形式，以发挥各补偿方式的特点，互相补充。

2. 无功补偿计算

在方案设计时，一般可按变压器容量的15%～30%估算；在初步阶段设计时，应按下列步骤进行计算：

(1) 计算补偿容量 Q_c

$$Q_c = P_m(\tan\varphi_1 - \tan\varphi_2) = P_m \Delta q_c \tag{3-46}$$

式中　P_m——计算有功功率，kW；

$\tan\varphi_1$、$\tan\varphi_2$——补偿前、后功率因数角的正切值；

Δq_c——无功补偿率，如表3-6所示。

无功补偿率　　　　　表3-6

补偿前的功率因数 $\cos\varphi_1$	补偿后的功率因数 $\cos\varphi_2$								
	0.85	0.86	0.88	0.90	0.92	0.94	0.96	0.98	1.00
0.60	0.71	0.74	0.79	0.85	0.91	0.97	1.04	1.13	1.33
0.62	0.65	0.67	0.73	0.78	0.84	0.90	0.98	1.06	1.27
0.63	0.61	0.66	0.71	0.75	0.82	0.87	0.94	1.03	1.23
0.64	0.58	0.61	0.66	0.72	0.77	0.84	0.91	1.00	1.20
0.66	0.52	0.55	0.60	0.65	0.71	0.78	0.85	0.94	1.14
0.68	0.46	0.48	0.54	0.59	0.65	0.71	0.79	0.88	1.08
0.70	0.40	0.43	0.48	0.54	0.59	0.66	0.73	0.82	1.02
0.72	0.34	0.37	0.42	0.48	0.54	0.60	0.67	0.76	0.96
0.74	0.29	0.31	0.37	0.42	0.48	0.54	0.62	0.71	0.91
0.76	0.23	0.26	0.31	0.37	0.43	0.49	0.56	0.65	0.85
0.78	0.18	0.21	0.26	0.32	0.38	0.44	0.51	0.60	0.80
0.80	0.13	0.16	0.21	0.27	0.32	0.39	0.46	0.55	0.75
0.82	0.08	0.10	0.16	0.21	0.27	0.33	0.40	0.49	0.70
0.84	0.03	0.05	0.11	0.16	0.22	0.28	0.35	0.44	0.65
0.85	0	0.03	0.08	0.14	0.19	0.26	0.33	0.42	0.62
0.86	—	0	0.05	0.11	0.17	0.23	0.30	0.39	0.59
0.88	—	—	0	0.06	0.11	0.18	0.25	0.34	0.54
0.90	—	—	—	0	0.60	0.12	0.19	0.28	0.48

(2) 计算并联电容器的数量

$$n = \frac{Q_c}{\Delta q_c} \tag{3-47}$$

式中　n——电容器总数，只；

　　　Δq_c——单个电容器容量，kvar。

【例 3-9】　某厂拟建一降压变电所，装设一台主变压器。已知变电所低压侧有功计算负荷为 650kW，无功计算负荷 800kvar。为了使工厂（变电所高压侧）的功率因数不低于 0.9，如在变电所低压侧装设并联电容进行补偿时，需装设多少补偿容量？并问补偿前后工厂变电所所选变压器有何变化？（变压器的容量有 500kVA、630kVA、800kVA、1000kVA、1250kVA、1600kVA、2000kVA）

解：

1) 补偿前的变压器容量的选择

变压器低压侧的视在计算负荷为：

$$S'_m = \sqrt{P'^2_m + Q'^2_m} = \sqrt{650^2 + 800^2} = 1013 \text{kVA}$$

主变压器容量的选择条件为 $S_{N.T} \geqslant S'_m$，因此未进行无功补偿时，主变压器容量应选为 1250kVA。

此时变电所低压侧的功率因数为：

$$\cos\varphi' = \frac{P'_m}{S'_m} = \frac{650}{1030} = 0.63$$

2) 无功功率补偿容量

按规定，变电所高压侧的 $\cos\varphi'' \geqslant 0.9$，考虑变压器本身的无功功率损耗，因此在变压器低压侧进行无功补偿时，低压侧补偿后的功率因数应略高于 0.9，这里取 $\cos\varphi' = 0.92$。

低压侧功率因数由 0.63 提高到 0.92，低压侧需补偿容量为：

$$Q_C = 650 \times (\tan\arccos 0.63 - \tan\arccos 0.92) = 650 \times 0.82 = 533 \text{kvar}$$

3) 补偿后变电所低压侧的计算负荷为：

$$S'_m = \sqrt{P'^2_m + (Q'_m - Q_C)^2} = \sqrt{650^2 + (800-533)^2} = 702.7 \text{kVA}$$

因此主变压器容量可改选为 800kVA，比补偿前容量减少 450kVA。

4) 变压器的功率损耗为：

$$\Delta P_T = 0.015 \times S'_m = 0.015 \times 702.7 = 10.5 \text{kW}$$

$$\Delta Q_T = 0.06 \times S'_m = 0.06 \times 702.7 = 42.2 \text{kvar}$$

5) 变电所高压侧的计算负荷为：

$$P''_m = P'_m + \Delta P_T = 650 + 10.5 = 660.5 \text{kW}$$

$$Q''_m = Q'_m - Q_C + \Delta Q_T = 800 - 533 + 42.2 = 309.2 \text{kvar}$$

$$S''_m = \sqrt{P''^2_m + Q''^2_m} = \sqrt{660.5^2 + 309.2^2} = 729.3 \text{kVA}$$

6) 补偿后变电所高压侧的功率因数为：

$$\cos\varphi'' = \frac{P''_m}{S''_m} = \frac{660.5}{729.3} = 0.906$$

这一功率因数满足规定要求。补偿前要选用 1250kVA 的变压器,补偿后选用 800kVA 的变压器。

3.6 短路电流计算

3.6.1 短路基本概念

供配电系统在运行过程中,会出现各种故障,使正常运行状态遭到破坏。短路是各类系统故障中的一种,是系统中各种非正常的相与相之间或相与地之间的短接。

1. 短路原因

系统发生短路的原因一般归纳以下几点:

(1) 电气设备绝缘的破坏

例如电气设备长期运行绝缘自然老化,设备质量低劣绝缘本身有缺陷,安装、防护不当造成绝缘机械性损伤,非正常的超过绝缘耐压水平的电压等都可能使绝缘击穿而造成短路事故。

(2) 自然的原因

例如由于大风、下雪导线覆冰、直接雷击等引起架空线倒杆断线,鸟兽跨越在裸露的相与相或相与地之间,树枝碰到高压电线,户外变配电设备遭受直接雷击等造成的短路事故。

(3) 人为的因素

例如运行人员违反操作规程带负荷拉闸,违反电业安全工作规程带接地刀闸合闸,人为疏忽接错线,野蛮施工挖断电缆、挂断架空线,运行管理不善造成小动物进入高压带电体内形成的短路事故等。

2. 短路类型

在三相系统中,可能发生的短路故障有:三相短路 $k^{(3)}$,两相短路 $k^{(2)}$,单相短路 $k^{(1)}$ 和两相接地短路 $k^{(1,1)}$。各种短路类型,如图 3-5 所示。

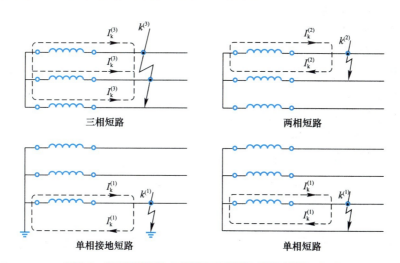

图 3-5 短路的类型(虚线表示短路电流的路径)(一)

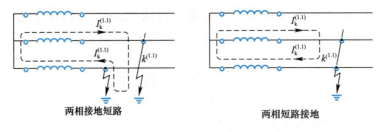

图 3-5　短路的类型（虚线表示短路电流的路径）（二）

三相短路是对称短路，其他均为非对称短路。供配电系统中，单相短路的可能性最大，三相短路的机会最少。但一般情况下三相短路电流最大，造成的后果也是最严重的。同时，当对不对称短路采用对称分量法后，可归结成对称的短路计算，因此，对称三相短路的研究也是不对称短路计算的基础。

3. 短路后果

供配电系统发生短路后，系统总阻抗比正常运行时小很多，短路电流超过正常工作电流许多倍，可高达数万安培，会带来下列严重的后果：

（1）巨大的短路电流通过设备，能将载流导体短时间内加热到很高温度，极易造成设备过热、导体熔化而损坏；

（2）载流导体间将产生很大电动力的冲击，可能引起电气设备机械变形以至损坏；

（3）短路时系统电压骤然下降，严重影响电气设备的正常运行，给用户带来很大影响；

（4）保护装置动作切除故障，会造成一定范围的停电，并且短路点越靠近电源，停电波及的范围越大；

（5）当系统发生不对称短路时，短路电流的电磁效应能在邻近的电路感应出很强的电动势。对附近的通信线路、铁路信号系统及其他电子设备、自动控制系统可能产生强烈干扰；

（6）短路引起系统震荡，使并列运行的各发电机组之间失去同步，破坏系统稳定，最终造成系统解列，形成地区性或区域性大面积停电。

4. 短路计算目的

（1）为选择和校验电气设备

选择和校验电气设备包括计算三相短路电流峰值（冲击电流）、电路电流最大有效值以校验电气设备的电动力的稳定性，计算三相短路电流稳态有效值用以校验电气设备及载流导体的热稳定性，计算三相短路容量以校验开关的开断能力等。

（2）为继电保护装置的整定与校验

计算系统可能出现的最大短路电流值，为继电保护整定提供依据；计算电路可能出现的最小短路电流值用于继电保护的灵敏度校验。不仅要计算三相短路电流而且也要计算两相短路电流或单相接地电流。

（3）为技术方案的确定与实施

可为不同供电方案进行技术性比较，以及确定是否采取限制短路电流措施等提供依据。

5. 短路电流计算内容

短路电流计算一般需要计算下列短路电流值：

(1) i_p——短路电流峰值（短路冲击电流或短路全电流最大瞬时值），kA。

(2) I_k'' 或 I''——对称短路电流初始值或超瞬态短路电流值，kA。

(3) $I_{0.2}/I_{sh}$——短路后 0.2s 的短路电流交流分量（周期分量）有效值，kA。

(4) I_k——稳态短路电流有效值，kA。

短路过程中，短路电流变化的情况取决于系统电源容量的大小和短路点离电源的远近。在工程计算中，若以供电电源容量为基准短路电路计算电抗不小于3，短路时即认为电源母线电压保持不变，可不考虑短路电流周期分量的衰减，按短路电流不含衰减交流分量的系统，即按无限大电源容量系统或远离电源端短路计算，也称远端短路。否则，按短路电流含衰减交流分量的系统，即按有限大电源容量系统或靠近电源端短路计算，也称近端短路。

3.6.2 设备短路电参数计算

进行短路电流计算，首先要明确短路电路的相关电参数，如：元件阻抗、电路电压、电源容量等；其次进行网络变换求得短路点到电源之间的等效阻抗；最后按公式或运算曲线求得短路电流值。

短路电参数的计算方法，可以用有名单位值计算，也可以用标幺值计算。一般来讲，前者用于 1000V 以下低压系统的短路电流计算，后者则广泛用于高压系统。

1. 有名单位值计算法

即以实际有名单位值（Ω，A，V）表示电路参数及计算的方法，三相短路周期性分量有效值的计算公式为：

$$I_k^{(3)} = \frac{U_{av}}{\sqrt{3}\sqrt{R_{k\Sigma}^2 + X_{k\Sigma}^2}} \tag{3-48}$$

式中 $R_{k\Sigma}$、$X_{k\Sigma}$——短路回路的总电阻、总电抗值，Ω；

U_{av}——短路计算的电网平均标称电压，V，$U_{av} = \frac{1.1+1}{2}U_N = 1.05U_N$。

在中高电压系统中由于电抗值远大于电阻值，可以近似用总电抗代替总阻抗。只在短路回路总电阻大于总电抗的三分之一时，才计入电阻的影响。

三相短路容量为：

$$S_k^{(3)} = \sqrt{3}U_{av}I_k^{(3)} \tag{3-49}$$

(1) 发电机电抗有名单位值计算

短路计算时，发电机电抗使用的是产品说明或手册上提供的短路次暂态电抗百分数 $X''\%$。发电机电抗有名单位值 X_G 的计算公式为：

$$X_G \approx \frac{X''\%}{100} \times \frac{U_{av}^2}{S_N} = \frac{X''\%}{100} \times \frac{U_{av}^2}{P_N/\cos\varphi} \tag{3-50}$$

式中 S_N、P_N、$\cos\varphi$、U_{av}——发电机的额定容量、额定功率、功率因数、平均标称电压。

(2) 变压器电抗有名单位值计算

变压器电抗有名单位值 X_T 可根据其技术数据中给出的短路电压（阻抗电压）百分值 $\Delta U_K\%$ 算出的，计算公式：

$$X_T \approx \frac{\Delta U_K\%}{100} \times \frac{U_{av}^2}{S_{N \cdot T}} \tag{3-51}$$

式中　$S_{N \cdot T}$——变压器的额定容量。

变压器电阻有名单位值 R_T 可由其技术数据中给出的短路损耗（铜耗）ΔP_{cu} 近似算出：

$$R_T \approx \Delta P_{cu} \left(\frac{U_{av}}{S_{N \cdot T}} \right)^2 \tag{3-52}$$

（3）电抗器电抗有名单位值计算

系统中的电抗器相当于一个大的空心电感线圈，主要用来限制短路电流、维持电压水平，电抗器的电抗有名单位值可用其电抗百分值 $\Delta U_H\%$ 算出：

$$X_H = \frac{\Delta U_H\%}{100} \times \left(\frac{U_{N \cdot H}}{\sqrt{3} I_{N \cdot H}} \right) \tag{3-53}$$

式中　$U_{N \cdot H}$、$I_{N \cdot H}$——电抗器额定电压（V）、额定电流（A）。

（4）线路电抗、电阻有名单位值计算

计算公式为：

$$X_L = x_0 l \tag{3-54}$$

式中　x_0——线路单位长度（km）的电抗值，Ω；

　　　l——线路的计算长度，m。

如有必要计算线路电阻的有名单位值，其计算公式：

$$R_L = r_0 l \tag{3-55}$$

式中　r_0——线路单位长度（km）的电阻值，Ω。

（5）系统电源电抗有名单位值计算

对实际供配电系统而言，由于系统电源容量的有限性，必须把它看作为短路回路中的一个元件，计及电抗值对短路电流的影响。系统电源电抗有名单位值 X_G 通常由下式确定：

$$X_G = \frac{U_{av}^2}{S_G} \tag{3-56}$$

式中　S_G——系统电源的容量，kVA；

　　　U_{av}——平均标称电压，kV。

如无法获得系统电源容量 S_G 的确切数值，则可用电源出口处断路器的开断容量 S_K 代替，即：

$$X_G = \frac{U_{av}^2}{S_K} \tag{3-57}$$

算出各元件的阻抗后，再求出短路回路的等值总阻抗，就可以按公式（3-48）计算短路电流。要注意的是：用有名单位值计算短路总阻抗时，如回路中有电力变压器，各元件处于不同的电压下时，各元件的阻抗应按统一的短路计算电压换算。阻抗等效换算的原则是元件的功率损耗不变。由 $\Delta P = U_{av}^2 / R = U_{av}'^2 / R'$，$\Delta Q = U_{av}^2 / X = U_{av}'^2 / X'$，得到阻抗等效换算公式：

$$R' = R \left(\frac{U_{av}'}{U_{av}} \right)^2 \tag{3-58}$$

$$X' = X \left(\frac{U_{av}'}{U_{av}} \right)^2 \tag{3-59}$$

式中　R、X、U_{av}——换算前元件的电阻、电抗、元件安装处的平均标称电压，kV；

R'、X'、U'_{av}——换算后元件的电阻、电抗、短路计算所需的平均标称电压,kV。

短路计算所需的平均标称电压取法原则按要计算的短路电流处于哪级电压等级,就用这级电压等级的平均标称电压换算。

【例 3-10】 用有名单位值计算图 3-6 所示系统,k_1 点三相短路时的总电抗值。

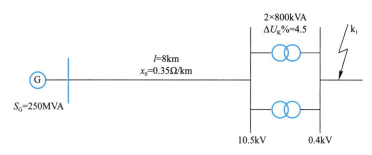

图 3-6 某供配电系统三相短路图

解:

k_1 点位于 380V 电压等级的线路,所以 U_{av1} 取 0.4kV。

1)系统电源电抗有名单位值

$$X_G = \frac{U_{av1}^2}{S_G} = \frac{(0.4\text{kV})^2}{250\text{MVA}} = 6.4 \times 10^{-4} \Omega$$

2)架空线路的电抗有名单位值

$$X_L = x_0 L \left(\frac{U_{av1}}{U_{av2}}\right)^2$$

$$= 0.35(\Omega/\text{km}) \times 8\text{km} \times \left(\frac{0.4\text{kV}}{10.5\text{kV}}\right)^2 = 4.06 \times 10^{-3} \Omega$$

3)变压器电抗有名单位值

$$X_T \approx \frac{\Delta U_K \%}{100} \times \frac{U_{av1}^2}{S_{N \cdot T}} = \frac{4.5}{100} \times \frac{(0.4\text{kV})^2}{800\text{kVA}} = 9 \times 10^{-3} \Omega$$

4)绘制 k_1 点短路的等效电路图,如图 3-7 所示。

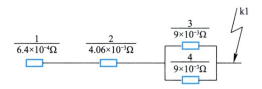

图 3-7 某供配电系统三相短路的电抗有名值计算的等值电路图

等效电路图反映短路回路中各元件的电气连接关系,图上应标出各元件的序号(分子)和电抗值(分母)。

5)k_1 点短路的总电抗有名单位值为:

$$X_{(k_1)\Sigma} = 6.4 \times 10^{-4} \Omega + 4.06 \times 10^{-3} \Omega + \frac{9 \times 10^{-3} \Omega}{2} = 9.2 \times 10^{-3} \Omega$$

2. 标幺值计算法

在多个电压等级的供配电系统中,有名单位值计算短路电流因为有时候要算多个短路点以及同一个短路点流经不同电压处的短路电流,需经常进行阻抗换算,比较麻烦,因此常采用标幺值计算短路电流。标幺值能简化多个电压等级系统存在的阻抗换算问题。

标幺值是一种相对单位制,电路各参数均用其相对值即标幺值表示。标幺值定义为任意一个参数对基准值的比值,即:

$$\text{某电气参数的标幺值} = \frac{\text{该参数实际有名单位值}}{\text{该参数的基准值}(\text{与有名单位值同单位})}$$

标幺值是一个无单位的量,同一个实际有名的电气参数,选取不同的基准值,其标幺值也不一样。

利用标幺值计算短路电流,涉及四个基准量:基准电压 U_d,基准电流 I_d,基准视在功率 S_d,基准阻抗 Z_d。在中高电压系统中,考虑电抗值一般大于电阻值,为了简化计算,可直接用各主要元件的电抗值代替其阻抗值,在标幺值的四个基准值中就用电抗基准值 X_d 替代了阻抗的基准值。

三相供电系统中,线电压 U、线电流 I、三相功率 S 和电抗 X(忽略电阻)存在的关系对标幺值中四个基准值也同样成立,因此只需定出其中两个基准值,其他两个即可据约束关系算出。通常我们选定的基准量是基准容量 S_d 和基准电压 U_d。

基准值原则上可以任意选择,但为了计算方便,基准值要选择适当。基准容量 S_d 通常选取 100MVA、10MVA、1000MVA 或者选取短路回路中某元件容量的额定值(基准容量一般供配电系统取 100MVA)。基准容量确定以后,在计算过程中不允许再变。基准电压 U_d 选取各电压等级电网的平均标称电压 U_{av} 为其基准值。基准容量 S_d 和基准电压 U_d 确定后,回路中的电流、电抗标幺值可用基准容量 S_d 和基准电压 U_d 表达:

$$I^* = \frac{I}{I_d} = I \times \frac{\sqrt{3}U_d}{S_d} \tag{3-60}$$

$$X^* = \frac{X}{X_d} = X \times \frac{S_d}{U_d^2} \tag{3-61}$$

各电气参数的标幺值用其字母上加注一个星号表示。短路回路中各元件电抗(电阻)标幺值计算如下:

(1) 发电机电抗标幺值计算

发电机电抗标幺值计算也用次暂态电抗百分数 $X''\%$。发电机电抗标幺值 X_G^* 的计算公式为:

$$X_G^* = \frac{X''\%}{100} \times \frac{S_d}{S_N} = \frac{X''\%}{100} \times \frac{S_d}{P_N/\cos\varphi} \tag{3-62}$$

式中 S_N、P_N、$\cos\varphi$——发电机的额定容量(kVA)、额定功率(W)、功率因数。

(2) 变压器电抗标幺值计算

变压器电抗标幺值 X_T^* 由短路电压(阻抗电压)百分值 $\Delta U_K\%$ 算出,计算公式:

$$X_T^* = \frac{\Delta U_K\%}{100} \times \frac{S_d}{S_{N \cdot T}} \tag{3-63}$$

式中 $S_{N \cdot T}$——变压器的额定容量,kVA。

第3章 负荷计算

(3) 电抗器电抗标幺值计算

电抗器电抗标幺值用其电抗百分值 $\Delta U_H\%$ 折算：

$$X_H^* = \frac{\Delta U_H\%}{100} \times \left(\frac{U_{N\cdot H}}{\sqrt{3}\,I_{N\cdot H}}\right)\left(\frac{S_d}{U_d^2}\right) \tag{3-64}$$

式中　$U_{N\cdot H}$、$I_{N\cdot H}$——电抗器额定电压（V）、额定电流（A）；

　　　U_d——取电抗器安装处所在的那一级平均标称电压，V。

(4) 线路电抗、电阻标幺值计算

计算公式为：

$$X_L^* = X_L \times \frac{S_d}{U_d^2} = x_0 l \times \frac{S_d}{U_d^2} \tag{3-65}$$

式中　x_0——线路单位长度（km）的电抗值，Ω；

　　　l——线路的计算长度，m；

　　　U_d——取本线路段所处那一级电网的平均标称电压值，V。

如有必要计算线路电阻标幺值，其计算公式：

$$R_L^* = R_L \times \frac{S_d}{U_d^2} = r_0 l \times \frac{S_d}{U_d^2} \tag{3-66}$$

式中　r_0——线路单位长度（km）的电阻值，Ω；

　　　U_d——取本线路段所处那一级电网的平均标称电压值，V。

(5) 系统电源电抗标幺值计算

系统电源电抗标幺值 X_G^* 通常由下式确定：

$$X_G^* = \frac{S_d}{S_G} \tag{3-67}$$

式中　S_G——系统电源的容量，kVA。

系统电源容量 S_G 未知时，用电源出口处断路器的开断容量 S_{oc} 代替系统电源容量，即：

$$X_G^* = \frac{S_d}{S_{oc}} \tag{3-68}$$

在短路回路总电抗标幺值计算中，各元件只需将其电抗按公式换算到电抗标幺值，然后再根据各元件间的连接关系，即可得到等值总电抗标幺值 X_Σ^*，无需阻抗变换。

【例 3-11】 用标幺值计算图 3-6 所示系统，k_1 点三相短路时的总电抗标幺值。

解：

设 $S_d = 100\text{MVA}$，$U_d = U_{av}$（10.5kV、0.4kV）。

1) 元件电抗标幺值计算：

电源电抗标幺值：$X_G^* = \dfrac{S_d}{S_G} = \dfrac{100}{250} = 0.4$

线路电抗标幺值：$X_L^* = x_0 l \times \dfrac{S_d}{U_d^2} = 0.35 \times 8 \times \dfrac{100}{10.5^2} = 2.54$

变压器电抗标幺值：$X_T^* = \dfrac{\Delta U_K\%}{100} \times \dfrac{S_d}{S_{N\cdot T}} = \dfrac{4.5}{100} \times \dfrac{100}{0.8} = 5.625$

2) 元件电抗标幺值计算的等值电路，如图 3-8 所示。

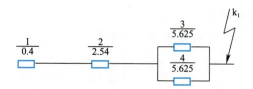

图 3-8 某供配电系统三相短路电抗标幺值计算的等值电路图

系统总电抗标幺值：$X_\Sigma^* = 0.4 + 2.54 + 5.625/2 = 5.7525$

3.6.3 无限大容量电源系统短路电流计算

1. 三相短路电流

（1）有名单位值计算三相短路电流

利用式（3-48）、式（3-49）可算出三相短路周期性分量有效值和三相短路容量。

【例 3-12】 用有名单位值计算图 3-6 所示系统，k_1 点三相短路时短路点的短路电流周期性分量有效值和短路容量。

解：

代入【例 3-11】计算数据，得：

$$I_k^{(3)} = \frac{U_{av1}}{\sqrt{3} X_{(k_1)\Sigma}} = \frac{0.4 \text{kV}}{\sqrt{3} \times 9.2 \times 10^{-3} \Omega} = 25.1 \text{kA}$$

$$S_k^{(3)} = \sqrt{3} U_{av1} I_k^{(3)} = \sqrt{3} \times 0.4 \text{kV} \times 25.1 \text{kA} = 17.39 \text{kVA}$$

（2）标幺值计算三相短路电流

采用标幺值计算时，三相短路，周期性电流分量有效值的标幺值为：

$$I_k^* = \frac{I_k^{(3)}}{I_d} = \frac{U_{av}/\sqrt{3} X_\Sigma}{U_d/\sqrt{3} Z_d} = \frac{1}{X_\Sigma^*} \qquad (3-69)$$

短路电流周期性分量有效值为：

$$I_k^{(3)} = I_k^* \cdot I_d = \left(\frac{1}{X_\Sigma^*}\right) \cdot I_d \qquad (3-70)$$

三相短路电流的稳态值 $I_\infty^{(3)}$ 是短路电流非周期性分量衰减完毕，短路进入稳态后的短路电流值，也就是短路电流的周期性分量。在无限大电源系统中短路，短路电流周期性分量幅值始终不变，所以：

$$I_\infty^{(3)} = I_{k(t)}^{(3)} = I_k^{(3)} \qquad (3-71)$$

式中 $I_{k(t)}^{(3)}$ ——短路后任意时刻的短路电流周期性分量的有效值，A。

三相短路容量 $S_k^{(3)}$ 采用标幺值计算时：

$$S_k^{(3)*} = \frac{S_k^{(3)}}{S_d} = \frac{\sqrt{3} U_{av} I_k^{(3)}}{\sqrt{3} U_d I_d} = I_k^* = \frac{1}{X_\Sigma^*} \qquad (3-72)$$

$$S_k^{(3)} = S_k^{(3)*} \times S_d = \left(\frac{1}{X_\Sigma^*}\right) \cdot S_d \qquad (3-73)$$

【例 3-13】 图 3-6 所示的供电系统中，用标幺值计算 k_1 点短路时，通过短路点的电流 $I_\infty^{(3)}$、i_{sh}，短路容量 $S_k^{(3)}$。

解：

短路电流基准值：$I_d = \dfrac{S_d}{\sqrt{3} U_d} = \dfrac{100 \times 10^3}{\sqrt{3} \times 0.4} = 144.34\text{kA}$

由上题算得的系统总电抗标幺值，可得：

$$I_\infty^{(3)} = I_k^{(3)} = I_k^* \times I_d = \left(\dfrac{1}{X_\Sigma^*}\right) \times I_d = \left(\dfrac{1}{5.7525}\right) \times 144.34 = 25.09\text{kA}$$

$$i_{sh} = 1.84 \times 25.09 = 46.17\text{kA} \quad (低压取 i_{sh} = 1.84 I_p)$$

$$S_k^{(3)} = \left(\dfrac{1}{X_\Sigma^*}\right) \times S_d = \left(\dfrac{1}{5.7525}\right) \times 100 = 17.38\text{MVA}$$

这道题目如果要计算 10kV 高压线路的短路电流时，短路电流基准值变成 $I_d = \dfrac{S_d}{\sqrt{3} U_d} = \dfrac{100 \times 10^3}{\sqrt{3} \times 10.5} = 5.5\text{kA}$ 即可。

2. 两相短路电流计算

无限大容量电源系统发生两相短路时，两相短路电流 $I_k^{(2)}$，由图 3-9 可得出：

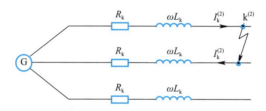

图 3-9　两相短路的等值电路

$$I_p = \dfrac{U_m}{\sqrt{R_k^2 + (\omega L_k)^2}} \quad I_k^{(2)} = \dfrac{U_{av}}{2(R_k + \omega L_k)} \tag{3-74}$$

因三相短路电流为：$I_k^{(3)} = \dfrac{U_{av}}{\sqrt{3}(R_k + \omega L_k)}$，通过比较两式可以得出：

$$I_k^{(2)} = \dfrac{\sqrt{3}}{2} I_k^{(3)} \approx 0.87 I_k^{(3)} \tag{3-75}$$

一般用户供配电系统短路，三相短路电流要大于两相短路电流。通常对电气设备的动稳定及热稳定的校验按其最大短路电流值即三相短路电流值考虑。对继电保护动作灵敏度校验时，用其最小短路电流值即两相短路电流进行。

3. 单相短路计算

单相短路电流可以直接按照单相短路时相线、零线构成的回路引入"相-零"回路阻抗进行计算，公式为：

$$I_k^{(1)} = \dfrac{U_p}{\sqrt{\sum R_0^2 + \sum X_0^2}} \tag{3-76}$$

式中　$I_k^{(1)}$——单相短路电流周期性分量，A；

$\sum R_0^2 + \sum X_0^2$——"相-零"回路中的电阻（Ω）之和、电抗（Ω）之和；

U_p——电源的相电压，V。

"相-零"回路中的阻抗应包括：变压器的单相阻抗、供配电回路载流导体的阻抗、开关电气设备的接触电阻，零线回路中的阻抗等。

思考题与习题

1. 什么是负荷计算？目的是什么？
2. 用电负荷按工作制分为哪几类？各有什么特点？
3. 名词解释：年最大负荷、30min 最大平均负荷、年最大负荷利用小时数、平均负荷和负荷率。
4. 列举常用三相负荷计算的方法，简述各种计算方法的优缺点。
5. 功率因数降低对供配电系统有哪些影响？
6. 功率因数补偿按电容器装设的位置不同有哪几种补偿形式？各有什么优缺点？
7. 简述供配电系统发生短路原因及类型。
8. 为什么要进行短路计算？
9. 名词解释：短路电流周期性分量、短路电流非周期性分量、冲击电流、短路电流的最大有效值。
10. 简述常用短路电路计算的方法。
11. 某企业 380V 配电干线上有金属切削机床电动机 48 台共 120kW（其中较大功率的 12kW 的 3 台，8kW 的 3 台，7.5kW 的 3 台，其余为小功率电动机）。通风机 5kW 的 3 台，3kW 的 8 台。试分别用需要系数法和二项式系数法计算各组 P_m、Q_m、S_m、I_m 及总计算负 $P_{\Sigma m}$、$Q_{\Sigma m}$、$S_{\Sigma m}$、$I_{\Sigma m}$。
12. 已知某用电单位的 220V 照明负荷（荧光灯），L1 相总设备容量为 35kW、L2 相总设备容量为 34kW、L3 相总设备容量为 34.5kW。试用需要系数法求用电单位等效三相照明负荷。
13. 已知室外一条三相照明线路上采用 380V 400W 高压钠灯，L1、L2 两相间接有 45 盏，L2、L3 两相间接有 44 盏，L3、L1 两相间接有 46 盏。试用需要系数法，采用换算系数计算这条照明线路上的等效三相计算负荷。
14. 某车间 380V/220V 电力线路上，接有 4 台 220V 单相加热器，其中 10kW 2 台接在 A 相、30kW 1 台接在 B 相、20kW 1 台接在 C 相，$K_d=0.75$，$\cos\varphi=1$，$\tan\varphi=0$。此外，有 4 台 380V 电焊机，其中 14kW（$K_d=0.5$，$\cos\varphi=0.5$，$\tan\varphi=1.73$，$\varepsilon_N\%=100\%$）2 台接在 AB 相，20kW（$K_d=0.45$，$\cos\varphi=0.6$，$\tan\varphi=1.33$，$\varepsilon_N\%=100\%$）1 台接在 BC 相，30kW（$K_d=0.5$，$\cos\varphi=0.6$，$\tan\varphi=1.33$，$\varepsilon_N\%=60\%$）1 台接在 CA 相。试计算车间三相计算负荷。
15. 某车间变电所有下列用电设备组：起重机负荷，其中负载持续率为 $\varepsilon_N\%=25\%$ 的电动机 8 台，额定容量共计为 140kW，负载持续率为 $\varepsilon_N\%=40\%$ 的电动机 12 台，额定容量共计为 320kW，$K_d=0.2$，$\cos\varphi=0.5$；大批生产金属冷加工机床，额定容量共计 1400kW，$K_d=0.18$，$\cos\varphi=0.5$；联锁的连续运输机械，额定容量共计 640kW，$K_d=0.65$，$\cos\varphi=0.75$；生产用通风机，额定容量共计 240kW，$K_d=0.8$，$\cos\varphi=0.8$；照明负荷为高强气体放电灯，包括镇流器的功率损耗在内的额定容量为 84kW，需要系数为

$K_d=0.95$,$\cos\varphi=0.9$。试采用需要系数法计算车间三相计算负荷;如安装无功补偿电容器,安装多少容量后,功率因数可以补偿到 0.92 以上。

16. 图 3-10 所示的供电配系统中,分别用有名单位值和标幺值法计算 k_1 点短路时,通过短路点的电流 $I_k^{(3)}$、i_{sh},短路容量 $S_k^{(3)}$。

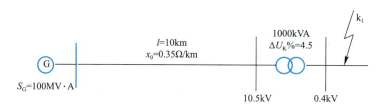

图 3-10　某供配电系统三相短路的计算电路图

第 4 章　电气设备及导线、电缆

在建筑供配电系统中，高压电器一般是指额定电压等级在交流 1000V、直流 1500V 以上的电器，低压电器一般指额定电压等级在交流 1000V、直流 1500V 以下的电器。电器种类繁多，功能各样，构造各异，用途广泛，工作原理各不相同。本章仅介绍常见的几类高、低压电器。

4.1　高压电器

4.1.1　高压电器分类

高压电器主要的分类方法如下。

1. 按结构形式分

（1）单极式：又称单相分体式。如用于系统测量的电流互感器、保护的熔断器等。

（2）三极式：如用于系统控制或保护的高压断路器、交流接触器、隔离开关、负荷开关等。

2. 按安装地点分

（1）户内式：不具有防风、雨、雪、冰和浓霜等性能，适于安装在建筑场所内使用的高压开关设备。

（2）户外式：能承受风、雨、雪、污秽、凝露、冰和浓霜等作用，适于安装在露天使用的高压开关设备。

3. 按组合方式分

（1）元件：包括断路器、隔离开关、接地开关、重合器、分断器、负荷开关、接触器、熔断器等。

（2）组合电器：将两种或两种以上的高压电器，按电力系统主结线要求组成一个有机的整体而各电器仍保持原规定功能的装置。如负荷开关-熔断器组合电器、接触器-熔断器（F-C）组合电器、隔离负荷开关、熔断器式开关、敞开式组合电器等。

4. 按照电流制式分

（1）交流电器：指工作于三相或单相工频交流电的电器，也有极少数工作在非工频系统。

（2）直流电器：指工作于直流电的电器，常用于电气化铁路、城市轨道交通系统等。

5. 按用途和功能分

（1）开关电器：主要用来关合与分断正常电路和故障电路，或用来隔离电源、实现安全接地的高压电器设备。包括高压断路器、高压隔离开关、高压熔断器、高压负荷开关、重合器、分段器和接地短路器等。

（2）测量电器：主要用于转换和测量二次回路与一次回路高电压、大电流，并实施电气隔离，以保证测量工作人员和仪表设备的安全的电路。包括电流互感器、电压互感器。

(3) 限流、限压电器：指电抗器、阻波器、避雷器、限流熔断器等。

(4) 成套设备：指将电器或组合电器与其他电器产品（诸如变压器、电流互感器、电压互感器、电容器、电抗器、避雷器、母线、进出线套管、电缆终端和二次元件等）进行合理配置，有机地组合于金属封闭外壳内，构成具有相对完整使用功能的产品。如金属封闭开关设备（开关柜）、气体绝缘金属封闭开关设备和高压/低压预装式变电站等。

4.1.2 常用高压电器简介

1. 高压断路器

高压断路器是变配电系统中最重要的开关电器，其文字符号为 QF，可以长期承受分断、关合，正常情况下高压电路中的空载电流和负荷电流，还可以在系统发生故障（或其他异常运行状态、欠压、过流等）时与保护装置及自动装置相配合，迅速切断故障电流，防止事故扩大，保证系统安全运行，广泛应用于电力系统的发电厂、变电所、开关站及高压供配电线路上，承担着控制和保护的双重任务。

高压断路器主要功能有：

(1) 在关合状态时应为良好的导体，不仅对正常电流而且对规定的短路电流也能承受其发热和电动力的作用；

(2) 对地及断口间具有良好的绝缘性能；

(3) 在关合状态的任何时刻，应能在不发生危险过电压的条件下，在尽可能短的时间内开断额定短路电流以下的电流；

(4) 在开断状态的任何时刻，应能在断路器触头不发生熔焊的条件下，在短时间内安全地关合规定的短路电流。

2. 高压熔断器

熔断器俗称保险，是保护电气设备免受严重过负荷和短路电流损害的自动保护电器。利用易熔合金串接于被保护的电路中，当流过易熔件的工作电流突然增大超过规定值一定时间后，易熔件因自身产生的热量过大而使其熔化，从而断开电路。

高压熔断器在 35kV 以下小容量电力系统中主要用于变压器、电压互感器、电力电容器等设备的过载及短路保护。三相供电系统若用熔断器作电路过流保护时，应尽可能保证熔体同材质、同尺寸、同阻值、同一熔断特性。

3. 高压隔离开关

高压隔离开关是一种没有灭弧装置的开关设备，在基本无负荷电流的情况下通断电路，具有一定的动、热稳定性；在分断位置时，触头间具有符合规定要求的绝缘距离和明显的断开标志；在关合位置时，能承载正常回路条件下的电流及规定时间内异常条件（如短路）下的电流。高压隔离开关可以隔离高压电源，以保证其他电气设备的安全检修；它还可以通断电压互感器、避雷器、励磁电流不超过 2A 的空载变压器、电流不超过 5A 的空载线路等。

高压隔离开关没有专门的灭弧装置，不能切断负荷电流及短路电流。因此，严禁带负荷操作，以免造成严重的设备和人身事故。高压隔离开关通常与断路器配合使用，进行倒闸操作，可以改变系统运行方式。为防止误操作，隔离开关与断路器之间设有联锁装置。高压隔离开关的联锁装置有机械联锁和电气联锁两种类型。

带接地刀闸的隔离开关，必须装设联锁装置，以保证停电时先断开隔离开关，后闭合接地刀闸。送电时先断开接地刀闸，后闭合隔离开关的操作顺序。

根据使用场所，高压隔离开关分户内和户外两大类。二者主要区别在于绝缘子不同和电气距离（即相间和相对地距离）不同。户外高压隔离开关经常受到风雨、冰雪、灰尘的影响，工作环境较差。因此，对户外高压隔离开关要求较高，须具有防冰冻能力和较高的机械强度。

4. 高压负荷开关

高压负荷开关是一种带有专用灭弧触头、灭弧装置和弹簧断路装置，介于隔离开关与断路器之间，具有一定保护功能的开关电器。主要用于控制电路，通断空载、正常负载和过载状态下的电路，也可用于检修时隔离电源。在一定条件下，可以关合短路电流，但不能分断短路电流。负荷开关常与高压熔断器串联组合使用，由熔断器切断过载及短路电流，负荷开关通断正常负荷电流（含容性、感性负载电流）。高压负荷开关的优点是价格较低，通常在35kV及以下功率不大或可靠性要求不高的电路中替代断路器，以简化配电装置，降低设备投资。

5. 高压交流接地开关

高压交流接地开关，也称高压交流接地短路器，是一种可将高压线路造成人为接地的机械式开关装置。在正常回路条件下，不要求承载电流。在异常条件（如短路），可在规定时间内承载规定的异常电流。高压交流接地开关主要用来保护检修工作的安全，具有一定的关合能力，除单独使用外，大多附装在隔离开关上使用，还可与负荷开关、高压断路器、各种高压开关柜、环网柜、铠装型移开式交流金属封闭开关设备等配套，作为高压电器设备检修时的接地保护，以保护检修人员、开关设备及其内部其他电气设备不受损坏。

若要求接地开关能够分合容性的静电感应电流和感性的电磁感应电流，可通过在接地刀底座上增设真空或六氟化硫（SF_6）灭弧装置实现。

4.2 低压电器

4.2.1 低压电器分类

低压电器主要的分类方法如下。

1. 按用途或控制对象分类

（1）配电电器：主要用于低压配电系统中。要求系统发生故障时能够准确动作、可靠工作，在规定条件下具有相应的动稳定性与热稳定性，使电器不会被损坏。常用的配电电器有刀开关、转换开关、熔断器、断路器等。

（2）控制电器：主要用于电气传动系统中。要求寿命长、体积小、重量轻且动作迅速准确、可靠。常用的控制电器有接触器、继电器、启动器、主令电器、电磁铁等。

2. 按动作原理分

（1）手动电器：用手或依靠机械力进行操作的电器，如手动开关、控制按钮、行程开关等主令电器。

（2）自动电器：借助于电磁力或某个物理量的变化自动进行操作的电器，如接触器、各种类型的继电器、电磁阀等。

第4章 电气设备及导线、电缆

3. 按工作原理分

（1）电磁式电器：依据电磁感应原理来工作，如接触器、各种类型的电磁式继电器等。

（2）非电量控制电器：依靠外力或某种非电物理量的变化而动作的电器，如刀开关、行程开关、按钮、速度继电器、温度继电器等。

4.2.2 常用低压电器简介

1. 低压断路器

低压断路器，又称低压空气开关、自动空气开关或自动开关，是低压配电网中最重要、最常用的自动开关电器。低压断路器具有多种保护功能（过载、短路、欠电压等）、分断能力高、操作方便、良好的灭弧性能、安全等优点，既能带负荷通断负载电路，也可以用于电路的不频繁操作。

低压断路器主要由脱扣器、触头系统、灭弧装置、操动机构等部分组成。

脱扣器是低压断路器中用来接收信号的元件。若线路中出现不正常情况或由操作人员或继电保护装置发出信号时，脱扣器会根据信号的情况通过传递元件使主触点动作，掉闸切断电路。低压断路器脱扣器分电磁式脱扣器和热脱扣器两大类。电磁式脱扣器又有过流脱扣器、欠（零、失）压脱扣器、分励脱扣器等之分。低压断路器脱扣器结构示意图如图4-1所示。

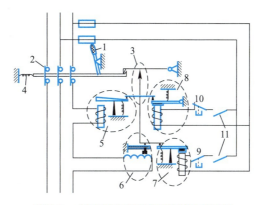

图4-1 低压断路器脱扣器结构示意图

1—操作机构；2—主触点；3—自由脱扣器；4—分闸弹簧；5—过电流脱扣器；6—热脱扣器；
7—分励脱扣器；8—失压脱扣器；9—远控常开按钮；10—远控常闭按钮；11—辅助常开触点

低压断路器脱扣器通过操作机构1使其主触点2及辅助常开触点11闭合，主触点闭合后，自由脱扣机构3将主触点2锁在合闸位置上。过电流脱扣器5的线圈和热脱扣器6的热元件与主电路串联，当电路发生短路或严重过载时，过电流脱扣器5的衔铁吸合，推动自由脱扣器3动作；或当电路过载时，热脱扣器6的热元件发热使双金属片上弯曲，推动自由脱扣器3动作，使主触点2在分闸弹簧4作用下分断电路，起到保护的作用；分励脱扣器7由外电源为其提供脱扣电源，当串联在分励脱扣器电磁线圈回路中的远控常开按钮9闭合时，断路器可进行远程分闸操作；失压脱扣器8的线圈和电源并联，断路器投入运行后，当电源侧停电或电源电压过低时，电磁铁所产生的电磁力不足以克服反作用力弹簧的拉力，衔铁被向上拉，通过传动机构推动自由脱扣机构使断路器掉闸，起到欠压及零压保护作用。失压脱扣器在额定电压的75%~105%时，保证吸合，使断路器顺利合闸。当电源电压低于额定电压的40%时，失压脱扣器保证脱开使断路器掉闸分断。一般还可用串联在失压脱扣器电磁线圈回路中的常闭按钮 10，作远距离分闸操作。

低压断路器的主触点在正常情况下可以接通分断负荷电流，在故障情况下还能靠分断故障电流。

灭弧装置用来熄灭触头间在断开电路时产生的电弧。灭弧系统包括两个部分：一为强力弹簧机构，使断路器触头快速分开；另一个为栅片式灭弧罩，设在触头上方，其绝缘壁一般用钢板纸压制或用陶土烧制。

断路器操动机构包括传动机构和脱扣机构两部分，传动机构按断路器操作方式不同可分为手动传动、杠杆传动、电磁铁传动、电动机传动；按闭合方式可分为贮能闭合和非贮能闭合。自由脱扣机构的功能是实现传动机构和触头系统之间的联系。

断路器的保护特性是指其过载保护特性和过电流保护特性。为了起到良好的保护作用，断路器的保护特性应同被保护对象的允许发热特性匹配，即断路器的保护特性应位于被保护对象的允许发热特性的下方。

为了充分发挥电气设备的过载能力及尽可能小地缩小事故范围，断路器的保护特性具备选择性，即是分段的，由断路器上装设的过电流脱扣器来完成的。过电流脱扣器包括瞬时脱扣器、短延时脱扣器（又称定时限脱扣器）和长延时脱扣器（又称反时限脱扣器）。其中瞬时和短延时脱扣器适于短路保护，当被保护电路的电流达到瞬时或短延时脱扣器整定值时，脱扣器瞬时或在规定时间内动作（如 0.2s、0.4s、0.6s 和 0.8s 等）。而长延时脱扣器适于过负荷保护，电流越大动作时间越短。

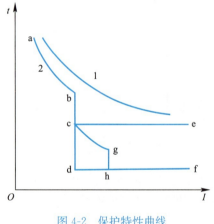

图 4-2 保护特性曲线

图 4-2 中，ab 段曲线为断路器保护特性的过载保护部分，它是反时限的；df 段是断路器保护特性的短路保护部分，是瞬动的；ce 段定时限延时动作部分，只要故障电流超过与 c 点相对应的电流值，过电流脱扣器即经过一段短延时时后动作，切除故障回路。

断路器的保护特性有两段式和三段式两种：两段式有过载延时和短路瞬动（图中曲线 abdf 段）及过载延时和短路短延时动作（图中曲线 abce 段）两类，前者用于末端支路负载的保护，后者用于支干线配电保护；三段式（图中曲线 abcghf 段）保护，分别对应于过载延时、短路短延时和大短路瞬动保护，适用于供配电线路中的级间配合调整。

低压断路器主要技术参数如下：

(1) 额定电压 U_N：断路器长期工作时所承受的最大线电压。

(2) 壳架等级电流：断路器长期工作时所允许的最大线电流，用尺寸和结构相同的框架或塑料外壳中能装入的最大脱扣器额定电流表示。

(3) 脱扣器额定电流 I_N：脱扣器在规定条件下，可长期通过的最大工作电流。

(4) 额定极限分断能力：故障时，断路器可分断的最大短路电流。

(5) 瞬时动作电流倍数：短路电流与工作电流的比值。

(6) 分断时间：短路故障发生到脱扣器完全分断所需时间（ms）。

低压断路器在选择时应根据安装条件、保护性能及操作方式的要求,同时选择其操作机构形式,其额定电压应不低于被保护线路的额定电压,其额定电流应不小于它所安装的脱扣器额定电流,同时应对低压断路器的断流能力进行校验,对各脱扣器动作电流和动作时间进行整定,对低压断路器保护的灵敏度进行校验。在供配电线路中,前后两级低压断路器之间要进行级间配合调整,前一级的动作时间大于后一级的动作时间,才能实现选择性配合的要求。

2. 低压熔断器

低压熔断器是一种广泛用于 500V 以下电力系统、各类用电设备的电气线路或电气设备的电器回路的自动保护电器,保护低压侧电气设备免受严重过负荷和短路电流损害,防止事故蔓延。

熔断器主要由熔断器底座、熔断器载熔件、熔体三部分组成。其中,熔体(俗称保险丝)是控制熔断特性的关键元件,常由铅、铅锡合金、锌、铜、银等材料制成。由于导体电阻的存在,当有电流流过时导体将会发热。此时,导体所产生的热量与流过导体电流的平方成正比。即:

$$Q = I^2 R t \tag{4-1}$$

式中 Q——发热量,J;

I——流过导体的电流,A;

R——导体的电阻,Ω;

t——电流流过导体的时间,s。

当熔体被接入电路并有电流流过时,熔体所产生的热量随时间的增加而增加。电流大小与电阻值变化的快慢确定了产生热量的速度,熔体的构造与其安装的状况确定了热量耗散的速度。若产生热量的速度小于热量耗散的速度,熔体就不会熔断;若产生热量的速度等于热量耗散的速度,在一定的时间内它也不会熔断;只有当产生热量的速度大于热量耗散的速度,形成热量积累,导致熔体温度升高,当温度升高到熔体的熔点以上时,熔体自动熔断而分断电路,起到保护作用,熔断器正是根据这个原理工作的。

若将上式改写为:

$$I^2 = Q/Rt \tag{4-2}$$

或:

$$t = Q/RI^2 \tag{4-3}$$

式中,$K=Q/R$ 为比例系数。

显然,$I^2 \propto 1/t$ 或 $t \propto 1/I^2$。即:当电路中产生很大电流或所产生的热量超过一定的时间时,熔体就会自动熔断。熔体的这个特性,称为熔断器安秒特性,也被称为反时限特性,如图 4-3 所示。

低压熔断器可用于短路保护或过负荷保护,依靠熔断器的熔体熔断来切除故障。低压系统中熔断器数量较多,熔断器的配置应满足保护选择性要求,同时还应考虑经济性。既要能使故障范围缩小到最低限度,熔断器级数又要

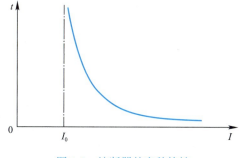

图 4-3 熔断器的安秒特性

尽量少。

低压熔断器选择主要是确定熔断器额定电流。选择和校验熔断器时应满足以下条件：

（1）熔断器型号应符合安装条件（户内或户外）及被保护设备的技术要求；

（2）熔断器额定电压应不低于被保护线路的额定电压；

（3）熔断器（熔管）额定电流应不小于它所安装的熔体的额定电流，并对其断流能力进行校验。

熔断器保护还应与被保护线路配合，在线路发生故障时，靠近故障点的熔断器应最先熔断，切除故障部分，从而使系统的其他部分迅速恢复正常运行。前后级熔断器的选择性配合，宜按其保护特性曲线（安秒特性曲线）来进行检验。一般只有前一熔断器的熔体电流大于后一熔断器的熔体电流 2~3 级以上，才有可能保证动作的选择性。

3. 电涌保护器

电涌保护器（Surge Protection Device，SPD），也叫防雷器，是一种为电子设备、仪器仪表、通信线路提供电涌保护的电子装置，适用于交流 50Hz/60Hz，额定电压 220V/380V 的供电系统中。当电气回路或者通信线路中因为外界的干扰（间接雷电和直接雷电影响或其他瞬时过压的电涌）突然产生尖峰电流或者电压时，浪涌保护器能在极短的时间内导通分流，从而避免浪涌对回路中其他设备的损害。

电涌保护器的类型和结构按不同的用途有所不同，用于电涌保护器的基本元器件有：放电间隙、充气放电管、压敏电阻、抑制二极管和扼流线圈等。按其工作原理分类，SPD 可以分为电压开关型、限压型及组合型。

（1）电压开关型 SPD：在没有瞬时过电压时呈现高阻抗，一旦响应雷电瞬时过电压，其阻抗就突变为低阻抗，允许雷电流通过，也被称为"短路开关型 SPD"。

（2）限压型 SPD：当没有瞬时过电压时，为高阻抗，但随电涌电流和电压的增加，其阻抗会不断减小，其电流电压特性为强烈非线性，有时被称为"钳压型 SPD"。

（3）组合型 SPD：由电压开关型组件和限压型组件组合而成，可以显示为电压开关型或限压型或两者兼有的特性，这决定于所加电压的特性。

4. 不间断电源

不间断电源（Uninterruptible Power Supply，UPS），是一种含有储能装置的电源，主要用于给部分对电源稳定性要求较高的设备提供不间断的电源。UPS 设备通常对电压过高或电压过低都能提供保护。

IEC 按其结构和运行原理将 UPS 分成 3 类：

（1）被动后备式 UPS 电源：指逆变器并联连接在市电与负载之间仅简单地作为备用电源使用。此种 UPS 电源在市电正常时，负载完全而且是直接由市电供电，逆变器不做任何电能变换，蓄电池由独立的充电器供电；当市电不正常时，负载完全由逆变器提供电能。被动后备式 UPS 具有结构简单、价格最廉等优点，运用于某些非重要的负载使用，但市电断电时切换时间较长。

（2）在线互动式 UPS 电源：指逆变器并联连接在市电与负载之间，起后备电源作用，同时逆变器作为充电器给蓄电池充电。通过逆变器的可逆运行方式，与市电相互作用，因此被称为互动式。此种 UPS 电源在市电正常时，负载由经改良后的市电供电，同时逆变器作为充电器给蓄电池充电，此时逆变器起 AC/DC 变换器的作用；而当市电故障时，负载完全由逆变器供电，此时逆变器起 DC/AC 变换器的作用。在线互动式 UPS 具有结构较简单、实施方便且易于并联、便于维护和维修、效率高、运行费用低、整机可靠性高等优点，缺点是稳压性能不高，尤其动态响应速度低，其次抗干扰能力不强，电路会产生谐波干扰和调制干扰。

（3）双变换式 UPS 电源：指逆变器串联连接在交流输入与负载之间，电源通过逆变器连续地向负载供电。市电正常时，市电经过整流器、逆变器向负载供电；市电不正常时，由蓄电器经逆变器向负载供电。

5. 应急电源

应急电源（Emergency Power Supply，EPS），能在停电时为各种用电设备供电，适用范围广、负载适应性强、安装方便、效率高。采用集中供电的应急电源可克服其他供电方式的诸多缺点，减少不必要的电能浪费。在应急事故、照明等用电场所，它与转换效率较低且长期连续运行的不间断电源 UPS 相比较，具有更高的性能价格比。

EPS 采用单体逆变技术，集充电器、蓄电池、逆变器及控制于一体。系统内部设计了电池检测、分路检测回路，应急电源工作原理示意图如图 4-4 所示，智能化应急电源一般采用后备式运行方式。

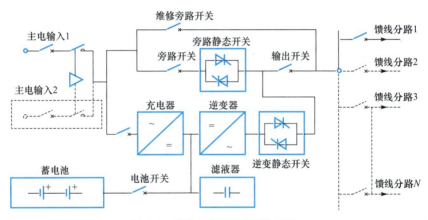

图 4-4　应急电源工作原理示意图

当市电正常时，由市电经过互投装置给重要负载供电，同时进行市电检测及蓄电池充电管理，然后再由电池组向逆变器提供直流能源。此时，市电经由 EPS 的交流旁路和转换开关所组成的供电系统向用户的各种应急负载供电，逆变器停止工作处于自动关机状态。当市电供电中断或市电电压超限（±15%或±20%额定输入电压）时，互投装置将立即投切至逆变器供电，由电池组提供直流能源，用户负载所使用的电源是通过 EPS 的逆变器转换的交流电源。当市电电压恢复正常工作时，EPS 的控制中心发出信号对逆变器执行自动关机操作，同时还通过它的转换开关执行从逆变器供电向交流旁路供电的切换操作。EPS 在经交流旁路供电通路向负载提供市电的同时，还通过充电器向电池组充电。

6. 避雷器

电气设备在运行中，除承受工作电压外还会遭到过电压的作用。由雷电引起的雷电过电压，或由开关操作引起的操作过电压，其数值远远超过工作电压，将使设备绝缘损伤，设备寿命缩短甚至造成停电事故。因此，必须采取各种措施来限制过电压。避雷器就是用来

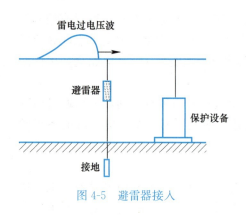

图 4-5 避雷器接入

限制过电压的一种保护电器。它通常是接在被保护设备电源侧，与被保护对象并联，当过电压值达到规定的动作电压值时，避雷器立即动作，释放过电压电荷，将过电压限制在一定水平，保护设备和系统，使系统正常工作，避雷针接入如图 4-5 所示。

避雷器产品类型很多，其工作原理也各有千秋，常见的有保护间隙避雷器、管型避雷器、阀式避雷器、金属氧化物避雷器等。

避雷器主要技术参数因结构而异，主要有：

(1) 额定电压 U_N：指施加到避雷器端子间最大允许工频电压有效值，是衡量避雷器耐受工频电压的能力指标，但它不等于系统额定电压。按 IEC 及国家标准规定，避雷器在注入标准规定的能量后，必须能耐受相当于额定电压数值的暂时过电压至少 10s。

(2) 持续运行电压 U_C：指在运行中允许持久地施加于避雷器端子间的工频电压的有效值。一般情况下，避雷器最大持续运行电压 $U_C \geqslant 0.8 U_N$ 且不得低于避雷器最大持续运行电压规定值。

(3) 额定频率 f_N：指能使用该避雷器的电力系统的频率。

(4) 避雷器的持续电流：指在持续运行电压下通过避雷器的持续电流（有效值或峰值）应不超过规定值，由制造厂规定和提供。

(5) 标称放电电流 I_N：指具有 8μs/20μs 波形的冲击放电电流的幅值，用来划分避雷器等级，我国避雷器的标称放电电流分别为：20kA、10kA、5kA、2.5kA、1.5kA、1kA 共 6 级。

(6) 陡波电流冲击下残压：指波幅等于 I_N，视在波前时间为 1μs，而视在半波幅值时间不大于 20μs 的冲击电流下的最大残压。陡波电流冲击下残压是表征避雷器防雷保护功能完全的重要参数之一。

(7) 雷电冲击电流下残压：指在 8μs/20μs 波形（模拟感应雷波形）冲击电流下的最大残压。取陡波电流冲击下最大残压除以 1.15 或标称放电电流 I_N 下的最大残压两项中的较高者，表征避雷器雷电冲击保护水平。

(8) 操作冲击电流下残压：指视在波前时间大于 30μs 而小于 100μs，波尾视在半峰值时间近似为视在波前时间 2 倍的冲击电流下的最大残压，是表征避雷器暂态过电压承受能力，保证其长期正常运行的参数。

(9) 避雷器工频电压耐受时间特性：指在规定的条件下，对避雷器施加的不同工频电压，避雷器不损坏，不发生热崩溃时所对应的最大持续时间的关系。

(10) 避雷器的压力释放能力：指具有压力释放装置的避雷器外套，因故障电流或内部闪络时间延长而发生故障时，能承受流过的短路电流而不致引起避雷器粉碎性爆炸的能力。

(11) 避雷器外套的绝缘耐受性能：避雷器瓷外套的绝缘耐受电压应符合国家相关标准对高压电器外绝缘的规定。

4.3 互 感 器

互感器是一种特殊的变压器,是一次系统和二次系统间的联络元件,用以分别向测量仪表、继电器的电压线圈和电流线圈供电,正确地反映电气设备的正常运行及故障状态。互感器包括电压互感器和电流互感器两种。

互感器的作用是:

(1) 将一次回路的高电压和大电流变成二次回路标准的低电压和小电流,使测量仪表和保护装置标准化、小型化,并使其结构轻巧,价格便宜,便于屏内安装;

(2) 使二次设备与高电压隔离,且互感器的二次侧均接地,保证设备和人身的安全。

4.3.1 电流互感器

电流互感器是一种电流变换装置,又称CT或仪用变流器。它可以将高压系统中的电流或低压系统中的大电流变为低压的标准小电流(5A或1A),给仪表或继电器供电,供系统测量、计量或保护用。电流互感器的作用是:

(1) 电流互感器将接有仪表或继电器的二次回路与高压系统隔离,保证人身和设备的安全;

(2) 与继电保护配合对供配电系统和设备提供过电流、过负荷和单相接地等保护;

(3) 与测量仪表配合对线路的电流、电能进行测量、计量;

(4) 将电流变换成统一的标准值,以利于仪表或继电器的标准化。

电流互感器的工作原理和变压器相似,利用变压器在短路状态下电流与匝数成反比的原理制成的,电流互感器原理结构和接线如图4-6所示。供配电系统中广泛使用的电磁感应式电流互感器,主要由铁芯、一次线圈、二次线圈、绝缘支持件及出线端子等组成。一次绕组匝数少,作用是串联连接需要测量电流、电能的线路,有的电流互感器甚至没有一次绕组,仅利用穿过其铁芯的一次电路当作绕组,相当于匝数1;二次绕组匝数多,导体较细,作用是将一次侧电流变成二次侧标准小电流;绝缘支持件用于电流互感器的绝缘与固定支撑,出线端子则是电流互感器的二次绕组与仪表、继电器线圈间的接线端子。

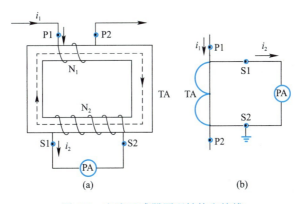

图 4-6 电流互感器原理结构和接线
(a) 原理结构图;(b) 接线图

工作时，一次绕组串接在一次电路中，二次绕组则与仪表、继电器等电流线圈串联形成一个闭合回路，因为这些电流线圈的阻抗很小，所以电流互感器工作时，二次回路接近于短路状态。通过不同变比的电流互感器就可以测量任意大的电流。

设缠绕在同一个磁路闭合的铁芯上的一次绕组和二次绕组的匝数分别为 N_1、N_2，当一次绕组中有电流 I_1 流过时，将在二次绕组中感应出相应的电动势 E_2。此时，若二次绕组为通路，则在二次绕组中产生电流 I_2。I_2 在铁芯中产生的磁通趋于抵消一次绕组电流 I_1 产生的磁通。在理想条件下，根据磁动势平衡原理可知，电流互感器两侧的励磁安匝相等。即：

$$I_1 N_1 = I_2 N_2 \tag{4-4}$$

可见，一、二次电流的方向一致且同相位。因此，我们可以用二次电流来表示一次电流（考虑变比折算），即：二次电流与一次电流之比等于一次绕组与二次绕组匝数比。进一步简化式（4-4），得：

$$K_i = \frac{I_1}{I_2} = \frac{N_2}{N_1} \tag{4-5}$$

即理想电流互感器两侧的额定电流大小和它们的绕组匝数成反比，且为常数 K_i（也可用 N_i 表示），K_i 称为电流互感器的变比，表示为额定一次电流和二次电流之比，即 $K_i = I_{1N}/I_{2N}$。

与变压器不同的是：

（1）由于其二次所接负载为电流表和继电器的电流线圈，阻抗很小，因此，电流互感器在正常运行时，相当于二次短路的变压器。

（2）变压器的一次电流随二次负载的变化而变化，而电流互感器的一次电流由主回路的负载而定，它与二次电流的大小无关。

（3）变压器铁芯中的主磁通由一次线圈所加电压的大小而定，当一次电压不变时，二次感应电势也不变。电流互感器铁芯中的磁通由一次电流决定，但二次回路阻抗变化时，也会影响二次电势。阻抗大时，二次电势高，阻抗小时，二次电势低。

（4）变压器二次侧负载的变化对其各个参数的影响均很大。而电流互感器只要二次侧负载在额定范围内，就可以将其视为一个恒流源，也就是说，电流互感器二次侧负载对二次侧电流影响不大。电流互感器的二次额定电流一般为 5A，也有 1A 和 0.5A 的。

电流互感器类型很多，按安装地点分为户内式和户外式两种；按安装方式可分为穿墙式、支持式和装入式；按绝缘方式可分为干式、浇注式、油浸式等；按一次绕组的匝数分为单匝式和多匝式；按一次电压分为高压和低压；按用途分为测量用和保护用。

电流互感器主要技术参数：

（1）额定一、二次电流：用分数表示。分子表示一次线圈的额定电流（A），分母表示二次线圈的额定电流（A）。如某电流互感器为 150/5，即表示电流互感器一次额定电流为 150A，二次额定电流为 5A。若绕组有分段、多抽头或多绕组组合时，应分别标明每段、每个抽头间或每个绕组组合的性能参数及其相应端子。

（2）额定输出和其相应准确级：额定输出是指电流互感器二次绕组的额定输出容量。《电力用电流互感器使用技术规范》DL/T 725—2023 中规定：当额定二次电流标准值为 1A 时，额定输出值宜小于 10VA；当额定二次电流标准值为 5A 时，额定输出值宜不大于 50VA。对测量、计量用电流互感器而言，其准确级是用该准确级所规定的最大允许电流误差百分数来标称，有 0.1、0.2、0.5、1.0、0.2S、0.5S 及 3.0 七个等级；保护用电流互感器则是以额定准确限值一次电流下所规定的最大允许复合误差百分数来标称并后缀 P，有 5P 和 10P 两个等级。使用时可根据负荷的要求选用额定输出及与之对应的准确级。

（3）设备最高电压 U_m：指一次绕组长期对地能够承受的最大电压（最大值）。它只是说明电流互感器的绝缘强度，与电流互感器额定容量没有任何关系。国产电流互感器的电压等级从 0.415～800kV 共十五个等级。

（4）额定短时热电流（方均根值）及额定动稳定电流（峰值）：用分数表示。分子表示电流互感器的额定短时耐受电流，即承受一秒内不致使电流互感器的热超过允许限度的短路电流；分母表示承受由短路电流引起的电动力效应而不致受到破坏的能力，指一秒内电流互感器所能承受的最大电流，单位 kA。

（5）极性：一般在电流互感器的一、二次线圈引出线端子上都标有极性符号，其意义与变压器的极性是相同的。电流互感器常用电流流向来表示极性，即当一次线圈一端流入电流，二次线圈则必有一端电流流出，这同一瞬间流入与流出的端子就是同极性端。通常一次侧标示为 P1、P2，一次侧中间端子标示为 C1、C2；二次侧标示为 S1、S2，二次侧有中间抽头时，端子序号按顺序排列，如图 4-7 所示。脚注数字相同的为同极性端，一般采用减极性标示方法。

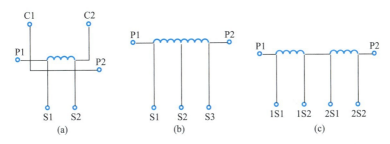

图 4-7 电流互感器端子标示

(a) 一次侧中间端子标示；(b) 二次侧中间抽头标示；(c) 二次侧多绕组组合标示

电流互感器在正常运行时，二次电流产生的磁通势对一次电流产生的磁通势起去磁作用，励磁电流甚小，铁芯中的总磁通很小，二次绕组的感应电动势不超过几十伏。若二次发生开路，一次电流将全部用于激磁，使铁芯严重饱和。交变的磁通在二次线圈上将感应出很高的电压，其峰值可达几千伏甚至上万伏，该电压如若作用于二次线圈及回路上，将严重威胁人身和设备安全，甚至线圈绝缘因过热而烧坏，保护可能因无电流而不能反映故障，对于差动保护和零序电流保护则可能因开路时产生不平衡电流而误动作。所以《继电保护和安全自动装置技术规程》GB/T 14285—2023 规定：电流互感器的二次回路不宜进行切换。当需要切换时，应采取防止开路的措施。电流互感器的二次侧必须有且只有一点接地。电流互感器与测量仪表的连接方式有三种，详见第 5 章相关内容。

4.3.2 电压互感器

在电力的发、输、变、配、用全过程中，线路上的电压大小不一，等级悬殊，电压低的只有几伏，高的有几千伏、十几千伏甚至数百千伏，若要直接测量，就需要从几伏到数百千伏量测范围不同的仪表,这不但给仪表制造带来困难,也不利于量测仪表的标准化;其次,若用仪表直接测量高压,不仅存在高压窜入低压,对设备造成损坏的危险,而且还危及人身安全。电压互感器是一种电压变换装置,又称 PT,按用途分计量、测量和保护用三大类。它可以将系统的高电压变成标准的电压(100V 或 $100/\sqrt{3}$ V),供系统计量、测量或保护用。

电磁感应式电压互感器,其结构和接线图如图 4-8 所示。主要由闭合铁芯、一次线圈、二次线圈、绝缘支持件及出线端子等共同组成。因电压互感器将高电压变为低电压提供给仪表或继电器使用,所以,它的一次线圈匝数 N_1 多,与被测电压、电能的线路并联;二次线圈匝数 N_2 少,作用是将一次侧高电压变成二次侧标准低电压并与各种测量仪表或继电器的电压线圈并联,测量电量数值。绝缘支持件用于电压互感器的绝缘与固定支撑;出线端子则是电压互感器的二次绕组与仪表、继电器线圈间的接线端子。

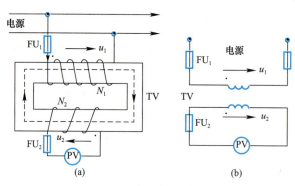

图 4-8 电磁感应式电压互感器的原理结构图和接线图
(a) 原理结构图;(b) 接线图

工作时,一次绕组并联在供电系统的一次电路中,二次绕组并联于仪表、继电器的电压线圈。因为这些电压线圈的阻抗很大,所以电压互感器工作时二次绕组接近于空载状态。二次绕组的额定电压一般为 100V,通过某一电压互感器可以任意测量高的电压。

当一次绕组加上电压 U_1 时,铁芯内有交变主磁通通过,二次绕组分别有感应电动势 E_1 和 E_2。将电压互感器二次绕组阻抗折算到一次侧后,可以得到电压互感器 T 形等值电路,如图 4-9 所示。

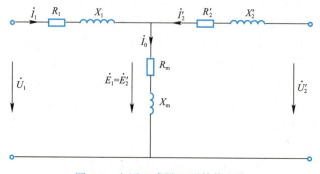

图 4-9 电压互感器 T 形等值电路

等值电路图中若忽略励磁电流和负载电流在一、二次绕组中产生的压降,则:

$$K_\mathrm{u}=\frac{U_1}{U_2}=\frac{N_1}{N_2}=\frac{E_1}{E_2} \tag{4-6}$$

即理想电压互感器两侧的额定电压大小和它们的绕组匝数成正比,且为常数 K_u(也可用 N_u 表示)。K_u 称为电压互感器的额定变压比。由于电压互感器中铁损、铜损及绕组阻抗的存在,电压互感器一、二次侧电压数值上并不完全相等,且有相位差。就是说电压互感器存在着比差 f_u 和角差 σ_u,有关证明不再赘述,有兴趣的读者,可参阅有关书籍。

电压互感器按相数分为单相和三相两类;按绝缘及其冷却方式分为干式和油浸式两类。

电压互感器主要技术参数:

(1) 额定一次电压和额定二次电压:用分数表示。分子为额定一次电压(kV),对三相电压互感器和用于单相系统或三相系统线间的单相电压互感器,其一次侧额定电压应为接入系统的标称值。对于接在三相系统线与地之间或接在系统中性点与地之间的单相电压互感器,其一次侧额定电压应为接入系统标称电压的 $1/\sqrt{3}$。分母为额定二次电压(kV),对接到单相系统或三相系统线间的单相电压互感器和三相电压互感器,其二次侧额定电压为 100V,对接到三相系统相与地之间的单相电压互感器,当其额定一次侧电压为某一数值的 $1/\sqrt{3}$ 时,其额定二次侧电压为 $1/\sqrt{3}$ V。

(2) 额定输出和其相应准确级:额定输出是指电压互感器在功率因数分别在 0.8 和 1.0(滞后)时的额定输出容量。《电力用电磁式电压互感器使用技术规范》DL/T 726—2023 中规定:电压互感器的额定输出标准值有 10VA、15VA、25VA、30VA、50VA、75VA、100VA 七个等级,其中 10VA、25VA、50VA 为优先级。准确级是指对于测量、计量的电压互感器在额定电压和额定负荷条件下,用该准确级所规定的最大允许电压误差,用百分数来标称,有 0.1、0.2、0.5、1.0 四个等级;保护用电压互感器则是在 5%额定电压到与额定电压因数对应的电压范围内的最大允许电压误差百分数来标称并后缀 P,有 3P 和 6P 两个等级。使用时可根据负荷的要求选用额定输出及与之对应的准确级。制造厂应在铭牌上须同时标明互感器在该输出容量下的准确度级,如:50VA 0.5。

(3) 设备最高电压 U_m:指一次绕组长期对地能够承受的最大电压(最大值)。它只是说明电压互感器的绝缘强度,与电压互感器额定容量没有任何关系。国产电压互感器的电压等级从 0.415~800kV 共十五个等级。

(4) 极性标志:为了保证测量及校验工作的接线正确,电压互感器一次及二次绕组的端子应标明极性标志。电压互感器一次绕组接线端子用大写字母 A、B、C、N 表示,二次绕组接线端子用小写字母 a、b、c、n 表示。电压互感器端子标示如图 4-10 所示。

电压互感器特点容量小,自身阻抗小,负载通常是测量仪表和继电器电压线圈。首先当电压互感器接入线路正常运行时,电压互感器相当于一个内阻极小的电压源,由于负载阻抗很大,电压互感器二次侧的电流很小,电压互感器接近于空载运行,二次侧回路相当于开路状态。二次侧一旦短路,负载阻抗为零,电流随之剧增,将产生很大的短路电流,二次线圈烧毁;又因互感器一次侧与系统直接连接,造成二次侧出现高电压,危及仪表、

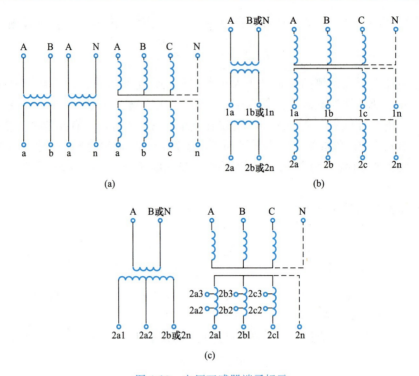

图 4-10 电压互感器端子标示
（a）单绕组线间、相间及三相端子标示；（b）多绕组线间、相间及三相端子标示；
（c）多绕组带抽头线或相间及三相端子标示

继电器和人身安全。因此，电压互感器的二次线圈和零序线圈的一端必须接地。其次，必须按要求的相序进行接线，防止接错极性，否则将引起某相电压升高为额定值的$\sqrt{3}$倍。最后，电压互感器二次侧严禁短路。

为安全起见，根据《继电保护和安全自动装置技术规程》GB/T 14285—2023 规定：在电压互感器二次回路中，除开口三角线圈和另有规定者（例如自动调整励磁装置）外，应装设自动开关或熔断器。接有距离保护时，宜装设自动开关。电压互感器的二次回路只允许有一点接地，接地点宜设在控制室内。独立的、与其他互感器无电联系的电压互感器也可在开关场实现一点接地。为保证接地可靠，各电压互感器的中性线不得接有可能断开的开关或熔断器等。电压互感器在三相电路中有四种常见的接线方式，详见第 5 章相关内容。

4.4 电气设备选择一般原则

正确选择电气设备是使供配电系统达到安全、经济运行的重要条件。在进行电气设备选择时，应根据工程实际情况，在保证安全、可靠的前提下，积极而稳妥地采用新技术，并注意节约投资，进而选择合适的电气设备。

电力系统中各种电气设备的作用不同，工作条件不同，具体选择方法也不完全相同，但对它们的基本要求却是一致的：电气设备要可靠工作，必须按正常工作条件及环境条件进行选择，并按短路状态来校验。

4.4.1 按正常工作条件选择电气设备

(1) 额定电压。电气设备的额定电压 U_N 应符合装设处电网的标称电压,并不得低于正常工作时可能出现的最大工作电压 $U_{S\cdot max}$,即:

$$U_N \geqslant U_{S\cdot max} \tag{4-7}$$

(2) 额定电流。电气设备的额定电流 I_N 应不小于正常工作时的最大负荷电流 I_{max},即:

$$I_N \geqslant I_{max} \tag{4-8}$$

(3) 额定频率。电气设备的额定频率应与所在回路的频率相适应。

(4) 环境条件。电气设备的选择还需考虑电气装置所处的位置(户内或户外)、环境温度、海拔高度以及有无防尘、防腐、防火、防爆等要求。

当地区海拔超过制造部门的规定值时,由于大气压力、空气密度和湿度相应减小,使空气间隙和非绝缘的放电特性下降。一般当海拔在 2000~4000m 范围内,若海拔比厂家规定值每升高 100m,电气设备允许最高工作电压要下降 1%。当最高工作电压不能满足要求时,应采用高原型电气设备,或采用外绝缘提高一级的产品。

当污秽等级超过使用规定时,可选用有利于防污的电瓷产品,当经济上合理时可采用户内配电装置。

我国目前生产的电气设备,设计时多取环境温度为+40℃,若实际装设地点的环境温度高于+40℃,但不超过+60℃,则额定电流 I_N 应乘以温度校正系数 K_θ。K_θ 值可按下式计算:

$$K_\theta = \sqrt{\frac{\theta_0 - \theta}{\theta_0 - 40}} \tag{4-9}$$

式中 θ ——年最热月份的平均最高气温,℃;

θ_0——电气设备额定温度或允许的长期温度,℃。

同样,当环境温度低于40℃时,每降低1℃,允许电流增加0.5%,但总数不得大于20%I_N。电气设备的最大长期工作电流 I_{max} 在设计阶段即为电路的计算电流 I_m。运行中可根据实测数据确定。

4.4.2 电气设备动、热稳定性校验

1. 校验动、热稳定性时应按通过电气设备的最大短路电流考虑。其中包括:

(1) 短路电流的计算条件应考虑工程的最终规模及最大的运行方式。

(2) 短路点的选择应考虑通过设备的短路电流最大。

(3) 短路电流通过电气设备的时间,等于继电保护动作时间(取后备保护动作时间)和开关开断电路的时间(包括电弧持续时间)之和。对于地方变电所和工业企业变电所,断路器全部分闸时间可取 0.2s。

2. 电气设备的动、热稳定性校验主要包含:

(1) 电气设备动稳定校验

断路器、隔离开关、负荷开关和电抗器等电气设备的动稳定校验条件是:

$$I_{max} \geqslant I_{sh}^{(3)} \text{ 或 } i_{min} \geqslant i_{sh}^{(3)} \tag{4-10}$$

式中 I_{max},i_{min}——电气设备允许通过的最大电流有效值和峰值,kA;

$I_{sh}^{(3)}$,$i_{sh}^{(3)}$——最大三相短路电流的有效值和峰值,kA,根据短路校验点计算所得。

(2) 电气设备热稳定性校验

电气设备热稳定校验条件是:

$$I_t^2 t \geqslant I_K^{(3)2} t_{ima} \tag{4-11}$$

式中 I_t——电气设备在 t 秒时间内的热稳定电流，kA；

$I_K^{(3)}$——最大稳态短路电流，kA；

t_{ima}——短路电流发热的假想时间，s；

t——与 I_t 对应的时间，s。

(3) 开关电器开断能力的校验

断路器和熔断器等电气设备，均担负着切断短路电流的任务，因此必须具备在通过最大短路电流时能够将其可靠切断的能力。所以选用此类设备时必须使其开断能力大于通过它的最大短路电流或短路容量，即

$$I_\infty > I_K \quad \text{或} \quad S_\infty > S_K \tag{4-12}$$

式中 I_∞、S_∞——制造厂提供的最大开断电流（kA）和开断容量，kVA；

I_K、S_K——短路发生后 0.2s 时的三相短路电流（kA）和三相短路容量，kVA。

4.4.3 电气设备选型示例

(1) 选择高压断路器一般先按电压等级、使用环境、操作要求等确定高压断路器的类型，然后再按额定电压、额定电流、断流容量、短路电流动、热稳定性进行具体选型。

【例 4-1】 某厂有功计算负荷为 7500kW，功率因数为 0.9，该厂 10kV 配电所进线上拟装一高压断路器，其主保护动作时间为 1.2s，断路器断路时间为 0.2s，10kV 母线上短路电流有效值为 32kA，试选高压断路器的型号规格。

解： 工厂 10kV 配电所属于户内装置，一般可选用户内少油断路器。

由 $P_m = 7500\text{kW}$，$\cos\varphi = 0.9$ 可得

$$I_m = \frac{P_{30}}{\sqrt{3} U \cos\varphi} = \frac{7500}{\sqrt{3} \times 10 \times 0.9} = 481\text{A}$$

由 $I_K^{(3)} = 32\text{kA}$ 可得

$$i_{sh}^{(3)} = 2.55 I_K^{(3)} = 2.55 \times 32 = 81.6\text{kA}$$

查相关产品手册（表 4-1）可知，应选 SN10-10III/1250-750 型断路器。

表 4-1 SN10-10III/1250-750 高压断路器规格

装置地点的电气条件	SN10-10III/1250-750 型
$U_N = 10\text{kV}$	10kV 符合要求
$I_N = 481\text{A}$	1250A 符合要求
$I_K^{(3)} = 32\text{kA}$	40kA 符合要求
$i_{sh}^{(3)} = 81.6\text{kA}$	125kA 符合要求
$I_K^2 t_{ima} = 32^2 \times (1.2 + 0.2)$	$40^2 \times 2$ 符合要求

(2) 低压熔断器的选择可按额定电压、额定电流、分断能力进行，可不校验短路电流动、热稳定性。

4.5 导线、电缆及选用方法

供配电系统中载流导体主要有三类：母线、导线、电缆。母线起汇聚与分配电能的

作用，导线及电缆起输送电能的作用。母线一般都是裸导体，导线则分为裸导线与绝缘导线，绝缘导线一般用在低压线路中，电缆则有高压、低压之分，各类线缆主要形式如图 4-11 所示。

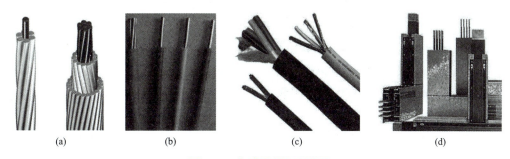

图 4-11　各类线缆主要形式

（a）裸导线；（b）绝缘导线；（c）绝缘电缆；（d）硬质母线

常用导体材料有铜、铝、铝合金和钢。铜的导电性最好，机械强度也相当高，抗腐蚀性强，但铜的储量少，价格较高。铝的机械强度较差，导电性比铜略差，电阻率约为铜的 1.7～2 倍，储量丰富、重量轻、价格便宜。钢的机械强度很高且价廉，但导电性差，功率损耗大。

常用的硬导体截面有矩形、槽形、管形和圆形，常用的软导线有铜绞线、铝绞线、钢芯铝绞线、组合导线、分裂导线和扩径导线，后者多用于 330kV 及以上的配电装置。

电缆是一种特殊的导线，电缆的结构主要由导体、绝缘层和保护层三部分组成。导体通常采用多股铜绞线或铝绞线，按电缆中导体数目的不同可分为单芯、三芯、四芯和五芯电缆。单芯电缆的导体截面是圆形的，而三芯和四芯电缆导体的截面通常是扇形的。绝缘层的作用是使电缆中导体之间、导体与保护层之间保持绝缘。绝缘材料的种类很多，通常有橡胶、沥青、绝缘油、气体、聚氯乙烯、交联聚乙烯、絺麻、纸片，常见的多采用油浸纸绝缘。保护层用来保护绝缘层，使其在运输、敷设过程中免受机械损伤、防止水分侵入、绝缘油外流，可分为铅包和铝包，外层还包有钢带铠甲和黄麻保护层。

4.5.1　导线及电缆选择原则

1. 导线及电缆型号的选择，应满足用途、电压等级、使用环境和敷设方式的要求

选用导线及电缆时，首先要考虑，用途、电压等级、现场环境及敷设条件等。例如：根据用途的不同，可选用裸导线、绝缘线缆、控制线缆等；根据电压等级的不同，可选用高压线缆和低压线缆。使用环境及敷设方式与线缆适配表如表 4-2 所示。一般场合的建议选用低烟无卤型产品。

2. 导线及电缆材质的选择，应满足经济、安全的要求

就经济性而言，室外线路应尽量选用铝导线：架空线可选用裸铝线；高压架空线路档距较长、杆位高差较大时可采用钢芯铝绞线。只有线路所经过的路径不宜架设架空线，或导线经过路段交叉多，环境恶劣，或具有火灾、爆炸等危险的场合，可考虑采用电缆外，其他场合宜采用普通绝缘导线。

使用环境及敷设方式与线缆适配表　　　　　　表 4-2

环境特征	线路敷设方式	适用线缆型号	线缆名称
正常干燥环境	裸导线、绝缘导线瓷瓶明敷	LJ、TMY、LMY、BX、BV、BVV 等	LJ 裸铝导线； TMY 硬铜母线； LMY 硬铝母线； BX 铜芯玻璃丝编织； BV 铜芯聚氯乙烯绝缘； BVV 铜芯聚氯乙烯绝缘聚氯乙烯护套； VLV 铝芯聚氯乙烯绝缘聚氯乙烯护套电缆； YJV 交联铜芯电缆； YJLV 交联铝芯电缆； XLV 橡皮绝缘电缆； XLHF 氟塑料电缆； VV20 电缆是聚氯乙烯绝缘聚氯乙烯护套钢带铠装电缆； ZQ20 是铜芯黏性油浸纸绝缘铅套裸钢带铠装电力电缆
	绝缘导线穿管明敷或暗敷	BX、BV、BVV 等	
	电缆明敷或电缆沟暗敷	VLV、YJV、YJLV、XLV 等	
潮湿或特别潮湿环境	绝缘导线瓷瓶明敷	BV、BVV 等	
	绝缘导线穿钢管明敷或暗敷	BV、BVV 等	
	电缆明敷	VLV、YJV、XLV 等	
多尘环境 （非火灾或爆炸粉尘）	绝缘导线瓷瓶明敷	BV、BVV 等	
	绝缘导线穿管明敷或暗敷	BV、BVV 等	
	电缆明敷或电缆沟暗敷	VLV、YJV、XLV 等	
腐蚀性环境	绝缘导线瓷瓶明敷	BVV 等	
	绝缘导线穿塑管明敷或暗敷	BV、BVV 等	
	电缆明敷	VLV、YJV、XLV 等	
有火灾危险环境	绝缘导线瓷瓶明敷	BVV、(ZR、NH) BV 等	
	绝缘导线穿钢管明敷或暗敷	BVV、(ZR、NH) BV 等	
	电缆明敷或电缆沟暗敷	VLV、YJV、XLV、XLHF 等	
有爆炸危险环境	绝缘导线穿钢管明敷或暗敷	BVV、(ZR、NH) BV 等	
	电缆明敷	VV20、ZQ20 等	

考虑线路运行的安全性，室内线路宜采用铜芯导线，如具有纪念性和历史性的建筑；重要的公共建筑和居住建筑；重要的资料档案室和库房；人员密集的娱乐场所；移动或敷设在剧烈振动的场所；潮湿、粉尘和有严重腐蚀性场所；有其他特殊要求的场合；一般建筑的暗敷设线路用导线；重要的操作回路、配电箱（盘、柜）及电流互感器二次回路等。

3. 导线及电缆产品的选择，应满足科学、合理的要求

导线及电缆产品选择，应注意选用经工程验证合格、有国家安检认证的新材料、新品种线缆，不应选用淘汰或限制使用产品。

4. 适当考虑社会进步和技术发展需要

由于社会进步、人民生活水平的不断提高，用电需求量逐年攀升，民用建筑尤其是居住建筑中，铜芯线缆的用量也在逐步增长。因此，在民用建筑电气设计中，对于干线和进户线的导线材质及其截面的选用，应留有适当余地。

总之，导线选择应全面综合考虑安全、可靠、经济合理等诸多因素，根据实际需要进行选配。

4.5.2　导线及电缆选择内容

导线选择包括导线型号、导线截面（相线截面、中性线截面、保护线截面）及敷设方式的选择等内容。

1. 导线型号及电缆型号选择

导线型号反映导线的导体材料和绝缘方式。常规的电气装备用电线电缆及电力电缆的

型号组成、顺序及其含义如下：

类别-用途代号-导体材料-绝缘层代号-护层代号-屏蔽-特征代号-铠装层代号-外护层代号-派生代号

其各项含义是：

1）类别：ZA-本安；ZR-阻燃型；NH-耐火型；ZA-A 级阻燃；ZB-B 级阻燃；ZC-C 级阻燃；W-无卤型；D-低烟。

2）用途代号：A-安装线；B-绝缘线；C-船用电缆；K-控制电缆；N-农用电缆；R-软线；U-矿用电缆；Y-移动电缆；JK-绝缘架空电缆；M-煤矿用；DJ-计算机。

3）导体代号：T-铜导线；L-铝芯；G-钢芯；TJ-铜绞线；LJ-铝绞线；LGJ-钢芯铝绞线。

4）绝缘层代号：V-PVC 聚氯乙烯绝缘；YJ-XLPE 交联聚氯乙烯绝缘；X-天然丁苯胶混合物绝缘橡皮；Y-聚乙烯绝缘；F46-聚四氟乙烯绝缘；G-硅橡胶绝缘；YY-乙烯-乙酸乙烯橡皮混合物绝缘。

5）护层代号：F-氯丁胶混合物护套；V-PVC 聚氯乙烯护套；Y-聚乙烯护套；N-尼龙护套；L-棉纱编织涂蜡克；Q-铅包。

6）屏蔽代号：P-铜网屏蔽；P1-铜丝缠绕；P2-铜带屏蔽；P3-铝塑复合带屏蔽。

7）特征代号：B-扁平型；R-柔软；C-重型；Q-轻型；G-高压；H-电焊机用；S-双绞型；T-电梯用；W-具有耐户外气候性能；Z-中型；J-绞制。

8）铠装层代号：2-双钢带；3-细圆钢丝；4-粗圆钢丝；5-皱纹、轧纹钢带；6-双铝或铝合金带；7-铜丝编织。

9）外护层代号：1-纤维层；2-PVC 套；3-PE 套。

10）派生代号：TH-湿热地区用；FY-防白蚁。

如：BV：铜芯聚氯乙烯绝缘线。

BVVB：铜芯聚氯乙烯绝缘聚氯乙烯护套扁形线。

KVV22：铜芯钢带铠装聚氯乙烯绝缘聚氯乙烯护套控制电缆。

YJY22：铜芯钢带铠装交联聚氯乙烯绝缘聚乙烯护套电力电缆。

KVVP2：铜芯聚氯乙烯绝缘聚氯乙烯护套铜带屏蔽控制电缆。

NH-VV22：铜芯耐火钢带铠装聚氯乙烯绝缘聚氯乙烯护套电力电缆。

DDZC-VV：低烟低卤阻燃铜芯聚氯乙烯绝缘聚氯乙烯护套电力电缆。

ZR-KVV2：铜芯阻燃钢带铠装聚氯乙烯绝缘聚氯乙烯护套控制电缆。

WDZA-YJY：铜芯无卤低烟阻燃交联聚氯乙烯绝缘聚乙烯护套电力电缆。

建筑电气中的各种电气工程所涉及的导线类型主要有：铜/铝母线、裸/绝缘线、电缆三大类。其中，铜/铝母线作为汇流排多用于高低压配电柜（箱、盘、屏）中，而钢母线多作为系统工作接地或避雷接地的汇流排；裸导线主要用于适于采用空气绝缘的室外远距离架空敷设；绝缘线缆主要用于不适于采用空气绝缘的用电环境或场合。

低压配电线路大多采用绝缘导线或电缆，当负荷电流很大时可采用封闭式母线槽（内置母排）。塑料绝缘导线的绝缘性能好，耐油和抗酸碱腐蚀，价格较低，且可节约大量橡胶和棉纱，因此室内线路优先选用。但塑料绝缘在低温时会变硬、发脆，高温时又容易软化，因此室外线路优先采用橡皮绝缘导线。

此外，还应同时满足建筑防火规范要求：若为一般用电系统，只需满足非火灾条件下的使用，其导线型号则可按一般要求选择普通线缆；而对于有防火要求或消防用电设备的供电线路，除必须满足消防设备在火灾时的连续供电时间，保证线路的完整性及系统正常运行外，还须考虑线缆的火灾危险性，避免因短路、过载而成为火源，在外火的作用下应不助长火灾蔓延，且能有效降低有机绝缘层分解的有害气体，避免"二次灾害"的产生。因此，导线型号可根据实际情况，在具有不同防火特性的阻燃线缆、耐火线缆、无卤低烟线缆或矿物绝缘电缆中进行选择。

2. 导线及电缆截面选择

导线截面选择是导线选择的主要内容，直接影响着技术经济效果。根据导线所在系统的电压等级不同，其选择的方式方法以及导线数量有所不同。如：高压系统大多采用三相制供电，导线选择主要是指相线截面选择；而在低压系统中，则是根据采用的供电制的不同来进行相线、中性线、保护线和保护中性线的截面选择。

3. 导线及电敷设方式选择

电气工程中，线缆敷设是实现电能安全传输、安全应用的重要环节。所谓敷设就是指确定线缆走向，并放线、护线、固线的全过程，俗称布线。建筑电气中的线缆敷设方式与作业现场的环境条件、防火要求等密切相关。

4.5.3 导线及电缆截面选择原则与校验方法

为了保证供电系统安全、可靠、优质、经济地运行，导线及电缆的截面选择应按以下原则进行并校验：

1. 导线及电缆截面的选择

（1）按允许载流量条件选择

按允许载流量条件选择导线截面，也称按发热条件选择导线截面，是指在导线通过正常最大负荷电流（即工作电流）时，导线发热不应超过正常运行时的最高允许温度，以防止因过热而引起导线绝缘损坏或加速老化。因为，电流通过导线时，要产生电能损耗，使导线发热。若为绝缘线缆，其温度过高，可使绝缘损坏，甚至引起火灾。若为裸导线，其温度过高，会使接头处氧化加剧，增大接触电阻，使之进一步氧化，如此恶性循环，有可能发生断线，造成停电的严重事故。

按允许载流量条件，每一种导线截面在不同敷设条件下都对应一个允许的载流量。不同材料、不同绝缘类型的导线即使截面相等，其允许载流量也不同。导线在其允许载流量范围内运行，温升不会超过允许值。因此，按允许载流量条件选择导线截面，就是要求计算电流不超过导线正常运行时的允许载流量，并按允许电压损失条件进行校验。即：

$$I_{al} \geqslant I_{\Sigma m} = \frac{S_{\Sigma m}}{KU_N} = \frac{P_{\Sigma m}}{KU_N \cos\varphi} \tag{4-13}$$

考虑设备运行实际状况，式（4-13）可改写为：

$$I_{\Sigma m} = \frac{K_N S_{\Sigma m}}{KU_N} = \frac{K_N P_{\Sigma m}}{KU_N \cos\varphi} \tag{4-14}$$

式中 I_{al}——不同截面导线长期允许通过的载流量，A；

$I_{\Sigma m}$——根据计算负荷得出的计算总电流，A；

第4章 电气设备及导线、电缆

K_N——设备同期系数；

$S_{\Sigma m}$——视在计算总负荷，kVA；

$P_{\Sigma m}$——待选导线上总的计算有功功率，kW；

$\cos\varphi$——线路平均功率因数，$\cos\varphi<1$；

K——电源系数（三相时，$K=\sqrt{3}$；单相时，$K=1$）；

U_N——线路额定电压（三相时为额定线电压；单相时为额定相电压），V。

由于允许载流量 I_N 与环境温度有关，所以，选择时要注意导线安装地点的环境温度，以及敷设条件。

1）硬质母线

常用的硬质母线材料，以铜、铁为主，截面有矩形、槽形、管形等。

矩形母线散热条件好，易于安装与连接，但集肤效应系数大，主要用于电流不超过4000A的线路中；槽形母线通常是双槽形一起用，载流量大，集肤效应小，用于电压等级不超过35kV，电流在4000~8000A的回路中；管形母线的集肤效应最小，机械强度最大，还可以采用管内通水或通风的冷却措施，用于电流超过8000A的线路中。室外母线多采用钢芯铝绞线或单芯圆铜线，室内以铜或铁质矩形母线为主。室内母线布置主要有三相水平布置，母线竖放；三相水平布置，母线平放；三相垂直布置，母线平放等形式。

母线按允许载流量条件选择，须保证母线正常工作时的温度不超过允许温度。即：要求母线允许载流量大于等于线路最大计算工作电流。

$$I_{al} \geqslant I_{\Sigma m} \tag{4-15}$$

式中 I_{al}——导线长期允许通过的载流量，A 或 kA；

$I_{\Sigma m}$——根据计算负荷得出的计算总电流，A 或 kA。

此方法主要适用于发电厂的主母线、引下线、配电装置汇流母线、较短导体以及持续电流较小，年利用小时数较低的其他回路的导线。

母线实际允许载流量与导线材料、结构和截面大小有关，与周围环境温度及母线的布置方式有关。周围环境温度越高，导线允许电流越小。当实际周围环境温度与母线额定的环境温度不同时，需要对母线的允许载流量进行修正。非规定环境温度时，导线实际允许载流量 I'_{al}：

$$I'_{al} = k I_{al} \tag{4-16}$$

式中 I'_{al}——导线实际允许电流，A 或 kA；

k——不同环境温度时的载流量校正系数；

I_{al}——额定环境温度下导线允许载流量，A 或 kA。

校正系数 k：

$$k = \sqrt{\frac{t_1 - t_0}{t_1 - t_2}} \tag{4-17}$$

式中 t_1——导线额定负荷时的最高允许温度，见表4-3；

t_0——敷设处的环境温度，℃；

t_2——额定环境温度，℃。

导线额定负荷时最高允许温度（t_1）和热稳定系数 C 表 4-3

导体种类及材料			最高允许温度（t_1）（℃）		热稳定系数 C
			额定负荷时	短路时	
母线		铜	70	300	171
		铜（接触面有锡层时）	85	200	164
油浸纸绝缘电缆	铜芯	1～3kV	80	250	148
		6kV	65	220	145
		10kV	60	220	148
橡皮绝缘导线和电缆		铜芯	65	150	112
聚氯乙烯绝缘导线和电缆		铜芯	65	130	100
交联聚乙烯绝缘电缆		铜芯	80	230	140
有中间接头的电缆（不包括聚氯乙烯绝缘电缆）		铜芯	—	150	—

2）电缆

电缆按最大长期工作电流选择，其长期允许通过的电流 I_{al}，应不小于所在回路根据计算负荷得出的计算总电流 $I_{\Sigma m}$，即：

$$KI_{al} \geqslant I_{\Sigma m} \tag{4-18}$$

式中　I_{al}——相对于电缆允许温度和标准环境条件下导体长期允许通过的载流量，A 或 kA；

　　　K——为不同敷设条件下的综合校正系数，其中包括空气中单根敷设、空气中多根敷设、空气中穿管、土壤中单根敷设、土壤中多根敷设等综合系数等，需用时可查阅《民用建筑电气设计手册》；

　　　$I_{\Sigma m}$——根据计算负荷得出的计算总电流，A 或 kA。

3）绝缘导线

绝缘导线截面的选择，分为相线截面、中性线（N 线）、保护线（PE 线）和保护中性线（PEN 线）截面选择。

① 相线截面选择

相线截面安全载流量，与相线敷设方式有关。穿管暗敷设时，还与穿线管材质有关。因此，相线允许载流量是指相线在给定条件下，长期工作所允许的安全载流量。选择时，查表 4-4。

需要说明的是：按发热条件选择的导线和电缆的截面，还应该与其保护装置（熔断器、自动空气开关）的额定电流相适应，其截面不得小于保护装置所能保护的最小截面，即：

$$I_{al} \geqslant I_E \geqslant I_{\Sigma m} \tag{4-19}$$

式中　I_{al}——导线、电缆在允许温度和标准环境条件下，长期允许通过的工作电流，A 或 kA；

　　　I_E——保护设备的额定电流，A 或 kA；

　　　$I_{\Sigma m}$——根据计算负荷得出的计算总电流，A 或 kA。

聚氯乙烯绝缘导线安全载流量（A） $t_1=70℃$ 表4-4

敷设方式		每管四线靠墙						每管五线靠墙			直接在空气中敷设（明敷）			
线芯截面 (mm²)		环境温度				管径			管径			明敷环境温度			
		25℃	30℃	35℃	40℃	SC	MC	PC	SC	MC	PC	25℃	30℃	35℃	40℃
BV 0.45kV/ 0.75kV	1.0					15	16	16	15	16	16	20	19	18	17
	1.5	15	14	13	12	15	16	16	14	19	20	25	24	23	21
	2.5	20	19	18	17	15	19	20	15	19	20	34	32	30	28
	4.0	27	25	24	22	20	25	20	20	25	25	45	42	40	37
	6.0	34	32	30	28	20	25	25	20	25	25	53	55	52	48
	10.0	48	45	42	39	25	32	32	32	38	32	80	75	71	65
	16.0	65	61	75	53	32	38	32	32	38	32	111	105	99	91
	25.0	85	80	75	70	32	(51)	40	40	51	40	155	146	137	127
	35.0	105	99	93	86	50	(51)	50	50	(51)	50	192	181	170	157
	50.0	128	121	114	105	50	(51)	63	50	—	63	232	219	206	191
	70.0	163	154	145	134	65	—	63	65	—	—	298	281	264	244
	95.0	197	186	175	162	65	—	63	80	—	—	361	341	321	297
	120.0	228	215	202	187	65	—	—	80	—	—	420	396	370	345
	150.0	264	246	232	215	80	—	—	100	—	—	483	456	429	397
	185.0	296	279	262	243	100	—	—	100	—	—	552	521	490	453
	240.0	—	—	—	—	—	—	—	—	—	652	615	578	535

② 中性线（N线）、保护线（PE线）和保护中性线（PEN线）截面选择

工程中，常采用下述方法选择N线、PE线和PEN线。

三相四线制系统中的N线，要通过系统的不平衡电流和零序电流，因此N线的允许载流量，不应小于三相系统的最大不平衡电流，同时应考虑谐波电流的影响。

一般三相四线制系统中的N线截面A_N，应大于等于相线截面A_1的50%，即：

$$A_N \geqslant 0.5A_1 \tag{4-20}$$

由三相四线制线路引出的两相三线或单相线路，由于其N线电流与相线电流相等，因此它们的N线截面A_N应与相线截面A_1相等，即：

$$A_N = A_1 \tag{4-21}$$

对于三次谐波电流相当突出的三相四线制线路，由于各相的三次谐波电流都要通过N线，使得N线电流可能接近甚至超过相电流，因此这种情况下，N线截面A_N宜大于等于相线截面A_1，即：

$$A_N \geqslant A_1 \tag{4-22}$$

PE线截面选择，要考虑三相系统发生单相短路故障时，单相短路电流通过时的短路热稳定度。根据短路热稳定度的要求，PE线截面A_{PE}，如表4-5所示。

N、PE、PEN 线按热稳定要求的导线最小截面（mm²）　　　　　表 4-5

相线的截面积 A_1	相应保护导体的最小截面积 A_{PE}
$A_1 \leqslant 16$	A_1
$16 < A_1 \leqslant 35$	16
$35 < A_1 \leqslant 400$	$A_1/2$
$400 < A_1 \leqslant 800$	200
$A_1 > 800$	$A_1/2$

注：A_1 指配电柜（屏、台、箱、盘）电源进线相线截面积，且两者（A_1 与 A_N 及 A_{PE}）材质相同。

PEN 线兼有 PE 线和 N 线的双重功能。因此，其截面选择应同时满足 PE 线和 N 线的要求，取其中的最大值。

需要说明的是：

变压器低压 N 线、低压开关柜 N 线及 PE 线的截面不小于其相线截面的 50%。

照明箱、动力箱进线的 N、PE、PEN 线的最小截面应不小于 6mm²。

三相四线制系统中，配电线路有下列情形之一时，其 N、PE、PEN 线的最小截面应不小于相线截面：以气体放电光源为主的配电线路；单相配电线路；可控硅调光回路；计算机电源回路等。

配电干线中 PEN 线的截面按机械强度要求，选用五芯电缆时，最小为 4mm²；若无此种电缆，也可采用多芯电缆线芯，最小截面为 4mm²；若采用绝缘导线，截面不应小于 10mm²。

PE 线若是用配电线缆或电缆金属外壳时，按机械强度要求，截面不受限制。若是用绝缘导线或裸导线而不是配电电缆或电缆金属外壳时，按机械强度要求，截面应不小于下列数值：有机械保护（敷设在套管、线槽等外护物内）时为 2.5mm²；无机械保护（敷设在绝缘子、瓷夹板上）时为 4mm²。

采用可控硅调光控制的舞台照明线路宜采用单相配电；当采用三相配电时，宜每相分别配置 N 线；当共用 N 线时，N 线截面应不小于相线截面的 2 倍。

（2）按经济电流密度条件选择

经济电流密度是指年运行费用最小的电流密度，按经济电流密度选择线缆截面，可以减少电网投资和年运行费用。

按经济电流密度选择导线截面，计算公式为：

$$A_E = \frac{I_{\Sigma m}}{\delta_{NC}} \tag{4-23}$$

式中　A_E——导线经济截面，mm²；

　　　$I_{\Sigma m}$——根据计算负荷得出的计算总电流，A；

　　　δ_{NC}——电缆的经济电流密度，A/mm²，见表 4-6。

我国线缆的经济电流密度 δ_{NC}（A/mm²）　　　　　表 4-6

线路形式	导线材料	年最大负荷利用小时（h）		
		3000 以下	3000～5000	5000 以上
架空线路	铝	1.65	1.15	0.90
	铜	3.0	2.25	1.75
电缆线路	铜	2.5	2.25	2.00

此法适用于高压输配电线路。因为高压输配电线路传输距离远、容量大、运行时间长、年运行费用高，按经济电流密度计算法选择线缆截面，可保证年运行费用最低，但所选导线截面一般偏大。

按经济电流密度选择母线截面时，主要用于年利用小时数高且导体长度20m以上，负荷电流大的回路。计算时，先求得$I_{\Sigma m}$；再根据表4-6查得经济电流密度后，再求导线截面并标准化。

按经济电流密度选择电缆截面的方法与按经济电流密度选择母线截面的方法相同。按经济电流密度选出的电缆，还应决定经济合理的电缆根数，截面$A_E \leqslant 150\mathrm{mm}^2$时，其经济根数为一根；截面$A_E > 150\mathrm{mm}^2$时，其经济根数可按$A_E/150$决定。例如：计算出$A_{E\Sigma m}$为200$\mathrm{mm}^2$，选择两根截面为120$\mathrm{mm}^2$的电缆为宜。

为了不损伤电缆的绝缘和保护层，电缆弯曲半径不应小于一定值（如：三芯纸绝缘电缆的弯曲半径不应小于电缆外径的15倍）。为此，一般避免采用芯线截面大于185mm^2的电缆。

（3）按机械强度条件选择

按机械强度条件选择导线截面，其目的是保证导线在安装或运行中必须有足够的机械强度和柔软性。安装时，若机械强度小，易断。如暗敷设时，线缆要穿过固定在墙内的管道；若机械强度不足，不能承受人的抻拉力，穿线过程中就可能造成芯线折断；架空敷设时，若过细，机械强度太小，有可能在一定的杆塔跨距之下，如遇自然界风、雨、冰、雪等灾害加之自重作用，将会导致线缆断裂，中断供电的严重事故。因此，为保证安全起见，导线必须有一定的机械强度，以满足机械强度对导线最小截面的要求。

绝缘导线按机械强度要求确定的绝缘导线、架空线路最小截面，如表4-7、表4-8所示。

按机械强度要求确定的绝缘导线最小截面（mm^2） 表4-7

用途			最小截面	
			铜芯软线	铜芯线
照明灯头线	民用建筑	室内	0.4	0.5
	工业建筑	室内	0.5	0.8
		室外	1.0	1.0
移动、便携式设备		生活用	0.2	—
		生产用	1.0	—
架设在绝缘支持件上的绝缘导线，其支持点的间距	1m以下	室内	—	1.0
		室外	—	1.5
	2m及以下	室内	—	1.0
		室外	—	1.5
	6m及以下		—	2.5
	12m及以下		—	4.0
	12~25m		—	6.0
	穿管敷设		1.0	1.0
塑料绝缘线	线槽明敷		—	0.75
聚氯乙烯绝缘聚氯乙烯护套线	钢精轧头固定		—	1.0

按机械强度要求确定的架空线路最小截面（mm²） 表 4-8

架空线路电压等级	钢芯铝绞线	铜线
35kV	25	—
6～10kV	25	16
1kV 以下	16	6

（4）按允许电压损失条件选择

为保证用电设备的安全运行，必须使设备接线端子处的电压在允许值范围内。因导线电阻的存在，势必在线路全程产生一定的线路压降。因此，对设备端电压质量有要求时，应按电压损失选择相应线缆截面，并按允许载流量（发热条件）校验。

1）电压损失表示方法和允许值

由于导线中存在阻抗，所以在负荷电流流过时，导线上就会产生压降。把始端电压 U_1 和末端电压 U_2 的差值与额定电压比值的百分数定义为该线路的电压损失（也称电压变化率），用 ΔU 表示。即：

$$\Delta U = \frac{U_1 - U_2}{U_N} \times 100\% \tag{4-24}$$

式中　ΔU——电压损失；

　　　U_1——线路始端电压，V 或 kV；

　　　U_2——线路末端电压，V 或 kV；

　　　U_N——线路额定电压，V 或 kV。

为保证线路及用电设备正常工作，部分线路及用电设备端子处电压损失的允许值如表 4-9 所示。

部分线路及用电设备端子处电压损失 ΔU 允许值 表 4-9

用电设备及其环境		ΔU 允许值	备注
35kV 及以上用户		≥10%	正负偏差绝对值之和
10kV 用户		±7%	系统额定电压
380V 用户		±7%	
220V 用户		−10%～+7%	
电动机		±5%	—
照明	一般场所	±5%	
	要求较高的室内场所	−2.5%～+5%	
	远离变电所面积较小的一般场所，难以满足上述要求时	−10%	
其他用电设备		±5%	无特殊要求时
单位自用电网		±6%	
临时供电线路		±8%	

低压交流线路中的电压损失 ΔU 主要是由电阻和电抗引起的；低压线路由于距离短，线路电阻值要比电抗值大得多。所以，一般忽略电抗，认为低压线路电压损失仅与线路电阻和传输功率有关。与有功功率成正比，与线路长度成正比，与导线截面成反比。即：

$$\Delta U = \frac{P_{\Sigma m} L}{C \times A_1 \times 100} \tag{4-25}$$

式中　ΔU——电压损失；

　　　$P_{\Sigma m}$——待选导线上总的计算有功功率，kW；

　　　L——导线单程长度，m；

　　　A_1——导线截面，mm^2；

　　　C——线路电压损失计算常数，如表 4-10 所示。

线路电压损失计算常数 C 值　　　表 4-10

线路系统及电流种类	C 值表达式	额定电压（V）	C 值	
			铜线	铝线
三相四线系统	$U_N^2 \times 100/\rho$	380/220	77.0	46.3
单相交流或直流	$U_N^2 \times 100/2\rho$	220	12.800	7.750
		110	3.200	1.900
		36	0.340	0.210
		24	0.153	0.092
		12	0.038	0.023

注：ρ 为导体材料电阻率。

2）不同负载下的导线截面计算

① 纯电阻负载时，导线截面选择计算公式为：

$$A_1 = \frac{K_N M}{C \times \Delta U\% \times 100} = \frac{K_N P_{\Sigma m} L}{C \times \Delta U\% \times 100} \tag{4-26}$$

式中　K_N——需要系数，主要是考虑设备同期开启、使用或满载情况，以及电机自身效率等因素，$K_N \leqslant 1$；

　　　M——负荷距，kW·m。

② 有感性负载时，导线截面选择计算公式为：

$$A_1 = \frac{BM}{C \times \Delta U\% \times 100} = \frac{B P_{\Sigma m} L}{C \times \Delta U\% \times 100} \tag{4-27}$$

式中　B——校正系数，见表 4-11。

感性负载电压损失校正系数 B 值　　　表 4-11

不同类型的导线和敷设方式		铜或铝导线明设					电缆明设或埋地，导线穿管					裸铜线架设		
负荷的功率因数		0.90	0.85	0.80	0.75	0.70	0.90	0.85	0.80	0.75	0.70	0.90	0.80	0.70
导线截面（mm^2）	6	—	—	—	—	—	—	—	—	—	—	—	1.10	1.12
	10	—	—	—	—	—	—	—	—	—	—	1.10	1.14	1.20
	16	1.10	1.12	1.14	1.16	1.19	—	—	—	—	—	1.13	1.21	1.28
	25	1.13	1.17	1.20	1.25	1.28	—	—	—	—	—	1.21	1.32	1.44
	35	1.19	1.25	1.30	1.35	1.40	—	—	—	—	—	1.27	1.43	1.58
	50	1.27	1.35	1.42	1.50	1.58	1.10	1.11	1.13	1.15	1.17	1.37	1.57	1.78
	70	1.35	1.45	1.54	1.64	1.74	1.11	1.15	1.17	1.20	1.24	1.48	1.76	2.00
	95	1.50	1.65	1.80	1.92	2.00	1.15	1.20	1.24	1.28	1.32	—	—	—
	120	1.60	1.80	2.00	2.10	2.30	1.19	1.25	1.30	1.35	1.40	—	—	—
	150	1.75	2.00	2.20	2.40	2.60	1.24	1.30	1.37	1.44	1.50	—	—	—

为保证线路电压损失不超过允许值，须对线路导线截面进行计算，若电压损失超过了允许值，则应加大导线截面，以满足其要求。

3）电缆

此法用于电压损失校验。正常运行时，电缆的电压损失应不大于额定电压的5％，即：

$$\Delta U = \sqrt{3}\, \frac{I_{\max}\rho L}{U_N \times A_1} \times 100\% \leqslant 5\% \tag{4-28}$$

式中　ΔU——电缆的电压损失；

$I_{\max}$——电缆最大工作电流，A 或 kA；

ρ——电缆导体的电阻率：铜芯 $\rho = 0.0206\,\Omega\mathrm{mm}^2/\mathrm{m}$（50℃）；

L——电缆长度，m；

U_N——电缆所在线路工作电压，V 或 kV；

A_1——电缆截面，mm^2。

4）绝缘导线

绝缘导线也用此式做电压损失校验，方法与电缆校验类似，仅限值不同。

5）导线及电缆截面的校验

实际工程设计中，通常根据上述条件选择确定导线型号及截面后，还需进行相应校验。对于 35kV 及以上供电线路，因其传输容量大，距离长，一般按经济电流密度选择线缆截面后，再按允许载流量、电压损失和机械强度进行校验；对于无调压装置的 6～10kV 距离较长（数千米或数十千米）电流大的供电线路，宜按允许电压损失选择线缆截面后，再按允许载流量和机械强度进行校验；对于 6～10kV 及以下线路通常按允许载流量选择线缆截面后，再按允许电压损失和机械强度校验；低压线路中，由于照明线路对供电质量要求较高，故该线路的线缆截面在按允许电压损失选择后，再按发热条件和机械强度条件校验；低压动力线路则按允许载流量选择截面后，再按发热条件和机械强度条件校验。导线截面选择和校验项目如表 4-12 所示。

导线截面选择和校验项目　　　　　　　表 4-12

线路类型	允许载流量	允许电压损失	经济电流密度	机械强度	热稳定	动稳定
35kV 及以上进线	△	△	○	△		
无调压装置的 6～10kV 较长线路	△	○		△	△（电缆时必需）	
6～10kV 较短线路	○	△		△	△（电缆时必需）	
铜、铝硬母线	○		△		△	△
低压照明线路	△	○		△		
低压动力线路	○	△		△		

注：○ 为选择条件；△ 为校验项目。

需要说明的是：铜铝硬母线一般作为汇流排应用于配电箱（盘、柜、屏）中，除按规定要求进行截面选择外，还必须进行短路热稳定性和动稳定性校验；电缆一般埋地敷设，因而无需进行机械强度校验，但必须进行短路热稳定校验。

2. 导线敷设方式选择

导线敷设方式分为明敷设与暗敷设两种。

(1) 明敷设方式

明敷设方式指由于导线敷设环境条件或要求或为日后维护维修提供方便等诸多因素所限，使得线缆走向、固线方式及其所用主辅材料等工程信息，可以直观获取的敷设方式，俗称布明线。

明敷设方式又根据作业现场条件有架空敷设和室内线槽（管）敷设等多种形式。如图 4-12 所示。

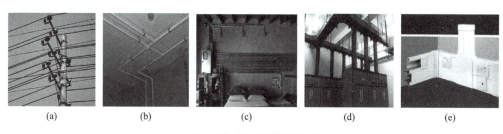

图 4-12　各式明敷设方式

(a) 室外架空明敷；(b) 室内塑管明敷；(c) 室内金属管明敷；(d) 室内桥架明敷；(e) 室内线槽明敷

(2) 暗敷设方式

与明敷设方式相对应，暗敷设指由于线缆敷设环境条件或要求或为建筑内外环境美观整洁起见，使得线缆走向、固线方式及其所用主辅材料等工程信息，不能直观获取的敷设方式，俗称布暗线或隐蔽工程。

暗敷设方式有直接暗敷设（直埋）和间接暗敷设之分。直接按敷设大多针对具有外防护装置的铠装电缆，在正常使用后无需更换的前提下，直接埋于地下；间接按敷设是指无防护装置的线缆，人为附加防护装置后的敷设方式，目的一是保护线缆；二是为以后的扩容换线提供方便。主要有穿管暗埋敷设、排管暗敷、电缆沟暗敷、电气井道敷设、吊顶内敷设等方式，如图 4-13 所示。

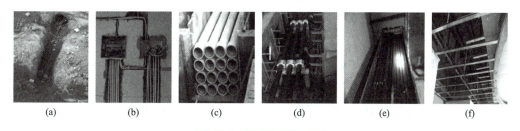

图 4-13　各式暗敷设方式

(a) 电缆直埋；(b) 穿管暗埋敷设；(c) 排管暗敷；(d) 电缆沟暗敷；(e) 电气井道敷设；(f) 吊顶内敷设

3. 管径选配

照明导线穿管敷设时，同类导线穿管根数不得超过 8 根；3 根以上线缆穿同一根导管敷设时，线缆总的外横截面积不得超过导管内横截面积的 40%；2 根线缆时，导管内径不应小于 2 根导线外径之和的 1.35 倍。同理，线槽配线也有要求，必要时，请查阅相关手册。

4.5.4 导线及电缆截面选择示例

【例 4-2】 一条从变电所引出的长 100m 供电干线，接有电压为 380V 三相电机 22 台，其中 10kW 电机 20 台，4.5kW 电机 2 台。干线敷设地点环境温度为 30℃，拟采用绝缘线明敷，设备同期系数 0.35，平均功率因数 0.70。试选择导线截面并校验，参数见表 4-13。

氯乙烯绝缘电线明敷的载流量（A） $\theta=65℃$ 表 4-13

截面 (mm²)	BLV 铝芯				BV、BVR 铜芯			
	25℃	30℃	35℃	40℃	25℃	30℃	35℃	40℃
1.0	—	—	—	—	19	17	16	15
1.5	18	16	15	14	24	22	20	18
2.5	25	23	21	19	32	29	27	25
4.0	32	29	27	25	42	39	36	33
6.0	42	39	36	33	55	51	47	43
10.0	59	55	51	46	75	70	64	59
16.0	80	74	69	63	105	98	90	83
25.0	105	98	90	83	138	129	119	109
35.0	130	121	112	102	170	158	147	134
50.0	165	154	142	130	215	201	185	170
70.0	205	191	177	162	265	247	229	209
95.0	250	233	216	197	325	303	281	251
120.0	285	266	246	225	375	350	324	296
150.0	325	303	281	257	430	402	371	340
185.0	380	355	328	300	490	458	423	387

解：

① 选择导线截面

$\because I_{\Sigma m}=\dfrac{S_{\Sigma m}}{\sqrt{3}U_N}$，$S_{\Sigma m}=\dfrac{P_{\Sigma m}}{\cos\varphi}$

则：用电设备总负荷 $P_{\Sigma m}=K_N\sum P_m=0.35\times(20\times10+2\times4.5)=73.15\text{kW}$

$$S_{\Sigma m}=\dfrac{P_{\Sigma m}}{\cos\varphi}=\dfrac{73.15}{0.7}=104.5\text{kW}$$

$\therefore I_{\Sigma m}=\dfrac{S_{\Sigma m}}{\sqrt{3}U_N}=\dfrac{104.5}{\sqrt{3}\times380}\approx159\text{A}$

查表 4-13 得：环境温度 30℃明敷时，BLV-0.5-70mm² 塑料铝芯绝缘导线安全载流量为 191A，$>I_{\Sigma m}$，满足要求。

② 按电压损失校验

线路负荷矩 $M=\sum P_mL=73.15\times100=7315\text{kWm}$

查表 4-10、表 4-11，得 $B=1.74$、$C=46.3$，代入感性负载时导线截面选择公式：

$$\Delta U\%=\frac{BM}{C\times S\times100}=\frac{B\sum P_mL}{C\times S\times100}=\frac{1.74\times7315}{46.3\times70\times100}=3.93\%<5\%$$

满足电压损失要求。

③ 确定导线规格

经上述计算，并校验，最终确定导线相线规格为 BLV-0.5-70mm²。

【例 4-3】 某工地动力负 P_1 荷点动力负荷 66kW；P_2 点动力负荷 28kW；杆距均为 30m，如图 4-14 所示。按允许压降 5%，$K_N=0.6$，平均功率因数 $\cos\varphi=0.76$，采用三相四线制供电时，求 AB 段 BBLX 导线截面并校验，具体参数见表 4-14。

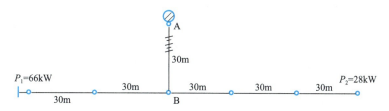

图 4-14 某工地动力负荷 P_1 点动力负荷分布示意图

BBLX 导线安全载流量　　　　　　表 4-14

导线截面（mm²）	10	16	25	35	50	70
安全载流量（A）	65	85	110	138	175	220

解：

① 根据已知条件，求线路工作电流 $I_{\Sigma m}$

∵ $I_{\Sigma m}=\dfrac{K_N P_{\Sigma m}}{\sqrt{3}U_L\cos\varphi}$

∴ $I_{\Sigma m}=\dfrac{0.6\times(66+28)\times10^3}{\sqrt{3}\times380\times0.76}=112.75\text{A}$

② 查附表，最接近的安全载流量为 138A>$I_{\Sigma m}$，导线截面为 35mm²。

③ 按允许电压损失校验

$$S=\frac{K_N P_{\Sigma m}L}{C\Delta U}=\frac{0.6\times(66\times90+28\times120)}{46.3\times5}\approx24.10\text{mm}^2$$

可见：按最大工作电流选，应为 BBLX-0.5-35mm²；按允许电压损失选，应为 BBLX-0.5-25mm²。故，最后确定导线截面为 BBLX-0.5-3×35+1×25mm²。

【例 4-4】 某照明干线总负荷 10kW，线路长 250m，采用 AC380V/220V 供电，设电压损失不超过 5% 敷设点环境温度为 30℃，明敷，负荷需要系数 $K_N=1$，$\cos\varphi=1$。试选择干线 BLX 截面（《简明施工计算手册》规定 AC380V/220V 三相四线制系统，铝导体线路电压损失的计算系数为 46.3）。

解： 因为是照明线路，纯电阻性负载。且线路较长，故：

① 按电压损失条件选择导线截面

查表 4-10，铝芯线明敷时：$C=46.3$。则：

$$S=\frac{K_N M}{C\Delta U\% \times 100}=\frac{K_N P_{\Sigma m} L}{C\Delta U\% \times 100}=\frac{1\times 10\times 250}{46.3\times 5\% \times 100}\approx 10.8\text{mm}^2$$

查表 4-15 得：环境温度 30℃明敷时时，BLX-0.5-16mm² 橡皮铝芯绝缘导线允许载流量为 79A，满足要求。

橡皮绝缘电线明敷的载流量（A） $\theta=65℃$ 表 4-15

截面(mm²)	BLX、BLXF 铝芯				BX、BXF 铜芯			
	25℃	30℃	35℃	40℃	25℃	30℃	35℃	40℃
1.0	—	—	—	—	21	19	18	16
1.5	—	—	—	—	27	25	23	21
2.5	27	25	23	21	35	32	30	27
4.0	35	32	30	27	45	42	38	35
6.0	45	42	38	35	58	54	50	45
10.0	65	60	56	51	85	79	73	67
16.0	85	79	73	67	110	102	95	87
25.0	110	102	95	87	145	135	125	114
35.0	138	129	119	109	180	168	155	142
50.0	175	163	151	138	230	215	198	181
70.0	220	206	190	174	285	266	246	225
95.0	265	247	229	209	345	322	298	272
120.0	310	289	268	245	400	374	346	316
150.0	360	336	311	284	470	439	406	371
185.0	420	392	363	332	540	504	467	427
240.0	510	476	441	403	660	617	570	522

注：θ 表示线芯允许长期工作温度，其他温度表示敷设处环境温度。

② 用发热条件校验

$$I_{\Sigma m}=\frac{K_N S_{\Sigma m}}{\sqrt{3}U_N}=\frac{K_N P_{\Sigma m}}{\sqrt{3}U_N \cos\varphi}=\frac{1\times 10\times 10^3}{\sqrt{3}\times 380\times 1}=15.2A<80A$$

经校验，满足要求。

通常，上述两种方法可互为校验。

思考题与习题

1. 简述变压器工作原理。
2. 如何界定高、低压电器？
3. 高压断路器有哪几种？各有何特点？

4. 高压隔离开关与高压负荷开关有哪些异同点？
5. 您了解到的避雷器有哪些？
6. 接地开关的作用是什么？
7. 常用的低压断路器有哪些类型？各有何特点？
8. 低压断路器应如何选用？
9. 选择熔断器时应注意哪些问题？
10. 电气设备的选择一般原则是什么？
11. 简述线缆选择的基本原则。
12. 导线选择的方法和要求有哪些？
13. 简述按允许载流量条件选择线缆的方法与步骤。
14. 简述按允许电压损失条件选择线缆的方法与步骤。
15. 简述按经济电流密度条件选择线缆的方法与步骤。
16. 简述母线截面选择、校验的方法与步骤。
17. 某大楼采用三相四线制供电，楼内的单相用电设备有：加热器 5 台各 2kW，干燥器 4 台各 3kW，照明用电 2kW。试将各类单相用电设备合理地分配在三相四制线路上，并确定大楼的计算负荷。
18. 某工地采用三相四线制 AC380V/220V 供电，其中一支路上需带 30kW 电动机 2 台，8kW 电动机 15 台，电动机的平均效率为 83%，平均功率因数为 0.8，需要系数为 0.62，总配电盘至该临时用电点的距离为 250m，试按允许电压损失 7%，选择所需塑料铜芯绝缘导线截面。
19. 有一条三相四线制 AC380V/220V 低压线路，其长度为 200m，计算负荷为 100kW，功率因数为 0.9，拟采用塑料铜芯绝缘导线穿钢管暗敷。已知敷设地点的环境温度为 30℃，试按发热条件选择所需导线截面。

第 5 章　继 电 保 护

5.1　继电保护基本概念

供配电系统在正常运行中可能由于某种原因导致各种故障或异常运行状态。例如，发生严重的短路故障可能导致电气设备烧毁或损坏，造成大面积停电，或破坏电力系统运行稳定性。

当电气设备发生故障或异常运行状态时，为了避免引起事故或事故进一步扩大，须采用自动装置迅速有选择地使系统保护装置动作、断路器跳闸以切除故障设备，或启动信号装置发出异常运行报警信号，这种自动装置称为继电保护装置。

1. 继电保护基本任务

继电保护基本任务是：

（1）自动、迅速、有选择性地将故障设备从供配电系统中切除，使其免于继续遭受破坏，保证其他无故障部分迅速恢复正常供电；

（2）正确反映电气设备的异常运行状态，发出报警信号或动作于跳闸，以便运行人员采取措施，恢复电气设备的正常运行；

（3）与供配电系统的自动装置（如自动重合闸装置、备用电源自动投入装置等）配合，提高供配电系统的供电可靠性。

2. 继电保护基本要求

继电保护一般应满足可靠性、选择性、灵敏性和速动性等四个基本要求。

（1）可靠性

继电保护的可靠性是指在其所规定的保护范围内，发生保护应该动作的故障或异常运行状态时保护装置应动作，不应拒动；而在其他任何该保护不应该动作的情况下可靠不动作，不应误动作。继电保护示意图如图 5-1 所示，系统 k 点发生短路故障，保护装置 3 应动作，不应拒动；保护装置 1 和保护装置 2 不动作，不应误动作。

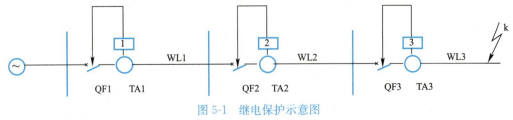

图 5-1　继电保护示意图
1、2、3—保护装置

为保证可靠性，宜选用性能满足要求、原理尽可能简单的保护方案，应采用由可靠的硬件和软件构成的装置，并应具有必要的自动检测、闭锁、报警等措施，以便于整定、调试和运行维护。

(2) 选择性

继电保护的选择性是指当发生故障时，应由故障设备或线路本身的保护切除故障，保证系统无故障部分仍正常工作，使停电范围尽量小。当故障设备、线路本身的保护或断路器拒动时，才允许由相邻设备、线路的保护或断路器切除故障。

在图 5-1 所示系统中，若在线路 WL3 的 k 点发生短路故障，应由故障线路的保护装置 3 动作，使断路器 QF3 跳闸，将故障线路 WL3 切除，线路 WL1 和 WL2 仍继续运行；若保护装置 3 或断路器 QF3 拒动，保护装置 2 应动作。

为保证选择性，对相邻设备与线路有配合要求的保护及同一设备或线路保护内有配合要求的两元件，其灵敏系数或动作时间应相互配合。

(3) 灵敏性

继电保护的灵敏性是指在设备或线路的被保护范围内发生故障或异常运行状态时，保护装置正确动作的能力。灵敏性通常以灵敏系数来衡量，灵敏系数愈大，反应故障的能力愈强。灵敏系数按下式计算：

$$K_s = \frac{保护范围内的最小短路电流}{保护装置一次侧动作电流} = \frac{I_{k \cdot \min}}{I_{op1}} \tag{5-1}$$

《继电保护和安全自动装置技术规程》GB/T 14285—2023 中，对各类保护的灵敏系数的要求都作了具体的规定，一般要求灵敏系数在 1.2～2 之间。

(4) 速动性

继电保护的速动性是指尽可能快地切除故障，以减轻故障电流对设备或线路的损坏程度，加快系统电压恢复，缩小故障的波及范围，提高系统稳定性。故障切除时间等于保护装置动作时间和断路器动作时间之和。一般的快速保护动作时间在 0.06～0.12s；一般断路器的动作时间为 0.06～0.15s。

3. 继电保护基本原理和组成

早期的继电保护装置以机电式继电器为主构成（故称为继电保护），目前的继电保护装置已发展到以微机或可编程控制器为主构成。

数字型微机继电保护系统利用一个或多个 CPU 处理器进行处理和判断故障或异常运行状态的发生并实现保护功能，主要包括硬件部分和软件部分，微机继电保护器硬件构成如图 5-2 所示。

数据采集单元（DAQ）由电量变换器、模拟低通滤波器（ALF）、采样保持电路（S/H）、多路转换开关（MPX）和 A/D 转换器组成，其功能是将由电流、电压互感器获得的被保护元件的模拟量电流、电压转换为数字量。

管理微机系统主要实现人机交互功能。外部继电器、操作手柄接点等的信号可以通过开关量信号通道输入。微机保护系统的跳闸、发信号等任务通过开关量输出通道驱动继电器动作完成。

微机继电保护的软件部分按照保护的动作原理和整定要求对硬件进行控制，有序地完成数据采集、信息交互、数字运算和逻辑判断、动作指令执行等各项操作。

微机保护的特性和功能主要由软件决定，不同原理的保护可以采用通用硬件，只要改变软件就可以灵活地适应保护的特性和功能需要；微机保护具有自适应能力，可按系统运

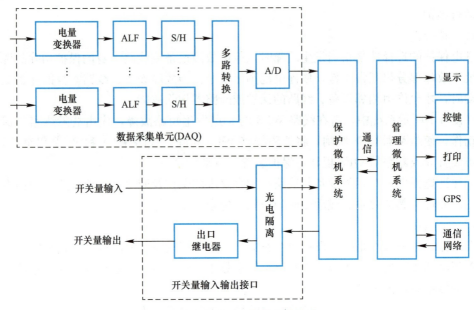

图 5-2 微机继电保护硬件构成

行状态自动改变动作的整定值;微机保护还有自检能力,可以自动记录,通过网络与计算机进行信息交换等。微机继电保护维护调试方便,可靠性、精度高,保护性能好,能够更好地满足继电保护的选择性、速动性、灵敏性、可靠性要求。

微机继电保护虽与传统继电保护的组成不同,但保护整定计算的原则是一致的,微机保护只是对继电保护的返回系数、可靠系数、灵敏系数、动作时限等参数进行了改进。

4. 继电保护分类

(1) 按被保护对象分

继电保护分类按被保护对象分为输配电线路保护和电气设备保护(如发电机、变压器、电动机、母线、电容器等保护)。

(2) 按保护的动作原理分

继电保护分类根据发生故障或异常运行状态时,其电压、电流、相位角等电气物理量会发生改变。利用上述物理量故障时与正常时的差别,可分别构成不同的继电保护。

1) 反映电流增大的电流速断、过电流保护;

2) 反映电压改变的低电压或过电压保护;

3) 根据故障时被保护元件两端电流相位和大小的变化可构成差动保护;

4) 反映电流及电流与电压间相位角改变的功率方向过电流保护;

5) 利用短路点到保护安装地点之间距离(或测量阻抗)降低可构成距离(或低阻抗)保护;

6) 根据接地故障出现的零序分量,可构成零序电流(电压)保护等;

7) 反应非电物理量变化的保护,如电力变压器的气体(瓦斯)保护、电动机的温度保护和热保护等。

(3) 按继电保护的作用分

1) 主保护:满足系统稳定和设备安全要求,能以最快速度有选择地切除被保护设备和线路故障的保护；

2) 后备保护：主保护或断路器拒动时，用以切除故障的保护。可分为远后备和近后备两种方式；

① 近后备是当主保护拒动时，由本设备或线路的另一套保护实现后备的保护；当断路器拒动时，由断路器失灵保护来后备实现的保护；

② 远后备是当主保护或断路器拒动时，由相邻设备或线路的保护来实现后备的保护。

3) 辅助保护：为补充主保护和后备保护的性能或当主保护和后备保护退出运行而增设的简单保护；

4) 异常运行保护：反映被保护设备或线路异常运行状态的保护。

5.2 互感器接线

电流互感器接线是指电流保护中的电流继电器与电流互感器二次线圈的连接方式。为便于保护的分析和整定计算，引入接线系数 K_j 表示流入继电器的电流 I_j 与电流互感器二次绕组的电流 I_2 的比值，即：

$$K_j = \frac{I_j}{I_2} \tag{5-2}$$

式中　I_j——流入继电器的电流，A；

　　　I_2——电流互感器二次绕组的电流，A。

(1) 三相三继电器完全星形接法

如图 5-3 所示，由星形接法的 3 只电流互感器和 3 只电流继电器构成。每相都装有电流互感器且每个电流互感器均接有电流继电器，因此可以反映各种短路故障。由于流入继电器的电流与电流互感器二次绕组电流相等，接线系数 $K_j = 1$。常用于高压大接地电流系统，保护相间短路和单相短路。

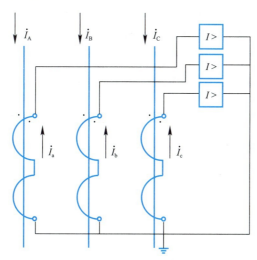

图 5-3　电流互感器三相完全星形接法

(2) 两相两继电器不完全星形接法

电流互感器两相不完全星形接法如图 5-4 所示，B 相不装设电流互感器和相应的继电器。当 B 相发生单相短路与单相接地故障时，不能正确反映故障。流入继电器的电流与电流互感器二次绕组电流相等，其接线系数 $K_j=1$。这种接法又称为"V"形接法，可以提供三相、两相相间短路保护，常用于 6～35kV 中性点非有效接地系统的过电流保护。

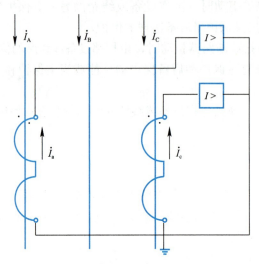

图 5-4　电流互感器两相不完全星形接法

（3）两相一继电器差接法

电流互感器两相差接法如图 5-5 所示，流过电流继电器的电流 $\dot{I}_j$ 是两相互感器二次电流的相量差。正常工作和三相短路时，三相电流对称，A、C 两相电流互感器二次侧电流大小相等，相位差 120°，流过电流继电器的电流 $\dot{I}_j$ 数值上等于电流互感器二次电流的 $\sqrt{3}$ 倍，接线系数 $K_j=\sqrt{3}$。A、B 两相或 C、B 两相短路时，仅一只电流互感器二次侧有短路电流，接线系数 $K_j=1$。A、C 两相短路时，两只电流互感器的二次侧短路电流 $\dot{I}_a$ 与 $\dot{I}_c$ 在数值上相等，相位差 180°，所以接线系数 $K_j=2$。

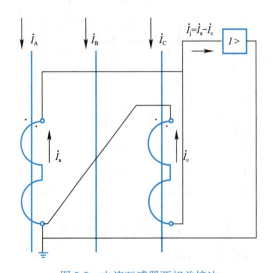

图 5-5　电流互感器两相差接法

两相一继电器差接法能构成三相、两相的相间短路保护,但保护灵敏度因短路类型不同而变化。由于接线简单,价格便宜,应用普遍。

另外,电压互感器接线方案,如图 5-6 所示。

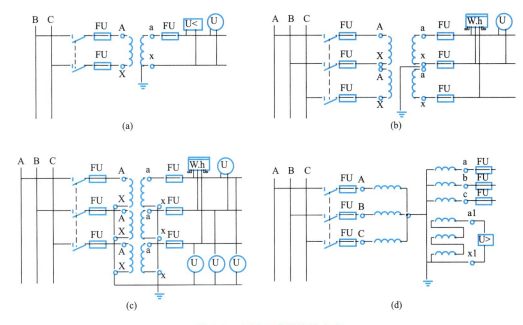

图 5-6　电压互感器接线方案

图 5-6(a)为单台单相电压互感器的接线,可提供一个线电压。图 5-6(b)为两台单相电压互感器接成"V/V"形,能提供三相线电压。图 5-6(c)为三台单相电压互感器接成"Y_0/Y_0"形,既可以提供三相线电压,又可以提供相电压。

图 5-6(d)接线由三绕组电压互感器构成,二次绕组一组接成星形以提供三相线电压,另一组接成开口三角形,与接在其中的电压继电器一起构成单相接地绝缘监视回路。正常运行时三相电压对称,开口三角两端电压接近于零。当某一相接地时,开口三角形两端将出现 100V 左右的零序电压,使电压继电器动作发出接地预告信号。

5.3　高压供配电线路继电保护

民用建筑高压供配电线路的电压等级一般为 10kV,配电线路较短,通常为单端电源供电,其常见故障和异常运行状态主要有相间短路、单相接地短路和过负荷等。相间短路保护主要采用由瞬时电流速断保护、带时限电流速断保护和带时限过电流保护构成的阶段式电流保护,保护动作于断路器跳闸。当过电流保护的动作时限不超过 0.5~0.7s 时,可不装设瞬时电流速断保护。经常出现过负荷的电缆线路需要装设过负荷保护,一般需设置为延时动作。

5.3.1　瞬时电流速断保护

瞬时电流速断保护(又称为Ⅰ段电流保护)的动作不带时限,用最短的时间切除故障,以满足继电保护的速动性要求。如图 5-7 所示单侧电源供电线路,瞬时电流速断保护设在线路的电源侧。当保护范围末端（k_1 点）短路时，保护应动作，但（k_1 点）短路的电流值与相邻下一级线路首端（又称为保护出口处）（k_2 点）的短路电流值几乎相等，为保证其选择性，动作电流按躲开本线路末端（k_1 点）最大短路电流来整定。

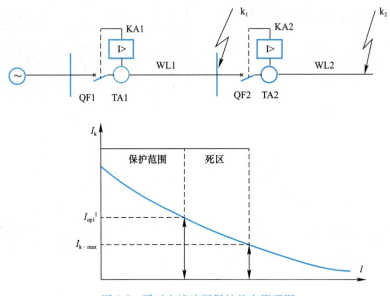

图 5-7 瞬时电流速断保护整定原理图

所谓"躲开"是指：瞬时电流速断保护 KA1 的一次动作电流 I_{op1}^{I} 大于（k_1 点）最大三相短路时流过被保护元件的短路电流，即：

$$I_{op1}^{I} = K_{rel}^{I} I_{k_1 \cdot max}^{(3)} \tag{5-3}$$

$$I_{op2}^{I} = \frac{K_{rel}^{I} K_j}{K_i} I_{k_1 \cdot max}^{(3)} \tag{5-4}$$

式中 K_{rel}^{I}——Ⅰ段电流保护可靠系数，采用 DL 型电磁式电流继电器时取 1.2~1.3；
采用 GL 型感应式电流继电器时取 1.4~1.5；过电流脱扣器取 1.8~2；

$I_{k_1 \cdot max}^{(3)}$——线路末端（k_1 点）三相短路时，一次侧短路电流周期分量有效值，A；

I_{op2}^{I}——Ⅰ段电流保护的二次整定电流，A；

K_j——电流互感器接线系数；

K_i——电流互感器变比。

图 5-7 中可知，从电源侧开始短路电流的数值沿着线路呈递减分布。由于瞬时电流速断保护的动作电流大于末端最大短路电流（$K_{rel}^{I} > 1$），所以保护的最大范围小于线路 WL1 的全长，即在线路末端短路时保护将不动作（常称为死区）。死区的范围会随着运行方式、短路类型的不同而变化。

瞬时电流速断保护不能保护线路的全长，其灵敏度 K_s^{I} 按保护安装处（即线路首端）最小两相短路电流进行校验。

$$K_s^{I} = \frac{I_{k \cdot min}^{(2)}}{I_{op1}^{I}} \geqslant 1.5 \sim 2.0 \tag{5-5}$$

【例 5-1】 试整定图 5-7 中线路 WL1 的瞬时电流速断保护。已知 TA1 的变比为 750A/5A，保护采用两相两继电器接线，(k_1)点三相短路电流为 3.2kA，线路 WL1 的首端最小两相短路电流为 8.0kA。

解： 1）动作电流整定

$$I_{op2}^{I-1} = \frac{K_{rel}^{I} K_j}{K_i} I_{k_1 \cdot max}^{(3)} = \frac{1.2 \times 1}{150} \times 3200 = 25.6 \text{A}$$

选 DL-31/50 电流继电器，线圈并联，整定动作电流为 26A。

瞬时电流速断保护一次侧的动作电流为：

$$I_{op1}^{I-1} = \frac{K_i}{K_j} I_{op2}^{I} = \frac{150}{1} \times 26 = 3900 \text{A}$$

2）灵敏系数校验

以线路 WL1 首端最小两相短路电流校验，即

$$K_s^{I-1} = \frac{I_{k \cdot min}^{(2)}}{I_{op1}^{I-1}} = \frac{8.0 \times 10^3}{3900} = 2.05 > 2.0$$

所以，线路 WL1 瞬时电流速断保护整定满足要求。

5.3.2 带时限电流速断保护

由于瞬时电流速断保护不能切除死区内的故障，因此应增设能够保护线路全长的带时限电流速断保护（又称为Ⅱ段电流保护）用来切除本线路Ⅰ段电流保护范围以外的故障，并作为Ⅰ段电流保护的后备，如图 5-8 所示为带时限电流速断保护整定原理图。

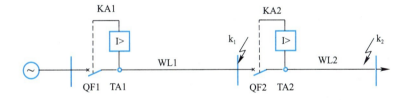

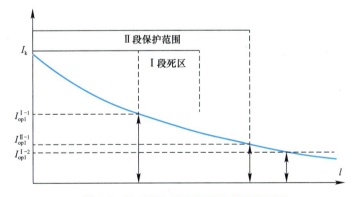

图 5-8 带时限电流速断保护整定原理图

由于 WL1 线路的Ⅱ段电流速断保护的保护范围延伸到了下一级相邻线路，与 WL2 线路的瞬时电流速断保护的保护范围有重叠。为满足保护的选择性，WL1 线路的Ⅱ段电流速断保护必须与 WL2 线路的瞬时电流速断保护（即Ⅰ段）配合。

首先从动作电流上保证，要求 WL1 线路的Ⅱ段电流速断保护的一次电流动作值 I_{op1}^{II-1}

要大于 WL2 瞬时电流速断保护（即Ⅰ段）的一次电流动作值 $I_{\text{op1}}^{\text{I}-2}$，即：

$$I_{\text{op1}}^{\text{II}-1} = K_{\text{rel}}^{\text{II}} I_{\text{op1}}^{\text{I}-2} \tag{5-6}$$

式中　$K_{\text{rel}}^{\text{II}}$——Ⅱ段可靠系数，一般取 1.1～1.2。

Ⅱ段电流速断保护二次电流整定值 $I_{\text{op2}}^{\text{II}-1}$ 为：

$$I_{\text{op2}}^{\text{II}-1} = \frac{K_{\text{rel}}^{\text{II}} K_{\text{j}}}{K_{\text{i}}} I_{\text{op1}}^{\text{I}-2} \tag{5-7}$$

其次从动作时限上保证，当 WL2 线路前端短路时，WL2 线路Ⅰ段电流速断保护要先于 WL1 线路Ⅱ段电流速断保护动作切除故障，同时为了保证速动性的要求，通常 WL1 线路Ⅱ段电流速断保护所带时限 $t^{\text{II}-1}$ 比 WL2 线路瞬时电流速断保护动作时限 $t^{\text{I}-2}$ 高一个时限级差 Δt，即：

$$t^{\text{II}-1} = t^{\text{I}-2} + \Delta t \tag{5-8}$$

式中，时限级差 Δt 原则上尽量短，一般范围为 0.3～0.7s，一般取 0.5s。

带时限电流速断保护能够保护线路全长，校验其灵敏度 K_{s}^{II} 要用本段线路末端的最小两相短路电流 $I_{\text{k}_1 \cdot \min}^{(2)}$。

$$K_{\text{s}}^{\text{II}} = \frac{I_{\text{k}_1 \cdot \min}^{(2)}}{I_{\text{op1}}^{\text{II}-1}} \geq 1.3 \sim 1.5 \tag{5-9}$$

当线路长度小于 50km 时，$K_{\text{s}}^{\text{II}} \geq 1.5$；在 50～200km 时，$K_{\text{s}}^{\text{II}} \geq 1.4$；当线路长度大于 200km 时，$K_{\text{s}}^{\text{II}} \geq 1.3$。

5.3.3　带时限过电流保护

带时限过电流保护的动作电流值按躲过线路最大负荷电流整定，为避免线路最大负荷电流通过保护装置可能引起误动作，要求其返回电流也要大于线路最大负荷电流。带时限的过电流保护包括定时限和反时限过电流保护，以时限来保证动作的选择性。因启动电流相对较小，当电网发生短路故障时，它不仅可以保护本级线路全长起到近后备保护作用，也可以保护相邻下一级线路的全部起到远后备保护作用。

1. 定时限过电流保护

定时限过电流保护也称Ⅲ段电流保护，其动作时限是不随通过电流大小变化的固定值。

如图 5-9 所示，单侧电源电网，KA1、KA2、KA3 全为过电流保护，分别装设在线路

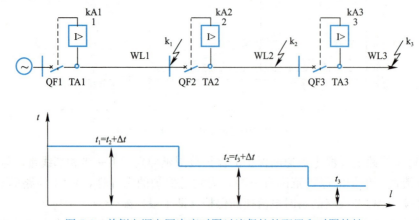

图 5-9　单侧电源电网中定时限过流保护的配置和时限特性

WL1、WL2 和 WL3 的电源侧。若在线路 WL3 上（k_3）点发生短路，短路电流将由电源经过线路 WL1、WL2、WL3 流至（k_3）点。短路电流大于各级保护装置的动作电流时，三套保护装置将同时启动。但是根据选择性要求，应该由距（k_3）故障点最近的保护装置 KA3 动作，使断路器 QF3 跳闸，切除故障。而保护装置 KA1、KA2 则应在故障切除后立即返回。所以要求各保护装置整定时限不同，越靠近电源侧时限越长，即：

$$t_1 > t_2 > t_3 \tag{5-10}$$

$$t_2 = t_3 + \Delta t \tag{5-11}$$

$$t_1 = t_2 + \Delta t = t_3 + 2\Delta t \tag{5-12}$$

如图 5-9 所示，定时限过流保护之间动作时限的配合曲线为阶梯形状。从线路末端到电源侧逐级增加，越靠近电源，过电流保护的动作时限越长。各段保护的动作时限固定，与过电流的大小无关。

定时限过流保护的动作电流值按其返回电流躲开通过最大负荷电流整定，即：

$$I_{\text{rel}}^{\text{III}} > I_{\text{L·max}} \tag{5-13}$$

$$I_{\text{rel}}^{\text{III}} = K_{\text{rel}}^{\text{III}} I_{\text{L·max}} \tag{5-14}$$

式中　$K_{\text{rel}}^{\text{III}}$——过电流保护的可靠系数，DL 型继电器取 1.2，GL 型继电器取 1.3；

　　　$I_{\text{L·max}}$——线路最大负荷电流，A。

动作电流与返回电流之间的关系是：

$$I_{\text{re}} = K_{\text{re}} I_{\text{op}} \tag{5-15}$$

式中　I_{re}——电流继电器的返回电流，A；

　　　I_{op}——电流继电器启动电流，A；

　　　K_{re}——电流继电器的返回系数，小于 1，一般取 0.85～0.95。

所以过电流保护的一次动作电流值为：

$$I_{\text{op1}}^{\text{III}} = \frac{I_{\text{rel}}^{\text{III}}}{K_{\text{re}}} = \frac{K_{\text{rel}}^{\text{III}}}{K_{\text{re}}} I_{\text{L·max}} \tag{5-16}$$

过电流保护的二次动作电流整定值为：

$$I_{\text{op2}}^{\text{III}} = \frac{K_{\text{rel}}^{\text{III}} K_{\text{j}}}{K_{\text{re}} K_{\text{i}}} I_{\text{L·max}} \tag{5-17}$$

过电流保护按其保护范围末端最小短路电流进行灵敏度校验。如图 5-9 所示，当 WL1 线路首端的过电流保护 KA1 作为近后备保护时，选择末端（k_1）点短路作为校验点，其近后备保护灵敏系数为：

$$K_{\text{s}}^{\text{III}} = \frac{I_{k_1 \cdot \min}^{(2)}}{I_{\text{op1}}^{\text{III}}} > 1.3 \sim 1.5 \tag{5-18}$$

式中　$I_{k_1 \cdot \min}^{(2)}$——本线路末端发生短路时的最小两相短路电流的稳态值，A；

　　　$K_{\text{s}}^{\text{III}}$——近后备保护灵敏系数。

当过电流保护 KA1 作为线路 WL2 的远后备保护时，选择（k_2）点短路作为校验点，其远后备保护灵敏系数为：

$$K_{\text{s}}^{\text{III}'} = \frac{I_{k_2 \cdot \min}^{(2)'}}{I_{\text{op1}}^{\text{III}}} \geqslant 1.2 \tag{5-19}$$

式中　$I_{k_2 \cdot \min}^{(2)'}$——流经保护安装处的相邻下一级线路末端短路时的最小两相短路电流

稳态值，A。

【例 5-2】 试整定图 5-9 所示线路 WL1 的定时限过电流保护。已知 TA1 的变比为 750A/5A，线路的最大负荷电流（含自启动电流）为 670A，保护采用两相两继电器接线，线路 WL2 的定时限过电流保护的动作时限为 0.7s，k_1 和 k_2 点最大三相短路电流分别为 3.2kA 和 2.2kA，k_1 点最小两相短路电流为 2.26kA。

解： 1）动作电流整定

$$I_{\text{op2}}^{\text{Ⅲ}} = \frac{K_{\text{rel}}^{\text{Ⅲ}} K_{\text{j}}}{K_{\text{re}} K_{\text{i}}} I_{\text{L·max}} = \frac{1.2 \times 1.0}{0.85 \times 150} \times 670 = 6.3\text{A}$$

选 DL-31/10 电流继电器，线圈并联，整定动作电流为 7A。

过电流保护一次侧的动作电流为：

$$I_{\text{op1}}^{\text{Ⅲ}} = \frac{K_{\text{i}}}{K_{\text{j}}} I_{\text{op2}}^{\text{Ⅲ}} = \frac{150}{1} \times 7 = 1050\text{A}$$

2）整定动作时间

线路 WL1 定时限过电流保护的动作时限应较线路 WL2 定时限过电流保护的动作时限大一个时限级差 Δt。

$$t_1 = t_2 + \Delta t = 0.7 + 0.5 = 1.2\text{s}$$

3）灵敏系数校验

线路 WL1 的灵敏系数，按线路 WL1 末端最小两相短路电流校验，即

$$K_{\text{s}}^{\text{Ⅲ}} = \frac{I_{k_1 \cdot \min}^{(2)}}{I_{\text{op1}}^{\text{Ⅲ}}} = \frac{2.26 \times 10^3}{1050} = 2.15 > 1.5$$

所以，线路 WL1 定时限过电流保护整定满足要求。

2. 反时限过电流保护

反时限过电流保护的动作时限与线路通过电流的大小成反比，当通过的故障电流越大时动作时限越小。反时限过电流保护可以由传统的 GL 系列感应型过电流继电器构成，也可以由 LL 系列半导体器件的反时限过流继电器，JGL 系列集成电路反时限过流继电器构成。交流操作的反时限过电流保护原理接线图如图 5-10 所示。

图 5-10 中 KA（KA1、KA2）为反时限过电流继电器。正常时，常闭触点闭合，常开触点打开。当一次回路相间短路时，KA 按反时限特性动作，其常开触点闭合，常闭触点打开；断路器的交流脱扣器 OR（OR1、OR2）串入电流互感器二次回路，因分流而跳闸。

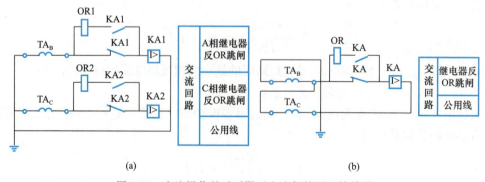

图 5-10　交流操作的反时限过电流保护原理接线图
(a) 采用两相不完全星形接法；(b) 采用两相一继电器差流式接法

反时限过电流保护的动作时限随电流大小变化的情况可用反时限动作特性曲线表达，如图 5-11 所示。

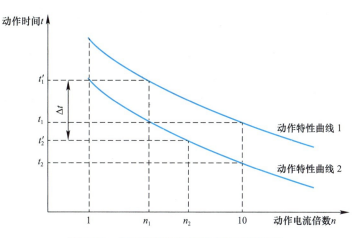

图 5-11　反时限过流保护的动作时限特性

反时限过电流保护的动作时限特性曲线实际上是许多条曲线组成的曲线束。按不同的时间档次选择 t 时，实际上是在选择曲线束中的某一条。比如，在 10 倍动作电流的条件下把保护的动作时间整定为 t_1，那么动作特性曲线 1 将被选中；动作时间调整为 t_2 时，动作特性曲线 2 被选中。

反时限过电流保护之间的时限配合，从选择性的角度仍然要满足由负载端到电源端按 Δt 逐级增大的原则。反时限过电流保护的动作时限与电流大小有关，在给定的电流范围内，上下级保护间的时限配合均要满足选择性的要求才行；所以时限配合实际上是动作曲线之间的配合。反时限过电流保护的动作曲线是按照 10 倍动作电流时间来整定的。下面举例说明上下级反时限过电流保护之间动作曲线的整定配合过程。

如图 5-11 所示的线路中，动作特性曲线 1 和动作特性曲线 2 分别装设有反时限过电流保护 KA1、KA2，最后一级线路的反时限电流保护 KA2 的 10 倍动作电流时间已经整定为 t_2。KA2 的动作时限特性因此被定为动作特性曲线 2。KA1 的动作特性曲线，需要通过整定 10 倍动作电流的动作时间 t_1 而得到。步骤如下：

(1) 设置 WL2 首端短路点 k_2，计算出 K-2 点短路的电流值 I_{k_2}。

(2) 计算出 k_2 点短路时 KA2 的动作电流倍数 $n_2 = I_{k_2}/I_{op2}$。

(3) 在图 5-11 中，KA2 的曲线上确定出 k_2 点短路时 KA2 的实际动作时间 t_2'。

(4) 计算 k_2 点短路 KA1 的实际动作时间 $t_1' = t_2' + \Delta t$，Δt 可取 0.7s。

(5) 计算 k_2 点短路时 KA1 的动作电流倍数 $n_1 = I_{k_2}/I_{op1}$。

(6) 在图 5-11 中，由 t_1' 和 n_1 的交汇点确定出 KA1 的动作曲线（即动作特性曲线 1）。

(7) 在图 5-11 中，动作特性曲线 1 上找出 KA1 的 10 倍动作电流时间 t_1。

(8) 最后把保护 KA1 反时限继电器上的 10 倍动作电流时间整定为 t_1，即可。

反时限过电流保护的动作电流仍可按定时限过电流保护的方法整定。

5.3.4　三段式电流保护

1. 三段式电流保护构成

瞬时电流速断保护、带时限电流速断保护和带时限过流保护分别是供配电线路的第 Ⅰ

段、第Ⅱ段、第Ⅲ段保护，共同构成对电力线路的三段式电流保护。

如图 5-12 所示，第Ⅰ、Ⅱ段电流保护合起来构成线路的主保护。其中第Ⅰ段电流保护的保护范围为本线路段中前端部分，动作时限为保护装置无延时的固有动作时间；第Ⅱ段电流保护的保护范围为本线路全长（包括Ⅰ段电流保护的"死区"），其动作范围一直延伸到下一级线路，动作时限为下一级线路Ⅰ段电流保护动作时限再加 Δt；Ⅲ段电流保护作为本级线路主保护的近后备保护和下一级线路的远后备保护，其保护范围为本线路全长和下一级线路的全部，其动作时限按照阶梯原则与下一级线路的Ⅲ段电流保护配合。

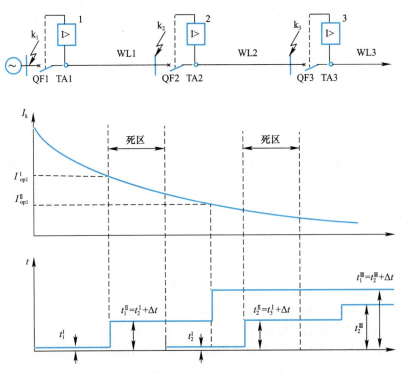

图 5-12 三段式电流保护时限特性与动作范围

实际应用中根据具体情况可只装设第Ⅰ、Ⅲ段电流保护或只需装设第Ⅱ、Ⅲ段电流保护。

【**例 5-3**】 试整定图 5-12 中线路 WL1 的瞬时电流速断保护、带时限电流速断保护和定时限过电流保护构成的三段式电流保护。已知 TA1 的变比为 400A/5A，线路的最大负荷电流（含自启动电流）350A，保护采用两相两继电器接线；线路 WL2 的定时限过电流保护的动作时限为 0.7s；k_2、k_3 点最大三相短路电流分别为 2.66kA 和 1kA，k_1、k_2 和 k_3 点最小两相短路电流分别为 6.53kA、2.04kA 和 0.75kA。

解：（1）瞬时电流速断保护

① 动作电流整定：

$$I_{op2}^{I-1} = \frac{K_{rel}^{I} K_j}{K_i} I_{k_1 \cdot max}^{(3)} = \frac{1.2 \times 1}{80} \times 2660 = 39.9 \text{A}$$

选 DL-31/50 电流继电器，线圈并联，整定动作电流为 40A。

瞬时电流速断保护一次侧的动作电流为：

$$I_{\text{op1}}^{\text{I}-1} = \frac{K_i}{K_j} I_{\text{op2}}^{\text{I}} = \frac{400/5}{1} \times 40 = 3200\text{A}$$

② 灵敏系数校验

以线路 WL1 首端最小两相短路电流校验，即：

$$K_s^{\text{I}-1} = \frac{I_{k\cdot\min}^{(2)}}{I_{\text{op1}}^{\text{I}-1}} = \frac{6.53 \times 10^3}{3200} = 2.04 > 2.0$$

瞬时电流速断保护整定满足要求。

(2) 带时限电流速断保护

① 动作电流整定

线路 WL2 瞬时电流速断保护动作电流为：

$$I_{\text{op1}}^{\text{I}-2} = K_{\text{rel}}^{\text{I}} I_{k2\cdot\max}^{(3)} = 1.2 \times 1 \times 10^3 = 1200\text{A}$$

线路 WL1 带时限电流速断保护动作电流为：

$$I_{\text{op2}}^{\text{II}-1} = \frac{K_{\text{rel}}^{\text{II}} K_j}{K_i} I_{\text{op1}}^{\text{I}-2} = \frac{1.2 \times 1.0}{400/5} \times 1200 = 18\text{A}$$

选 DL-31/50 电流继电器，线圈串联，整定动作电流为 19A。

线路 WL1 带时限电流速断保护一次侧的动作电流为：

$$I_{\text{op1}}^{\text{II}-1} = \frac{K_i}{K_j} I_{\text{op2}}^{\text{II}-1} = \frac{400/5}{1} \times 19 = 1520\text{A}$$

② 整定动作时间

线路 WL1 带时限电流速断保护的动作时限整定为 $t = 0.5\text{s}$。

③ 灵敏系数校验

线路 WL1 的灵敏系数按线路 WL1 末端最小两相短路电流校验，即：

$$K_s^{\text{II}-1} = \frac{I_{k\cdot\min}^{(2)}}{I_{\text{op1}}^{\text{II}-1}} = \frac{2.04 \times 10^3}{1520} = 1.34 > 1.3$$

线路 WL1 带时限电流速断保护整定满足要求。

(3) 定时限过电流保护

① 动作电流整定

$$I_{\text{op2}}^{\text{III}-1} = \frac{K_{\text{rel}}^{\text{III}} K_j}{K_{\text{re}} K_i} I_{\text{L}\cdot\max} = \frac{1.2 \times 1.0}{0.85 \times 400/5} \times 350 = 6.18\text{A}$$

选 DL-31/10 电流继电器，线圈并联，整定动作电流为 7A。

过电流保护一次侧的动作电流为

$$I_{\text{op1}}^{\text{III}-1} = \frac{K_i}{K_j} I_{\text{op2}}^{\text{III}-1} = \frac{400/5}{1} \times 7 = 560\text{A}$$

② 整定动作时间

$$t_1 = t_2 + \Delta t = 0.7 + 0.5 = 1.2\text{s}$$

③ 灵敏系数校验

线路 WL1 的灵敏系数为

$$K_s^{\text{III}-1} = \frac{I_{k_1\cdot\min}^{(2)}}{I_{\text{op1}}^{\text{III}}} = \frac{2.04 \times 10^3}{560} = 3.64 > 1.5$$

线路 WL2 的后备保护灵敏系数，按线路 WL2 末端最小两相短路电流校验，即

$$K_s^{\text{III-2}} = \frac{I_{k_2 \cdot \min}^{(2)}}{I_{\text{op1}}^{\text{III}}} = \frac{0.75 \times 10^3}{560} = 1.34 > 1.2$$

线路 WL1 定时限过电流保护整定满足要求。

所以，线路 WL1 三段式电流保护整定满足要求。

2. 三段式电流保护装置组成

图 5-13 为传统电磁式继电器构成的三段式电流保护原理图，包括交流电流回路、直流保护回路、信号回路三个部分。

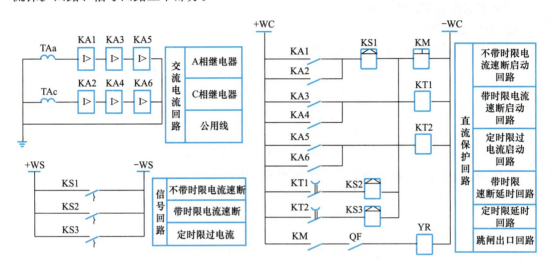

图 5-13　三段式电流保护原理图

交流电流回路是电流互感器的二次部分，A、C 相分别接有六个继电器线圈，它们构成三个保护的电流测量回路。直流保护回路中有三段式电流保护的启动回路、延时回路和 KM 中间继电器启动的跳闸出口回路。信号回路有三段式电流保护信号继电器的触点，当它们闭合后向中央信号装置发事故信号，信号继电器的触点需手动复位。

5.3.5　单相接地保护

中性点非有效接地系统发生单相接地时，接地电流很小，并且三相线电压的对称性仍然保持，可继续为三相负荷供电。但系统单相接地后，非故障相对地电压将升高 $\sqrt{3}$ 倍，为避免非故障相的绝缘受损甚至进一步造成接地短路事故，保护装置应及时发出信号，以便采取措施，及时消除故障。若对人身和设备安全造成危险，应有选择性地动作与跳闸。

1. 绝缘监视装置

根据中性点非有效接地系统发生单相接地时，系统中会出现零序电压分量的原理，可以构成无选择性的电压型接地保护，即绝缘监视装置。

绝缘监视装置可采用一只三相五柱式三绕组电压互感器或三只单相三绕组电压互感器构成，接线如图 5-6（d）所示。其中电压互感器接成开口三角形的二次绕组，构成了零序电压过滤器，开口端接有一只过电压继电器。

当系统中任一线路发生单相接地时，都将在开口三角形的开口处出现 100V 左右的零序电压，使继电器动作，发出声光报警信号。但绝缘监视装置发出信号不具有选择性，若要找出故障线路，可依次断开各条线路，当零序电压消失时，说明断开的线路就是故障线路。

2. 零序电流保护

电力线路发生单相接地时会产生零序电流分量，并且故障线路零序电流与非故障线路零序电流的大小方向各不相同，可据此区分出故障线路和非故障线路，构成有选择性的零序电流保护（或零序功率方向保护），发出信号或动作于跳闸。

电缆引出线路（包括电缆线路和电缆改架空线路）可采用零序电流互感器构成零序电流保护接线，如图 5-14（a）所示；架空线路引出可采用三只相同的电流互感器同极性并联构成，如图 5-14（b）所示。

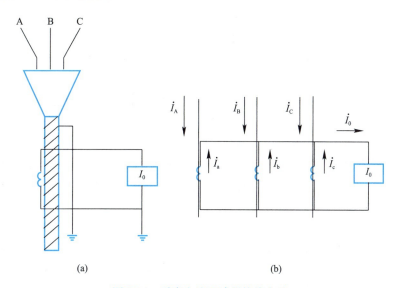

图 5-14 零序电流互感器接线方法
（a）零序电流互感器接线；（b）三只电流互感器接线

中性点不接地系统中发生单相接地时，由母线向非故障线路流过本线路的电容性零序电流，由故障线路向母线流回所有非故障线路的电容性零序电流之和，一般数值较大。因此，零序电流保护的动作电流按躲开非故障线路上的电容性零序电流进行整定。

在安装零序电流互感器的电缆引出线路上，其二次动作电流整定为：

$$I_{\text{op2}}^{(0)} = \frac{K_{\text{rel}}^{(0)}}{K_{\text{i}}} 3I_{\text{C0}} \tag{5-20}$$

式中 $K_{\text{rel}}^{(0)}$——零序电流保护的可靠系数，不带时限动作取 4～5，带时限动作取 1.5～2；

K_{i}——电流互感器变比；

$3I_{\text{C0}}$——3 倍本线路每相的正常对地电容电流（单相接地时，非故障线路的电容性零序电流为正常时本线路每相对地电容电流的三倍），A。

I_{C0}——一般无法精确计算，实际应用中使用经验公式：

$$3I_{\text{C0}} = \frac{U_{\text{N}}(L_{\text{(oh)}} + 35L_{\text{(cab)}})}{350} \tag{5-21}$$

式中 U_{N}——系统额定电压，kV；

L_{oh}——架空线路的长度，km；

L_{cab}——电缆线路的长度，km。

采用零序电流滤过器的架空线路，其零序保护的动作电流为：

$$I_{op2}^{(0)} = K_{rel}^{(0)} \left(I_{uc2} + \frac{3I_{C0}}{K_i} \right) \tag{5-22}$$

式中　I_{uc2}——滤过器二次侧正常运行时的不平衡电流，A。

零序电流保护灵敏度校验公式：

$$K_s^{(0)} = \frac{\sum 3I_{C0}/K_i}{I_{op2}^{(0)}} \geqslant \begin{cases} 1.5 & \text{架空线路} \\ 1.25 & \text{电缆线路} \end{cases} \tag{5-23}$$

式中　$\sum 3I_{C0}$——单相接地时，所有非故障线路每相正常对地电容电流的三倍之和，A。

中性点不接地系统中，如果出线回路较少，故障线路与非故障线路的零序电流差别较小，零序电流保护可能不满足灵敏性要求，可采用判断故障线路与非故障线路首端零序电流流向的零序功率方向保护。

中性点不接地系统，发生单相接地时，如果接地电流较大，会在接地点形成间歇性放电电弧，引起3~5倍于相电压的或更高的弧光过电压，使系统中的绝缘薄弱环节击穿，对整个电网系统都有很大的危害。

3~10kV铁塔或钢筋混凝土杆的架空线路以及35kV、66kV系统，当单相接地故障电容电流超过10A；3~10kV电缆线路构成的系统，单相接地故障电容电流超过30A时，其电源中性点应采取经消弧线圈接地方式。

消弧线圈相当于一个电感线圈，接在电源中性点与大地之间。系统发生单相接地故障时，消弧线圈提供感性电流，补偿接地电容电流，使接地电流减小。消弧线圈均采用过补偿方式运行，即补偿后接地点的接地电流呈感性。因此当线路单相接地时，零序功率方向保护无法选择故障线路；并且补偿后的残余接地电流不大，采用零序电流保护很难满足灵敏性要求，需要采用其他方式构成接地保护。

5.3.6　过负荷保护

在经常过负荷的电缆或电缆与架空线混合的3~66kV线路上，可以装设过负荷保护。线路过负荷是三相对称的，因此只需在某一相设置线路过负荷保护。过负荷保护一般延时动作于信号，必要时也可动作于跳闸，动作时间取10~15s。

过负荷保护的动作电流值应按躲过线路的最大负荷电流整定，其二次动作电流 $I_{op2}^{(oL)}$ 的整定值为：

$$I_{op2}^{(oL)} = \frac{1.2 \sim 1.3}{K_i} I_{L \cdot max} \tag{5-24}$$

式中　K_i——为电流互感器变比；

　　　$I_{L \cdot max}$——为最大负荷电流，A。

5.4　电力变压器保护

电力变压器在实际运行中可能会发生各种故障和异常运行状态。

（1）主要故障状态有：绕组及其引出线的相间短路、绕组的匝间短路、中性点直接接地或经小电阻接地侧的接地短路。

（2）主要异常运行状态有：保护范围外相间短路引起的过电流、中性点直接接地或经小电阻接地电力网保护范围外接地短路引起的过电流及中性点过电压、过负荷、过励磁、中性点非有效接地侧单相接地、油箱油面降低、变压器油温过高、绕组温度过高及油箱压力过高和冷却系统故障。

《继电保护和安全自动装置技术规程》GB/T 14285—2023 规定：对升压、降压、联络变压器的故障和异常运行状态应装设相应的保护装置。具体的保护配置如下：

（1）容量为 0.4MVA 及以上的车间内油浸式变压器和 0.8MVA 及以上的油浸式变压器应装设瓦斯保护。其中轻瓦斯或油面下降时瞬时动作于信号，重瓦斯时瞬时动作于断开变压器各侧断路器。

（2）对变压器引出线、套管及内部的短路故障，其主保护应瞬时动作于断开变压器的各侧断路器。其中：10kV 以上，容量为 10MVA 及以上单独运行变压器或 6.3MVA 及以上并列运行变压器应装设纵联差动保护；10kV 以下，容量为 10MVA 以下单独运行变压器应采用电流速断保护；10MVA 及以下单独运行重要变压器应装设纵联差动保护；10kV 重要变压器和 2MVA 及以上变压器，当电流速断保护灵敏度不满足要求时宜装设纵联差动保护。

（3）对外部相间短路引起的变压器过电流，应装设过电流保护、复合电压启动的过电流保护或低电压闭锁的过电流保护，作为变压器外部相间短路的后备保护，带时限动作于断开相应断路器。

（4）一次侧接入 10kV 及以下非有效接地系统，绕组为星形-星形接线，低压侧中性点直接接地的变压器，对低压侧单相接地短路应装设零序过电流保护或利用高压侧相间过电流保护。

（5）0.4MVA 及以上多台并列运行的变压器和作为备用电源的单台运行变压器，可能会出现过负荷的，应装设过负荷保护。

（6）对变压器油温、绕组温度及油箱内压力过高和冷却系统故障，应装设动作于信号或跳闸的装置。

5.4.1 纵联差动保护

变压器纵联差动保护基于基尔霍夫电流定律，比较变压器的流入电流和流出电流的幅值与相位，能够正确区分变压器内部、外部故障，可以无延时地切除变压器的内部、套管及引出线的各种短路故障，是大容量或重要变压器的主保护，双绕组变压器差动保护原理接线图如图 5-15 所示。

1. 变压器纵联差动保护原理

在变压器正常工作和保护范围外（k_1）点短路时，流入差动继电器 KD 的是变压器一、二次侧电流互感器二次电流的差值 $I_{KD}=I'_1-I'_2$。因 I'_1 与 I'_2 差别很小，所以差动继电器 KD 不动作。当保护范围内部 k_2 点短路时，进入差动继电器 KD 的电流 $I_{KD}=I'_1$，超过保护的动作电流值 $I^{(d)}_{op}$，KD 瞬时动作于断路器跳闸。

2. 变压器差动保护不平衡电流

由于变压器各侧电流互感器特性不一致、计算变比与实际变比不同和励磁涌流等原因，在变压器正常运行或保护范围外故障

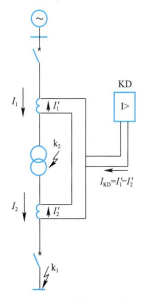

图 5-15 双绕组变压器差动保护原理接线图

时，流入差动继电器的电流 I_{KD} 并不为零，此电流称为不平衡电流。

（1）建筑物内部变电所常采用 Yd11 型连接组别的三相变压器，正常运行时两侧绕组电流有 30°的相位差。即使两侧电流互感器采用相同接线并调整变比让互感器二次电流相等，进入差动继电器 KD 的电流 I_{KD} 仍不为零（即存在不平衡电流）。为了减小不平衡电流，将星形侧的电流互感器接成三角形，三角形侧的电流互感器接成星形，可以使变压器两侧电流互感器二次电流相位一致。

（2）电流互感器计算变比与实际变比不一致，两侧电流互感器采用的型号不同，引起差动回路的不平衡电流。可在保护回路中接入自耦变流器来变换某一个电流互感器的二次电流，以使两电流互感器二次电流达到一致；或者采用带速饱和变流器的差动继电器的平衡线圈来实现平衡等。

（3）变压器在空载投入运行，以及外部故障切除恢复电压时，短时将产生相当大的励磁电流，称为励磁涌流。励磁涌流只通过变压器一次绕组，会在差动回路中产生很大的不平衡电流。可采用具有速饱和铁芯的差继电器等减小励磁涌流的影响。

此外，带负荷分接头的变压器调压时，变压器变压比改变而电流互感器变比没变，会造成不平衡电流；保护范围外短路，暂态过程中会产生不平衡电流；正常情况下变压器的励磁电流也会产生不平衡电流等。不平衡电流产生的因素很多，完全消除很难，现实中应尽量将其限制在最低水平。

3. 变压器差动保护动作电流整定

变压器差动保护一次动作电流 $I_{op1}^{(d)}$ 值的整定应满足以下几个条件：

（1）躲开保护范围外部短路引起的最大不平衡电流：

$$I_{op1}^{(d)} = K_{rel} I_{k \cdot b \cdot max} \tag{5-25}$$

式中　$I_{op1}^{(d)}$——变压器差动保护一次动作电流，A；

　　　K_{rel}——可靠系数，可取 1.3；

　　　$I_{k \cdot b \cdot max}$——外部短路引起的最大不平衡电流，A。

（2）躲开变压器的最大励磁涌流：

$$I_{op1}^{(d)} = K_{rel} K_{\mu} I_{1N \cdot T} \tag{5-26}$$

式中　K_{rel}——可靠系数，可取 1.3～1.5；

　　　K_{μ}——励磁涌流的最大倍数，可取 4～8；

　　　$I_{1N \cdot T}$——变压器一次侧额定电流，A。

（3）应躲开电流互感器二次回路断线引起的不平衡电流：

$$I_{op1}^{(d)} = K_{rel} I_{L \cdot max} \tag{5-27}$$

式中　K_{rel}——可靠系数，可取 1.3；

　　　$I_{L \cdot max}$——变压器最大负荷电流，A。$I_{L \cdot max}$ 不能确定时，可取变压器的额定电流，A。

选取上述条件中最大值作为变压器差动保护一次动作电流整定值。

差动保护的灵敏度 $K_s^{(d)}$ 按变压器二次绕组出线侧最小两相短路电流 $I_{k_2 \cdot min}^{(2)}$ 校验，即：

$$K_s^{(d)} = \frac{I_{k_2 \cdot min}^{(2)}}{I_{op1}^{(d)}} > 2 \tag{5-28}$$

5.4.2 瓦斯保护

电力变压器的瓦斯保护属于非电参数保护，其主要元件是安装在油箱与油枕之间联通管道上的瓦斯继电器（气体继电器），如图 5-16 所示。

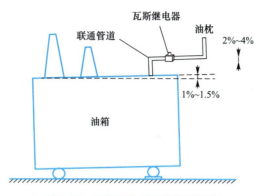

图 5-16　瓦斯继电器安装位置示意

瓦斯保护可以对油浸式变压器油箱内部的绕组匝间、相间短路，铁芯故障，油面下降等故障提供保护。当油浸式变压器的油箱内部发生故障时，故障电流和故障点电弧的作用下变压器油和绝缘材料受热分解并产生气体，气体经过联通管道由油箱流向油枕。故障越严重，产生的气体越多。

瓦斯保护分为轻瓦斯和重瓦斯两种。当变压器油箱内部发生轻微故障时，少量气体慢慢上升，进入瓦斯继电器内部，汇集于顶部。气体慢慢增多，不断降低继电器内部的油面，使轻瓦斯动作，发出灯光和音响的预告信号。

当变压器油箱内部发生严重故障时，产生大量气体，带动油流迅猛地通过联通管道，使重瓦斯动作，动作于变压器各侧断路器跳闸，同时发出灯光和音响的事故信号。

瓦斯保护动作迅速、灵敏可靠而且结构简单，但它只能反映油箱内部故障，不能保护油箱以外的套管及引出线等部位发生的故障，因此，不能单独作为变压器的主保护使用。

5.4.3　电流保护

1. 过电流保护

变压器过电流保护可以作为变压器相间短路的后备保护，也可以作为相邻母线或线路相间短路的后备保护，其构成原理与线路过电流保护相同，动作电流按躲开变压器最大负荷电流整定，即：

$$I_{\text{op1}} = \frac{K_{\text{rel}}}{K_{\text{re}}} I_{\text{L·max}} \tag{5-29}$$

式中　I_{op1}——过电流保护的一次动作电流值，A；

　　　K_{rel}——过电流保护的可靠系数，一般取 1.2～1.3；

　　　K_{re}——电流继电器的返回系数，一般取 0.85～0.95；

　　　$I_{\text{L·max}}$——变压器的最大负荷电流，A。

变压器过电流保护的二次动作电流整定值为：

$$I_{\text{op2}} = \frac{K_{\text{rel}} K_{\text{j}}}{K_{\text{re}} K_{\text{i}}} I_{\text{L·max}} \tag{5-30}$$

确定变压器的最大负荷电流 $I_{L \cdot max}$ 时要考虑：

(1) 对并列运行的变压器，切除一台变压器后由于负荷转移会引起过负荷，各台变压器容量相同时：

$$I_{L \cdot max} = \frac{n}{n-1} I_{1N \cdot T} \tag{5-31}$$

式中　n——并列运行变压器的最少台数；

　　　$I_{1N \cdot T}$——变压器的一次侧额定电流，A。

(2) 对降压变压器应考虑负荷中电动机自启动时的最大电流。$I_{L \cdot max}$ 可取 1.5～3 倍的变压器一次额定电流。

变压器过电流保护的动作时限和线路过电流保护相同，仍然按阶梯原则整定。

变压器过电流保护的灵敏系数校验公式为：

$$K_s = \frac{I_{k \cdot min}^{(2)}}{I_{op1}} \tag{5-32}$$

式中　$I_{k \cdot min}^{(2)}$——保护范围末端发生短路时，流过保护安装处的最小两相短路电流的稳态值，A；

　　　K_s——变压器过电流保护灵敏系数，近后备保护取 1.3，远后备保护取 1.2。

如变压器过电流保护的灵敏度不满足要求，可采用低电压启动的过电流保护或复合电压启动的过电流保护等。

2. 电流速断保护

变压器电流速断保护的构成原理与线路的电流速断保护大同小异，变压器电流速断保护整定原理如图 5-17 所示。

动作电流按躲过变压器负荷侧母线 k_2 点短路时，流过电源侧的最大短路电流计算，即：

$$I_{op1} = K_{rel} I_{k_2 \cdot max}^{(3)} \tag{5-33}$$

$$I_{op2} = \frac{K_{rel} K_j}{K_i} I_{k_2 \cdot max}^{(3)} \tag{5-34}$$

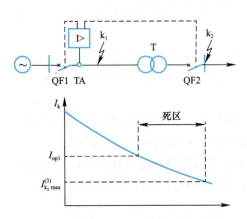

图 5-17　变压器电流速断保护整定原理

式中　I_{op1}——变压器电流速断保护一次整定电流，A；

　　　K_{rel}——变压器电流速断保护可靠系数，采用 DL 型电磁电流继电器时，取 1.3～1.4；

　　　$I_{k_2 \cdot max}^{(3)}$——变压器负荷侧 k_2 点短路时，流过电源侧的最大三相短路电流，A；

　　　I_{op2}——变压器电流速断保护的二次整定电流，A；

　　　K_j——接线系数；

　　　K_i——电流互感器变比。

动作电流的整定，还要躲过变压器空载投入或突然恢复电压时出现的励磁涌流。

灵敏系数按保护安装处（k_1 点）最小两相短路电流 $I_{k_1 \cdot min}^{(2)}$ 校验，即：

$$K_s = \frac{I_{k_1 \cdot min}^{(2)}}{I_{op1}} \geqslant 1.5 \tag{5-35}$$

变压器电流速断保护也有"死区",不能单独作为主保护使用,还需与别的保护相配合;若电流速断保护灵敏度不满足要求时,应装设差动保护。

3. 过负荷保护

并联运行中的变压器和运行中可能出现过负荷的变压器应装设过负荷保护。过负荷保护的接线、工作原理、整定原则等与线路的相同。只要把式(5-24)中线路最大负荷电流 $I_{L \cdot max}$ 改为变压器的一次测额定电流 $I_{1N \cdot T}$ 即可,保护延时 10~15s 动作于信号。

【例 5-4】 某总降压变电所的 35kV/10.5kV,2500kVA,YD11 变压器连接电路图如图 5-18 所示。已知 10kV 母线的最大三相短路电流为 1.4kA,最小两相短路电流为 1.13kA,35kV 母线的最小两相短路电流为 1.09kA,保护采用两相两继电器接线,TA 的变比为 100A/5A,变电所 10kV 出线的过电流保护动作时间为 1s,试整定变压器的电流保护。

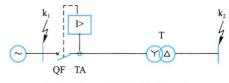

图 5-18 变压器连接电路图

解: 因无过负荷可能,变压器装设定时限过电流保护和电流速断保护。

(1) 定时限过电流保护

① 动作电流整定:

$$I_{op2}^{(d)} = \frac{K_{rel}K_j}{K_{re}K_i}I_{L \cdot max} = \frac{1.2 \times 1.0}{0.85 \times 100/5} \times 2 \times \frac{2500}{\sqrt{3} \times 35} = 5.8 \text{A}$$

选 DL-31/10 电流继电器,线圈并联,整定动作电流为 6A。
过电流保护一次侧的动作电流为:

$$I_{op1}^{(d)} = \frac{K_i}{K_j}I_{op2}^{(d)} = \frac{100/5}{1} \times 6 = 120 \text{A}$$

② 整定动作时限:

$$t_1 = t_2 + \Delta t = 1.0 + 0.5 = 1.5 \text{s}$$

③ 灵敏系数校验:

$$K_s = \frac{I_{k2 \cdot min}^{(2)}}{I_{op1}^{(d)}} = \frac{\frac{1}{\sqrt{3}} \times 1130 \times \frac{10.5}{35}}{120} = 1.03 > 1.5$$

变压器定时限过电流保护整定满足要求。

(2) 电流速断保护

① 动作电流整定:

$$I_{op2}^{(d)} = \frac{K_{rel}^I K_j}{K_i}I_{k2 \cdot max}^{(3)'} = \frac{1.2 \times 1}{20} \times 1400 \times \frac{10.5}{35} = 25.2 \text{A}$$

选 DL-31/50 电流继电器,线圈并联,整定动作电流为 26A。
瞬时电流速断保护一次侧的动作电流为:

$$I_{op1}^{(d)} = \frac{K_i}{K_j}I_{op2}^{(d)} = \frac{20}{1} \times 26 = 520 \text{A}$$

② 灵敏系数校验

以线路 WL1 首端最小两相短路电流校验,即:

$$K_s^{(d)} = \frac{I_{k_1 \cdot \min}^{(2)}}{I_{op1}^{(d)}} = \frac{1090}{520} = 2.09 > 2.0$$

变压器电流保护整定满足要求。

5.4.4 单相短路保护

建筑供配电系统中的降压变压器，一次侧接在 10kV 及以下非有效接地系统中，绕组为 Yyn0 接线，低压侧单相短路保护可以采取以下两种措施：

（1）变压器低压中性点装设零序电流保护，如图 5-19 所示。

变压器的零序电流保护按躲开变压器低压侧最大不平衡电流来整定，即：

$$I_{op1}^{(0)} = K_{rel}^{(0)} K_b I_{2N \cdot T} \tag{5-36}$$

式中　$I_{op1}^{(0)}$——变压器零序电流保护一次动作电流，A；

　　　$K_{rel}^{(0)}$——变压器零序电流保护可靠系数，可取 1.2；

　　　K_b——不平衡系数，可取 0.25；

　　　$I_{2N \cdot T}$——变压器二次侧额定电流，A。

变压器零序电流保护的动作时限可取 0.5～0.7s。

变压器零序电流保护的灵敏度 $K_s^{(0)}$ 按低压主干线末端单相短路 $I_{k_2 \cdot \min}^{(1)}$ 条件进行校验。

$$K_s^{(0)} = \frac{I_{k_2 \cdot \min}^{(1)}}{I_{op1}^{(0)}} > 1.25 \sim 1.5 \tag{5-37}$$

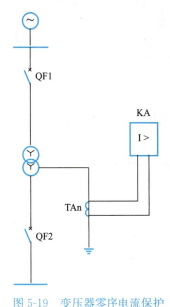

图 5-19　变压器零序电流保护

（2）灵敏度满足要求时，变压器高压侧可采用三相三继电器式相间过电流保护，在变压器低压侧单相短路时，带时限断开变压器各侧断路器。

思考题与习题

1. 继电保护基本任务是什么？
2. 继电保护装置应满足哪四个基本要求？如何理解这四个基本要求。
3. 如图 5-20 所示各断路器处均装有继电保护装置。

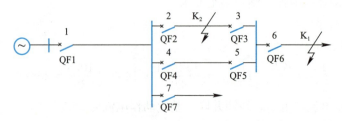

图 5-20　思考题与习题 3

（1）K_1 点短路故障时，根据选择性，应由哪个保护动作并跳开哪台断路器？如果 QF6 失灵时，保护又应该如何动作？

（2）当 K_2 点发生短路故障时，根据选择性的要求应由哪个保护动作并跳开哪台断路器？

4. 简述继电保护工作原理。

5. 依据电气设备两端电参数在正常工作和短路状态下的差异，可以构成哪些原理的保护？

6. 什么是主保护、辅助保护和异常运行保护？

7. 什么是后备保护？什么是近后备，什么是远后备？阐述近后备和远后备的优缺点。

8. 电流互感器有哪几种常见的接线方式？

9. 什么叫接线系数？电流互感器各种接法的接线系数是多少？

10. 三相星形接线和两相星形接线各有哪些优缺点？

11. 电压互感器常用接线方案有哪几种？

12. 在电流保护整定计算中，为什么要引入可靠系数，其值考虑哪些因素后确定？

13. 瞬时电流速断动作电流如何整定？什么叫"死区"？

14. 有一 10kV 线路 WL1，在首端装有瞬时电流速断保护，电流互感器变比为 300/5，线路首端短路的最小两相短路电流 $I_{k.min}^{(2)}$ 为 3.5kA，线路末端短路的最大三相短路电流 $I_{k.max}^{(3)}$ 为 1400A。当采用 DL 系列继电器，两相两继电器不完全星形接法时，试计算出瞬时电流速断的动作电流值并进行灵敏度校验。

15. 带时限电流速断保护如何进行整定？

16. 说明电流速断、带时限电流速断保护联合工作时，依靠什么环节保证保护动作的选择性？依靠什么环节保证保护动作的灵敏性和速动性？

17. 什么叫定时限、反时限？

18. 如何进行定时限与反时限过电流保护的动作电流、动作时限的整定？

19. 如题 14 所示，在 10kV 线路 WL1 上，首端假定装有定时限过电流保护，线路 WL1 上的最大负荷电流 $I_{L.max}$ 为 230A，线路末端短路的最小两相短路电流 $I_{k.min}^{(2)}$ 为 1200A，下一段线路定时限过电流保护的动作时限为 0.5s。仍然采用 DL 系列继电器，两相两继电器不完全星形接法时，试计算出定时限过电流保护的动作电流值、动作时限并进行近后备的灵敏度校验。

20. 什么叫三段式电流保护？如何进行保护范围和时限配合？

21. 什么情况下设置线路的过负荷保护？如何进行动作电流与时限的整定？

22. 简述线路的绝缘监视装置与零序电流保护的工作原理。

23. 为了抵消接地电容电流，常采用中性点经消弧线圈接地方式，请解释为什么要采用过补偿方式？

24. 变压器可能发生哪些故障和不正常运行状态？它们与线路相比有什么异同？

25. 变压器的电流速断保护和过电流保护的动作电流各自如何整定？

26. 简述变压器纵联差动保护工作原理及动作电流整定原则。

27. 电力变压器差动保护不平衡电流产生的原因是什么？如何减小不平衡电流？

28. 变压器瓦斯保护能保护变压器的哪些故障？什么情况下"轻瓦斯"动作，什么情况下"重瓦斯"动作？

29. 对比变压器过电流保护和线路过电流保护的整定原则区别在哪里？

第 6 章　供配电系统综合监控及自动化

6.1　供配电系统综合监控

供配电监控系统是针对供配电系统中的变配电环节，利用现代计算机控制技术、通信技术和网络技术等，采用抗干扰能力强的通信设备及智能电力仪表，经电力监控管理软件组态，实现的监控和管理系统。

传统变电站自动化设备安全性、稳定性、维护性、扩展性等方面都有很多的缺陷。供配电综合监控系统方案与传统方案比较如表 6-1 所示。

供配电综合监控系统方案与传统方案比较　　　　　　　　　　　　　表 6-1

比较内容	供配电综合监控系统方案	传统方案
布置模式	分层，分布式	集中主屏
信息传输方式	网络传输	接点量，电缆方式
功能	完成"4 遥"功能，所内设备的联锁、调试、所内网络监视、信息的管理和统计等	完成"4 遥"功能
设备配置	综合自动化屏（包括主控单元、液晶显示器），所内通信电缆	RTU 屏（包括 RTU、当地/远方转换开关和控制按钮等）、变送器、所内控制电缆和屏蔽绞线
接口	接口简单，只存在综合保护侧设备与主控单元的通信电缆	接口相对复杂，既有测量设备与保护设备的接口，又存在保护设备、检测设备和 RTU 接口
系统灵活性和可扩展性	系统灵活性好，可扩展性强，网络扩展灵活	系统灵活性和可拓展性差，接口多，校核工作量大
施工	设备安装工程量小，使用的控制保护电缆少，施工方便，工作量小，劳动强度小，工期短，施工管理费低	必须使用大量的控制电缆和屏蔽双绞线电缆，完成设备安装，调试工作量大，所需施工的工作量大，劳动强度大，工期相对较长
运行维护	通过网络技术，比较容易得到系统各设备的正常信息、故障信息，查线工作量少，运营维护方便	由于设备连接大部分采用各种电缆，日常监测和维护工作量大，需要增大检修车间的检修设备和人员
设备及其备用品供货情况和后续服务	供货厂家多，容易采购，售后服务和技术支持能力强	供货厂家少，因为产品逐渐被淘汰而影响到设备备件的采购，售后服务和技术支持
投资	系统硬件设备减少，盘面少，占地面积小，日常设备的维护工作量少，系统间接投资小，土建投资小	系统硬件设备多，盘面多，占地面积大。投入运行后，设备维护工作量大，系统间接投资大，土建投资大
适用范围	采用柜式开关的室内变电站	一次设备室外布置方式或改造工程中的变电站

供配电系统综合监控是针对供配电系统中的变配电环节，将变电站的二次设备（包括测量仪表、信号系统、继电保护、自动装置和远动装置）经过功能的组合和优化设计，利用现代计算机控制技术、通信技术和网络技术等，对全变电站的主要设备和输、配电线路

自动监视、测量、控制、保护，实现与上级调度通信的综合性自动化功能。

供配电综合监控系统软/硬件均采用模块化结构设计，其监控系统架构如图 6-1 所示。以网络通信为核心，完成站端视频、环境数据以及安全防范等数据的采集和监控，可适应发展需要，做到具有可扩展性、可变性，适应环境的变化和工作性质的多样化。

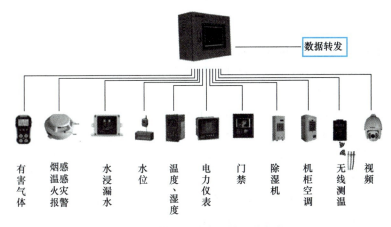

图 6-1　供配电综合监控系统架构

供配电综合监控系统把环境、视频、通风、照明、安全防范、消防、一次设备辅助监控等所有监控量在系统主界面上进行一体化显示和控制，避免各系统孤立显示和控制。建筑供配电系统综合监控设备安装在配电室、配电房、变电所内，站端设备包含各种传感器（温度、湿度、漏水、水位、有害气体等），可以实时监控配电室内各监测设备（传感器）以及通信线路，自动诊断设备及链路故障，并实时显示在界面上，同时提供环境监测数据、状态监测数据及远程控制数据的历史数据查询。

供配电综合监控系统监测的供配电系统运行参数主要包括：

（1）温度监测：在高低压开关柜内母排搭接点处，检测断路器触头、电缆接头、大电流设备等电气连接点和其他易过热点等位置的温度，并把测量结果通过网络上传到监控中心数据库服务器，通过软件分析能够对温度超标发出告警信息，实现温度故障的早期预测，防患于未然；

（2）馈线监测：监测开关柜局部放电和馈线回路的开关状态、温度、电压、电流、功率、功率因数、有功、无功、谐波、电能量采集等；

（3）变压器监测：变压器三相绕组温度检测、风机运行状态、振动检测。

系统平台可以直观地显示出被监测量的大小或状态，以及被监测量的实时值或各种故障发生的情况。通过采集和传输技术，可以实时监测配电室内的重要场所和设备的工作环境，如温度、湿度、电缆沟水位、水浸、漏水、有害气体（SF_6，H_2S，NO，CO，SO_2，O_3，TVOC)、烟雾、明火、人体感应、噪声、电子围栏等。当检测到环境量出现异常时，可及时显示、报警，并可通过通信网络将数据上传至系统平台，在监控系统的人机界面上显示报警信息，同时可以提供警示灯、报警音响、语音、短信通知等多种告警方式。根据预先设置的上下限值，联动控制空调、视频、灯光、加热装置、除湿器、通风机、声光报警等设备。

供配电室的环境稳定可靠对变压器等设备的正常运行至关重要。供配电综合监控系统可实现配电系统与环境各数据的检测与设备控制，提供高度稳定可靠的监控信息资源，提高监测环境管理工作效率，避免运行环境的失控导致配电设备运行故障，保证维护人员安全，延长设备使用寿命，同时实现供配电系统的远程管理。

6.2 供配电系统自动化

供配电系统自动化是利用现代电子、计算机、通信及网络技术，将配电网运行状态在线数据和离线数据、配电网故障及设备数据和用户数据、电网结构和地域图形进行信息集成，构成完整的自动化系统，实现供配电系统设备在正常运行及事故下的监测、保护、控制，实现用电和配电管理的现代化。

供配电系统自动化是现代信息技术在配电网控制和管理中的应用，包括配电网的数据采集、故障管理（故障定位、隔离及自动恢复供电功能）、电压及无功管理，负荷管理，图形资料系统管理（AM/FM/GIS）、自动抄表及用电管理，各子系统的数据互通，信息共享，各项功能之间互相配合等。

国际大电网会议 WG34.03 工作组分析了变电站自动化的功能，共 63 种，分 7 个大类：监视和控制、自动控制、测量、继电保护、与继电保护有关的功能、接口功能和系统功能。在建筑供配电系统中，主要集中在监视和控制、测量等功能上。

1. 监视和控制

（1）数据采集：模拟量、数字量、电能量。

模拟量：各段母线电压、频率，线路电压、电流、有功功率、无功功率、主变电压、电流、有功、无功、油温、分接头位置的电容器电流，馈线电压、电流、有功功率、无功功率，直流电源电压站用变电压。

数字量：断路器状态，隔离刀闸状态，同期检测状态，继电保护动作信号，自动装置动作信号。

电能量：关口的电能计量。一般采用累计电度脉冲的方法来测量。

（2）故障记录与事件顺序记录：根据要求记录发生故障前数个周波和故障后数个周波的各主要模拟量的变化过程，如母线电压、线路电流等。SOE（Sequence of Event，事件顺序记录）断路器跳合闸记录，保护动作记录。

（3）控制与操作：利用鼠标、键盘、显示屏对断路器、隔离开关等进行操作，对变压器分接头位置进行调节，对补偿电容进行投切操作，还可根据上级调度命令执行远程控制和调节命令。防误操作，断路器操作自动闭锁重合闸，当地/远方操作互相闭锁断路器和隔离开关的操作闭锁操作序列必须得到上一步的返校之后才能进行。

（4）安全监视：电压、电流、功率、频率等越限报警，分闸、保护动作报警，设备正常工作监视、设备电源监视。

（5）人机界面：主接线图显示、运行数据显示、报警显示、运行报表显示，历史数据曲线保护显示和自动装置整定值显示、设备工作状态显示等，报表打印、事故打印、图形打印等。

（6）数据处理与统计：记录运行报表，运行数据统计，故障统计与分析。

2. 微机保护

变电站微机保护的种类：高压输电线的主保护和后备保护，馈线的保护，主变的主保护和后备保护补偿电容的保护，母线保护，不完全接地系统的单相接地选线保护，故障录波保护。

微机保护需满足选择性、速动性、可靠性、灵敏性 4 个要求，同时具有故障记录功能。被保护对象发生故障时，能记录故障前后有关模拟量值和保护动作出口信息，能存储多种保护定值；当地或远程修改保护定值；设置保护管理机或通信控制机。采用专用的通信控制机实现与监控系统的联系；故障自诊断、自闭锁、自恢复功能。

3. 电压和无功自动控制

维持供电电压在规定范围内。各级供电母线电压的运行波动范围（以额定电压为基准），如配电网 10kV 母线电压的运行波动范围为 10.0～10.7kV。

保持电力系统稳定和合适的无功平衡。主输电网络实现无功分层平衡，地区供电网络实现无功分区就地平衡。

在电压合格的条件下实现电能损耗最小，充分利用现有的补偿设备和调压设备进行合理优化调度。

4. 备用电源自动投入

正常由主供电源供电，主供电源故障断开后，备用电源投入装置（Reserve Souse Auto-Put-In Device，APD）自动投入，由备用电源供电。同时装置可以自诊断，并具有通信功能，可以与其他自动化系统相互联系。

6.3　供配电系统二次回路

二次回路是由二次设备所组成的回路。供配电系统中用来控制、监视、测量和保护一次回路运行以及相关的操作电源、自动装置构成的回路称为供配电系统二次回路。按功能二次回路可分为断路器控制回路、信号回路、保护回路等，如图 6-2 所示。按电源性质供配电系统二次回路可分为直流回路和交流回路。

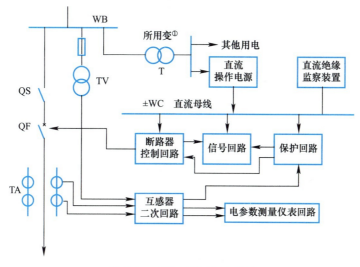

图 6-2　典型二次回路示意图

---

① 变电所的用电一般应设置专门的变压器供电称为所用变。

供配电系统二次回路对一次回路安全、可靠、优质、经济地运行起着十分重要的作用。

供配电系统二次回路的操作电源提供断路器控制回路、保护回路、信号回路等二次回路所需的电源。主要有直流操作电源和交流操作电源两类，直流操作电源有蓄电池组供电和硅整流直流电源供电两种；交流操作电源有电压互感器、电流互感器供电和所用变压器供电等方式。

6.3.1 二次回路图

二次回路图可分为原理图和安装图。原理图是体现二次回路工作原理的图纸，按其表现的形式又可分为归总式原理图及展开式原理图。安装图按其作用又分为平面布置图及安装接线图。二次原理图主要用来表示测量和监视、继电保护、断路器控制、信号和自动装置等二次回路的工作原理。二次回路安装接线图画出了二次回路中各设备的安装位置以及控制电缆和二次回路的连接方式，是现场安装施工、维护必不可少的图纸，也是试验、验收的主要参考图纸。二次回路安装接线图主要包括平面布置图、端子排图和屏后接线图。

二次回路图的逻辑性很强，在绘制时遵循一定的规律。看图时，若能掌握这些规律，就很容易看懂。

1. 归总式原理图

归总式原理图的特点是将二次回路的工作原理以整体的形式在图纸中表示出来，例如相互连接的电流回路、电压回路、直流回路等，都综合在一起，如图 6-3（a）所示。因此，这种接线图的特点是能够使读图者对整个二次回路的构成以及动作过程，都有一个明确的整体概念。其缺点是对二次回路的细节表示不够，不能表示各元件之间接线的实际位置，未反映各元件的内部接线及端子编号、回路编号等，不便于现场的维护与调试，对于较复杂的二次回路读图比较困难。因此在实际使用中，广泛采用展开式原理图。

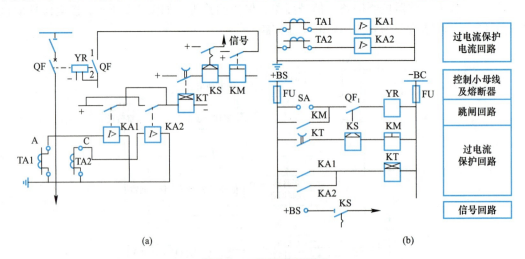

图 6-3 二次回路原理图
(a) 归总式；(b) 展开式

TA1，TA2—电流互感器；KA1，KA2—过电流继电器；KT—时间继电器；KS—信号继电器；YR—分闸线圈

2. 展开式原理图

展开式原理图的特点是以二次回路的每个独立电源来划分单元而进行编制的。如交流

电流回路、交流电压回路、直流控制回路、继电保护回路及信号回路等。根据这个原则,必须将同属于一个元件的电流线圈、电压线圈以及接点分别画在不同的回路中,为了避免混淆,属于同一元件的线圈、节点等,采用相同的文字符号表示。展开式原理图的接线清晰,易于阅读,便于掌握整套继电保护及二次回路的动作过程、工作原理,特别是在复杂的继电保护装置的二次回路中,用展开式原理图表示其优点更为突出,如图 6-3(b)所示。图 6-3(a)与图 6-3(b)表示的是相同的控制内容,用了不同的形式展示出来。

3. 安装接线图

安装接线图是以平面布置图为基础,如图 6-4 所示,以原理图为依据而绘制成的接线图,它标明了屏柜上各个元件的代表符号、顺序号以及每个元件引出端子之间的连接情况,如图 6-4(a)是一种指导屏柜正面设备布置的图纸。为了配线方便,在安装接线图中对各元件和端子排都采用相对编号法进行编号,用以说明这些元件间的相互连接关系,如图 6-4(b)所示。

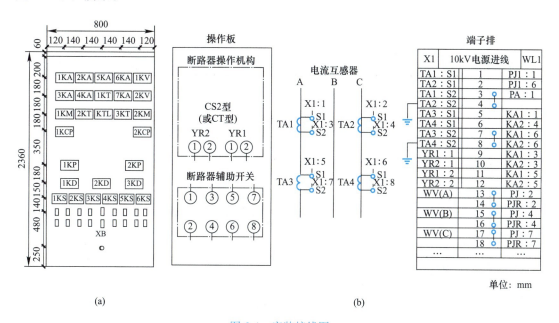

图 6-4 安装接线图
(a)屏柜正面设备布置;(b)屏后接线

6.3.2 高压断路器控制回路

高压断路器控制回路的主要功能是控制断路器的合、分闸。断路器的控制方式可分为远程控制和就地控制。远程控制是操作人员在变电所主控制室或单元控制室内对断路器进行合闸和分闸。就地控制是在断路器附近对断路器进行合闸和分闸。

为了实现对断路器的控制,断路器控制回路必须包括控制机构、中间传送机构、操作机构等部分。控制机构发出合闸、分闸命令,如控制开关或控制按钮等;中间传送机构传送命令到执行机构,如继电器、接触器;操作机构使断路器执行操作命令。操作机构一般有电磁操动机构(CD)、弹簧操动机构(CT)、液压操动机构(CY)和手动操动机构(CS)等。电磁操动机构只能采用直流操作电源,弹簧、液压和手动操动机构可交直流两用,但一般采用交流操作电源居多。

高压断路器控制回路的直接控制对象为断路器的操作机构，控制回路基本要求如下：

(1) 能手动和自动合闸与分闸；

(2) 应能监视控制回路操作电源及分、合闸回路的完好性；

(3) 在合闸或分闸完成后，应能自动解除命令脉冲，切断合闸或分闸电源；

(4) 应有反映断路器手动和自动分、合闸的位置信号；

(5) 应具有防止断路器多次合、分闸的"防跳"措施；

(6) 断路器的事故分闸回路，应按"不对应原理"接线。

1. 电磁操动机构的断路器控制回路

(1) 控制开关及触点

控制开关是断路器控制回路的主要控制元件，一般有多个定触点和动触点。如表 6-2 中给出了 LW2-Z-1a、LW2-Z-4、LW2-Z-6a、LW2-Z-40、LW2-Z-20、LW2-Z-20/F8 型控制开关的触点图表。

LW2-Z-1a、LW2-Z-4、LW2-Z-6a、LW2-Z-40、LW2-Z-20、LW2-Z-20/F8 型控制开关的触点图表　　　　表 6-2

操作手柄和触点盒形		F-8	1a		4		6a		40		20		20/F8		
触点号			1-3	2-4	5-8	6-7	9-10	9-12	10-11	13-14	14-15	13-16	17-19	17-18	18-20	21-23	21-22	22-24
位置	分闸后（TD）	←	—	•				•		•		•		•
	预备合闸（PC）	↑	•	—										
	合闸中（C）	↗	—	•		•			•	•		•		
	合闸后（CD）	↑	•	—				•		•		•		•
	预备分闸（PT）	←	•	—						•		•		
	分闸中（T）	↙	—	•		•			•		•		•		

注："·"表示接通，"—"表示断开，"　"表示该触点无功能。

该控制开关有 6 个位置，其中"分闸后"和"合闸后"为固定位置，其他为操作时的过渡位置。有时用字母表示 6 个位置，"C"表示合闸中，"T"表示分闸中，"P"表示预备分闸，"CD"表示合闸后。

(2) 电磁操动机构的断路器控制回路

如图 6-5 所示为电磁操动机构的断路器控制回路。其工作原理如下：

1) 断路器手动控制

① 手动合闸。假设断路器处于分闸状态，则控制开关 SA 处于"分闸后"位置（TD），其触点⑩和⑪接通，QF1 闭合，HG 绿灯亮。因存在限流电阻 1R 的存在，流过合闸接触器线圈 KM 的电流很小，不足以使其动作。要使断路器合闸，应使接触器 KM 动作，从而接通触点 KM1 与 KM2，YO 合闸线圈得电，断路器完成合闸。

将控制开关 SA 顺时针旋转 90°，到达"PC（预备合闸）"位置，使⑨—⑫接通。因闪光小母线（＋）WF 上接于⑨，⑨—⑫接通后，闪光小母线发出脉冲电流，使绿灯 HG 闪光，表明控制开关的位置与"CD（合闸后）"位置相同，但断路器仍处于分闸后状态。再将 SA 继续顺时针旋转 45°，置于"合闸中"位置（C）位置。SA 的⑤—⑧、⑨—⑫、⑬—⑯接通。当⑤—⑧接通，合闸接触器 KM 接通于＋WC 和－WC 之间，KM 动作，其接于＋WO 和－WO 之间的触点 KM1 和 KM2 闭合，合闸线圈 YO 通电，断路器合闸。

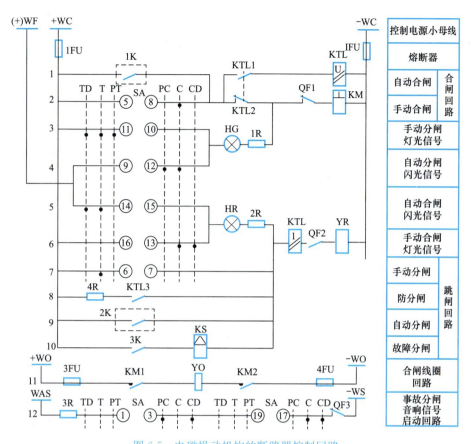

图 6-5　电磁操动机构的断路器控制回路

WC—控制小母线；WF—闪光信号小母线；WO—合闸小母线；WAS—事故音响小母线

断路器合闸完成后，其辅助触点 QF1 断开，使绿灯 HG 熄灭，QF2 闭合，由于⑬—⑯接通，红灯亮。当松开 SA 后，在弹簧作用下，SA 自动回到"合闸后"位置（CD），⑬—⑯接通使红灯发出平光，表明断路器手动合闸，同时表明分闸回路完好及控制回路的熔断器 1FU 和 2FU 完好。

② 手动分闸。将控制开关 SA 逆时针旋转 90°置于"预备分闸"位置（PT），⑨—⑫断开，而⑭—⑮接通闪光母线，使红灯 HR 发出闪光，表明 SA 的位置与分闸后的位置相同，但断路器仍处于合闸状态。将 SA 继续旋转 45°而置于"分闸中"位置（T），⑥—⑦接通，使分闸线圈 YR 经防跳继电器 KTL 的电流线圈接通，YR 通电分闸，QF1 合闸，QF2 断开，同时红灯 HR 熄灭。当松开 SA 后，SA 自动回到"分闸后"位置（TD），⑩—⑪接通，绿灯发出平光，表明断路器手动分闸，合闸回路完好。

当断路器合位 QF2 动作翻转为合闸时，闪光母线＋WF 接通红灯 HR，防跳继电器 KTL 电流线圈，分圈 YR 接通，这三个元件串联；由于红灯电阻很大，根据分压原理，电阻大的分压也大，所以绝大部分电压都分在了红灯 HR 上，而 KTL、YR 继电器分压小不会误动。只有正常进行就地控制开关 SA 操作时，SA⑥—⑦接通，短接红灯 HR，使电压都加在了 YR 上，YR 才可靠动作开关正常分闸。所以红灯起到了指示开关合闸状态的同时又对开关分闸回路的完整性起到了监视作用。

2）断路器自动控制

断路器的自动控制通过自动装置的继电器触点，如图 6-5 中 1K 和 2K（分别与⑤—⑧和⑥—⑦并联）的闭合分别实现合、分闸的自动控制。自动控制完成后，信号灯 HR 或 HG 将出现闪光，表示断路器自动合闸或分闸，又表示分闸回路或合闸回路完好，工作人员需将 SA 旋转到相应的位置上，相应的信号灯发出平光。

当断路器因故障分闸时，保护出口继电器触点 3K 闭合，SA 的⑥—⑦触点被短接，YR 通电，断路器分闸，HG 发出闪光，表明断路器因故障分闸。与 3K 串联的 KS 为信号继电器电流型线圈，电阻很小。KS 通电后将发出信号。同时按不对应原理，即断路器在跳闸状态，QF3 闭合，而 SA 在"合闸后"（CD）位置，①—③、⑰—⑲接通，事故音响小母线 WAS 与信号回路中负电源接通（成为负电源），启动事故音响装置，发出事故音响信号，如电笛或蜂鸣器发出声响。

3）断路器防跳

当控制回路中同时出现分闸命令和合闸命令的时候，开关会不会"合—分—合—分"反复地分合？答案是设置 KTL 防跳继电器后不会出现此情况。若不设置 KTL 防跳继电器，在合闸后，如果控制开关 SA 的触点⑤—⑧或自动装置触点 1K 被卡死，QF1 一直闭合，合闸回路被接通；若此时系统又遇到永久性故障，继电保护使断路器分闸，就会出现多次"分闸—合闸"现象，这种现象称为跳跃。如果断路器发生多次跳跃现象，会使断路器毁坏，造成事故扩大。所以在控制回路中增设了防跳继电器 KTL。

防跳继电器 KTL 有两个线圈，一个是电流启动线圈，串联于分闸回路 QF2 前方，另一个是电压自保持线圈，经自身的常开触点与合闸回路（QF1）并联，其常闭触点则接入合闸回路中。当用控制开关 SA 合闸（⑤—⑧接通）或自动装置触点 1K 合闸时，若正好在短路故障时合闸，继电保护动作，其触点 2K 闭合使断路器分闸。分闸电流流过防跳继电器 KTL 的电流启动线圈使其得电，常开触点 KTL1 闭合（自锁），常闭触点 KTL2 打开，其 KTL 电压自保持线圈也动作，断路器跳开后，QF1 闭合，如果此时合闸脉冲未解除，即使控制开关 SA 的触点⑤—⑧或自动装置触点 1K 被卡死，因常闭触点 KTL2 已断开，QF1 仍然断开，KM 不通电，所以断路器不会合闸。只有当触点⑤—⑧或 1K 断开后，防跳继电器 KTL 电压自保持线圈失电后，常闭触点才闭合，这样就防止了跳跃现象。

2. 弹簧储能操作机构的断路器控制回路

断路器采用弹簧储能操作机构，是利用弹簧事先储备的能量作为断路器合闸与分闸的动力。常用弹簧操作机构的合闸弹簧和分闸弹簧是独立的，但储能机构一般只给合闸弹簧储能，而分闸弹簧一般是靠断路器合闸动作储能。在合闸回路中串联有开关储能接点，也就是说开关未储能就不能进行合闸。但分闸回路中没有串联有开关未储能接点。所以就算开关未储能，也可以跳开。（注意：这里的开关未储能指的是合闸弹簧未储能，而分闸弹簧未储能是没有接点出来的）。给弹簧储能，可以采用直流电机、交流电机或手动操作。采用交流操作电源的弹簧储能操作机构断路器控制信号回路如图 6-6 所示，M 为储能电动机，SQ1—SQ3 为储能位置开关，该方式只有一个合闸弹簧。

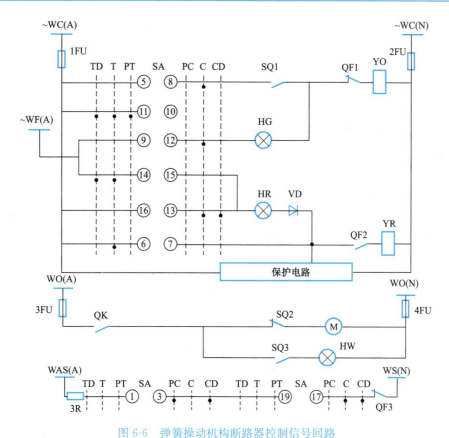

图 6-6 弹簧操动机构断路器控制信号回路

M—储能电动机；WO（A）—交流操作母线（A 相）；WO（N）—交流操作母线（N 线）

SQ1，SQ2，SQ3—储能位置开关；YO—合闸线圈

在合闸线圈回路中，串有弹簧拉紧闭锁触点 SQ1，只有在弹簧拉紧，SQ1 闭合后，才允许合闸。当弹簧操动机构的弹簧未储能（即未拉紧）时，储能位置开关 SQ1 打开，不能合闸，辅助动断触点 SQ2 和 SQ3 闭合，使电动机接通电源储能拉紧弹簧；弹簧储能完毕时，SQ1 闭合，而 SQ2 和 SQ3 断开，电动机停电，停止储能。断路器是利用弹簧存储的能量进行合闸的，合闸后，弹簧被释放，电动机接通又能储能，为下次动作（合闸）做准备。

6.3.3 中央信号回路

变配电所为掌握电气设备的工作状态，需要随时显示设备当时状况的信号。另外，发生事故时，保护装置监测机构动作后，应发出相应灯光及音响信号，提示运行人员迅速判明事故的性质、范围和地点，以便做出正确的处理。所以，信号装置具有十分重要的作用。

1. 中央信号装置分类

中央信号装置按操作电源分为直流操作和交流操作两类。按事故音响信号的动作特征分为不重复动作和能重复动作两种；按复归方式可分为就地复归和中央复归两种。按用途来分有以下几种：

（1）事故信号：断路器发生事故分闸时，启动蜂鸣器（或电笛）发出声响，同时断路器的位置指示灯发出闪光，事故类型光字牌点亮，指示故障的位置和类型。

(2) 预告信号：当电气设备出现不正常运行状态时，启动警铃发出声响信号，同时标有异常性质的光字牌点亮，指示异常运行状态的类型，如变压器过负荷、控制回路断线等。

(3) 位置信号：包括断路器位置信号（如灯光指示或操动机构、分合闸位置指示器）和隔离开关位置信号。前者用灯光表示其合、分闸位置；后者则用一种专门的位置指示器表示其位置状况。

(4) 指挥信号和联系信号：用于主控制室向其他控制室发出操作命令和控制室之间的联系。事故信号和预告信号一般安装在主控制室中，并集中装设在主控制室中的中央信号屏上，因此统称为"中央信号"。

2. 对中央信号回路的要求

为了保证中央信号回路可靠和正确工作，中央信号回路应满足下列要求：

(1) 中央事故信号装置应保证在任何断路器事故分闸后，立即发出音响信号和灯光信号或其他指示信号；

(2) 中央预告信号装置应保证在任何电路出现异常运行状态时，能按要求（瞬时或延时）准确发出音响信号和灯光信号；

(3) 中央事故信号与预告音响信号应有区别。一般事故音响信号用电笛或蜂鸣器，另一种预告音响信号用电铃，并使显示故障性质的光字牌点亮；

(4) 中央信号装置在发出音响信号后，应能手动或自动复归（解除）音响，而灯光信号及其他指示信号应保持到消除故障为止；

(5) 接线应简单可靠，应能监视信号回路的完好性；

(6) 应能对事故信号、预告信号及其光字牌是否完好进行试验。

3. 中央事故信号回路

(1) 中央复归不重复动作的事故信号回路

中央复归不重复动作的事故信号回路如图 6-7 所示，在正常工作时，断路器合上，控制开关 SA 的①—③和⑲—⑰触点是接通的，但 1QF 和 2QF 常闭辅助触点是断开的。若某断路器（1QF）因事故分闸，则 1QF 闭合，回路 +WS→HB→KM 常闭触点→SA 的①—③及⑰—⑲→1QF→—WS 接通，蜂鸣器 HB 发出声响；按 2SB 复归按钮，KM 线圈

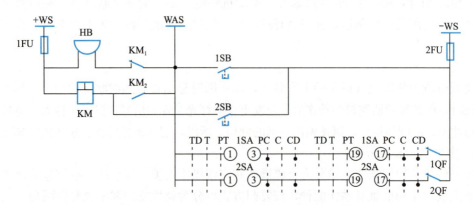

图 6-7 中央复归不重复动作的事故信号回路

WS—信号小母线；WAS—事故音响信号小母线；1SA、2SA—控制开关；
1SB—试验按钮；2SB—音响解除按钮；KM—中间继电器；HB—蜂鸣器

通电，常闭触点 KM1 断开。蜂鸣器 HB 断电解除音响，常开触点 KM2 闭合，中间继电器 KM 自锁。若此时 2QF 又发生了事故分闸，蜂鸣器将不会发出声响，这就称为不能重复动作。能在控制室手动复归称为中央复归。1SB 为试验按钮，用于检查事故音响是否完好。

(2) 中央复归重复动作的事故信号回路

图 6-8 所示是重复动作的中央复归式事故声响信号回路，该信号装置采用信号冲击继电器（或信号脉冲继电器）KI，TA 为脉冲变流器，其一次侧并联的二极管 2VD 和电容 C 用于抗干扰；其二次侧并联的二极管 1VD 起单向旁路作用。当 TA 的一次电流突然减小时，其二次侧感应的反向电流经 1VD 而旁路，不让它流过干簧继电器 KR 的线圈。KR 为执行元件（单触点干簧继电器），KM 为出口中间元件（多触点干簧继电器）。

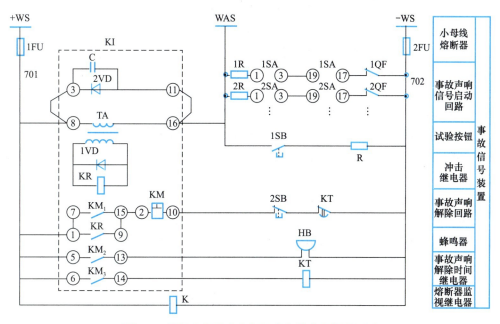

图 6-8 重复动作的中央复归式事故声响信号回路

KI—冲击继电器；KR—干簧继电器；KM—中间继电器；KT—自动解除时间继电器

当 1QF，2QF 断路器合上时，其辅助触点 1QF，2QF 均打开，各对应回路 1SA、2SA 的①—③，⑲—⑰均接通，事故信号启动回路断开。若断路器 1QF 事故分闸，辅助常闭触点 1QF 闭合，冲击继电器的脉冲变流器一次绕组的电流突增，在其二次侧绕组中产生感应电动势，使单触点干簧继电器 KR 动作。KR 的常开触点①—⑨闭合，使中间继电器 KM 动作，其常开触点 KM₁ 闭合自锁，另一对常开触点 KM₂ 闭合，使蜂鸣器 HB 通电发出声响，同时 KM₃ 闭合，使时间继电器 KT 动作，其常闭触点延时打开，KM 失电，使音响自动解除。2SB 为声响解除按钮，1SB 为试验按钮。此时若另一台断路器 2QF 事故分闸，流经 KI 的电流又增大，使 HB 又发出声响，称为重复动作的音响信号回路。

重复动作是利用控制开关与断路器辅助触点之间的不对应回路中的附加电阻来实现的。当断路器 1QF 事故分闸，蜂鸣器发出声响，若声响已被手动或自动解除，但 1QF 的控制开关尚未转到与断路器的实际状态相对应的位置，而断路器 2QF 又发生自动分闸，其 2QF 断路器的不对应回路接通，与 1QF 断路器的不对应回路并联，不对应回路中串有电阻引起脉冲变流器 TA 的一次绕组的电流突增，故在其二次侧产生感应电动势，又使干簧继电器 KR 动作，蜂鸣器又发出声响。

6.3.4　测量和绝缘监视回路

供配电系统的测量和绝缘监视回路是二次回路的重要组成部分，电测量仪表的配置应符合《电力装置电测量仪表装置设计规范》GB/T 50063—2017 的规定，以满足电气设备安全运行的需要。

1. 测量回路

在供配电系统中，进行电测量的目的有 3 个：

1）对用电量的计量，如有功电能，无功电能。

2）对供电系统运行状态、技术经济分析所进行的测量，如电压、电流、有功功率、无功功率、有功电能、无功电能等，这些参数通常都需要定时记录。

3）对交、直流系统的安全状况如绝缘电阻、三相电压是否平衡等进行监测。由于目的不同，对测量仪表的要求也不一样。计量仪表要求准确度要高，其他测量仪表的准确度要求要低一些。

（1）电测量仪表和计量仪表的配置

电测量仪表的配置应能正确反映电力装置的电气运行参数和绝缘状况，常用电测量仪表有指针式仪表、数字式仪表和记录型仪表以及仪表的附件、配件。计量仪表的配置应满足发电、供电用电的准确计量要求，作为考核用户或部门技术经济指标和实现电能结算的重要依据，计量仪表采用感应式或电子式电能表。

在供配电系统的每条电源进线上，必须装设计费用的有功电能表和无功电能表以及反映电流大小的电流表各一只。通常采用标准计量柜，计量柜内有计量专用电流、电压互感器。

在变配电所的每段母线上 3~10kV，必须装设电压表 4 只，其中一只测量线电压，其他 3 只测量相电压。

35kV/(6~10)kV 变压器应在高压侧或低压侧装设电流表、有功功率表、无功功率表、有功电能表和无功电能表各一只；(6~10)kV/0.4kV 的配电变压器，应在高压侧或低压侧装设一只电流表和一只有功电能表，如为单独经济核算的单位变压器，还应装设一只无功电能表。

3~10kV 配电线路应装设电流表、有功电能表、无功电能表各一只，如不是单独经济核算单位，无功电能表可不装设。当线路负荷大于 5000kVA 及以上时，还应装设一只有功功率表。

低压动力线路上应装设一只电流表，55kW 及以上电动机回路应装设一只电流表，照明和动力混合供电的线路上，当照明负荷占总负荷 15% 及以上时，应在每个单相回路上装设一只电流表。如需电能计量一般应装设一只三相四线制有功电能表。

三相负荷不平衡程度大于 10% 的高压线路和大于 15% 的低压线路应装设 3 只电流表，照明变压器、照明与动力共用的变压器应装设 3 只电流表。

并联电容器总回路上，每个单相回路上应装设一只电流表，并应装设一只无功电能表。

（2）仪表的准确度要求

电测量装置的准确度不应低于表 6-3、表 6-4 的规定。

电测量装置的准确度要求　　　　　　　　　　　　表 6-3

电测量装置类型		准确度
计算机监控系统	交流采样	0.5 级
		频率测量误差不大于 0.01Hz
	直流采样	模数转换误差≤0.2%
常用电测量仪表	指针式交流仪表	1.5 级
	指针式直流仪表	1.0 级（经变送器二次测量）
		1.5 级
	数字式仪表	0.5 级
	记录型仪表	应满足测量对象的准确度要求
综合保护测量装置中的测量部分		0.5 级

电测量装置电流、电压互感器及附件、配件的准确度要求　　表 6-4

电测量装置准确度	附件、配件的准确度			
	电压、电流互感器	变送器	分流器	中间互感器
0.5	0.5	0.5	0.5	0.2
1.0	0.5	0.5	0.5	0.2
1.5	1.0	0.5	0.5	0.2
2.5	1.0	0.5	0.5	0.5

电能计量装置按其计量对象的重要程度和计量电能的多少分为 5 类。

Ⅰ类电能计量装置：220kV 及以上贸易结算用装置，500kV 及以上考核用装置；

Ⅱ类电能计量装置：110(66)～22kV 贸易结算用装置，220～500kV 考核用装置；

Ⅲ类电能计量装置：月用电量 100MWh 及以上或负荷容量为 315kVA 及以上的计费用户、用户内部用于承包考核用的计量点；10～110kV(66kV)贸易结算用装置，10～220kV 考核用装置；

Ⅳ类电能计量装置：380V～10kV 电能计量装置；

Ⅴ类电能计装置：220V 单相电能计量装置。

电能计量装置的准确度不应低于表 6-5 的规定。

电能计量装置的准确度要求　　　　　　　　　　　　表 6-5

电能计量装置类别	有功电能表	无功电能表	电压互感器	电流互感器
Ⅰ类	0.2S	2	0.2	0.2S
Ⅱ类	0.5S	2	0.2	0.2S
Ⅲ类	0.5S	2	0.5	0.5S
Ⅳ类	1.0	2	0.5	0.5S
Ⅴ类	2.0	—	—	0.5S

注：0.2S、0.5S 级指特殊用途的测量用电流互感器。

(3) 指针式测量仪表测量范围和电流互感器变比的选择，宜保证电力设备额定值指示在标度尺的三分之二处。有可能过负荷运行的电力设备和回路，测量仪表宜选择过负荷仪表。双向电流的直流回路和双向功率的交流回路，应采用具有双向标度的电流表和功率表，具有极性的直流电流和电压回路，应采用具有极性的仪表。重载启动的电动机和可能出现短时冲击电流的电力设备及回路，宜采用具有过负荷标度尺的电流表。

2. 直流绝缘监视回路

（1）两点接地的危害

在直流系统中，正负母线对地是悬空的，当发生一点接地时，并不会引起任何危害，但必须及时消除，否则当另一点接地时，会引起信号回路、控制回路、继电保护回路和自动装置回路的误动作，造成误分闸情况。

（2）直流绝缘监视装置

如图 6-9 所示为直流绝缘监视装置原理接线图。它是利用电桥原理进行监测的，正、负母线对地绝缘电阻做电桥的两个臂，如图 6-9（a）等效电路所示。正常状态下，直流母线正极和负极的对地绝缘良好，正极和负极等效对地绝缘电阻 R_+ 和 R_- 相等，接地信号继电器 KSE 线圈中只有微小的不平衡电流通过，继电器不动作。当某一极的对地绝缘电阻（R_+ 或 R_-）下降时，电桥失去平衡，流过继电器 KSE 线圈中的电流增大。当绝缘电阻下降到一定值时，继电器 KSE 动作，其常开触点闭合，发出预告信号。整个装置由信号和测量两部分组成，并通过绝缘监视转换开关 1SA 和母线电压表转换开关 2SA 进行工作状态的切换。电压表 1V 为高内阻直流电压表，量程 150～0～150V、0～∞～0kΩ；电压表 2V 为高内阻直流电压表，量程 0～250V。

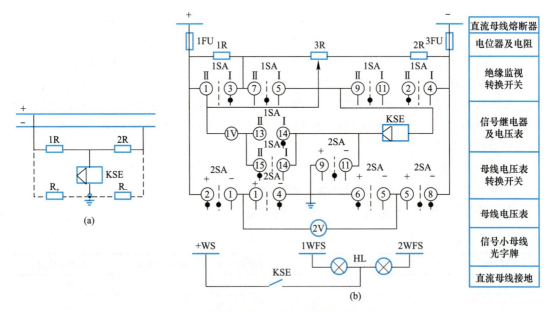

图 6-9 直流绝缘监视装置接线原理图

(a) 等效电路；(b) 原理接线图

KE—信号继电器；1SA—绝缘监视转换开关；2SA—母线电压表转换开关；
R_+, R_-—母线绝缘电阻；1R, 2R—平衡电阻；3R—电位器

母线电压表转换开关 2SA 有 3 个位置："母线 M"位置，"正对地 +"位置和"负对地 －"位置。正常时，其手柄在竖直的"母线 M"位置，触点⑨—⑪、②—①和⑤—⑧接通，2V 电压表接至正、负母线间，测量母线电压。若将 2SA 手柄向左旋转 45°置于"正对地 +"位置，其触点①—②和⑤—⑥接通，电压表 2V 接到正极与地之间，测量正极对

地电压。若将 2SA 手柄向右旋转 45°，置于"负对地—"位置，其触点⑤—⑧、①—④接通，则 2V 电压表接到负极与地之间，测量负极对地电压。利用转换开关 2SA 和 2V 电压表可判别哪一极接地。若两极绝缘良好，2V 电压表的线圈没有形成回路，则正极对地和负极对地时，2V 电压表指示为 0V。如果正极接地，则正极对地电压为 0V，而负极对地指示 220V。反之，当负极接地时，则负极对地电压为 0V，而正极对地指示 220V。

绝缘监视转换开关 1SA 也有 3 个位置，即"信号 X"位置，"测量 I"位置和"测量 II"位置。正常时，其手柄置于竖直的"信号 X"位置，触点⑤—⑦和⑨—⑪接通，使电阻 3R 被短接（此时 2SA 应置于"母线 M"位置，其触点⑨—⑪接通）。接地信号继电器 KE 线圈在电桥的检流计位置上，两极绝缘正常时，两极对地绝缘电阻基本相等电桥平衡，接地信号继电器 KSE 不动作；当某极绝缘电阻下降，造成电桥不平衡，KSE 动作，其常开触点闭合，光字牌亮，同时发出声响信号。工作人员听到信号后，利用转换开关 2SA 和 2V 电压表，可判别哪一极接地或绝缘电阻下降。

6.4 供配电系统操作电源

操作电源在建筑供配电系统中占有重要的地位，主要作为操作机构（分、合闸）、继电保护、信号、自动控制、事故照明、仪器仪表以及应急事故负荷等的重要电源，其性能和质量直接关系到电网的稳定运行和设备安全。一般有直流操作电源和交流操作电源两类。

6.4.1 直流操作电源

1. 蓄电池组供电的直流操作电源

在一些大中型变电所中，可采用蓄电池组作为直流操作电源，蓄电池主要有铅酸蓄电池和镉镍蓄电池两种。

（1）铅酸蓄电池

铅酸蓄电池由二氧化铅（PbO_2）的正极板、负极板和稀硫酸电解液组成。

单个铅酸蓄电池的额定端电压为 2V。充电后可达 2.7V，放电后可降到 1.95V。蓄电池使用一段时间后，电压下降，需用专门的充电装置来进行充电。由于铅酸蓄电池具有一定的危险性和污染性，需要专门的蓄电池室放置，投资大，因此，在变电所中现已很少采用。

（2）镉镍蓄电池

镉镍蓄电池由正极板、负极板、电解液组成。正极板为氢氧化镍［$Ni(OH)_3$］或三氧化镍（Ni_2O_3），负极板为镉（Cd），电解液为氢氧化钾（KOH）或氢氧化钠（NaOH）等碱溶液。

单个镉镍蓄电池的额定端电压为 1.2V，充电后可达 1.75V。其充电可采用浮充电或强充电方式由硅整流设备进行。镉镍蓄电池的特点是不受供电系统影响，工作可靠，腐蚀性小，大电流放电性能好，比功率大，强度高，寿命长，不带专门的蓄电池室，可安装在控制室。在变电所（大中型）中应用普遍。

（3）蓄电池运行方式

蓄电池的运行方式有两种：充电—放电运行方式和浮充电运行方式。

1）充电—放电运行方式

正常运行时，由蓄电池组向负荷供电，即蓄电池组放电，硅整流设备不工作。当蓄电池组放电到容量的 60%～70%时，蓄电池组应停止放电，硅整流设备向蓄电池组进行充电,并向经常性的直流负荷供电,称为充电—放电运行方式。

充电—放电运行方式工作的主要缺点是蓄电池必须频繁地进行充电,通常每隔 1~2 昼夜充电一次,蓄电池老化较快,使用寿命缩短,运行和维护也较复杂,所以,这种运行方式很少采用。

2)浮充电运行方式

采用浮充电运行方式时,蓄电池和浮充电硅整流设备并联工作。正常运行时,硅整流设备给负荷供电,同时以很小电流向蓄电池浮充电,用以补偿蓄电池自放电,使蓄电池经常处于满充电状态,并承担短时的冲击负荷。当交流系统发生故障或浮充电整流设备断开的情况下,蓄电池将转入放电状态运行,承担全部直流负荷,直到交流电压恢复,用充电设备给蓄电池充好电后,再将浮充电整流设备投入运行,转入正常的浮充电状态,浮充电运行方式既提高了直流系统供电的可靠性,又提高了蓄电池的使用寿命,得到广泛应用。

2. 硅整流直流操作电源

硅整流直流操作电源在变电所应用较广,按断路器操作机构的要求,有电容储能(电磁操动)和电动机储能(弹簧操动)等。

硅整流直流操作电源一般采用两路电源和两台硅整流器,直流操作电源的母线上引出若干回路,分别向合闸回路、信号回路、保护回路等供电。

硅整流直流操作电源的优点是价格低,与铅酸蓄电池比较占地面积小,维护工作量小,体积小,不需充电装置。其缺点是电源独立性差,电源的可靠性受交流电源影响,需加装补偿电容和交流电源自动投切装置,二次回路复杂。

6.4.2　交流操作电源

交流操作电源可取自所用变压器或者电流互感器、电压互感器的二次侧。

当交流操作电源取自电压互感器时,通常在电压互感器的二次侧安装 100V/220V 的隔离变压器,供二次回路使用。用于保护的操作电源取自电流互感器,利用短路电流本身使断路器分闸,从而切除故障。

交流操作系统中,按各回路的功能,也设置相应的操作电源母线,如控制母线、闪光小母线、事故信号和报警信号小母线等。

交流操作电源的优点是:接线简单,投资低廉,维修方便;缺点是:交流继电器的性能没有直流继电器完善,不能构成复杂的保护。因此,交流操作电源在小型变配电所中应用较广,而对保护要求较高的大中型变配电所,采用直流操作电源。

变电所的用电一般应设置专门的变压器供电,称为所用变压器,简称所用变。图 6-10 为所用变压器接线位置及供电系统示意图。所用变压器一般都接在电源的进线处如 6-10(a)所示,即使变电所母线或主变压器发生故障,所用变压器仍能取得电源,保证操作电源及其他用电设备的可靠性。变电所一般设置一台所用变压器,重要的变电所应设置两台互为备用的所用变压器。所用电源不仅在正常情况下能保证操作电源的供电,而且在全所停电或所用电源发生故障时,仍能实现电源进线断路器的操作和事故照明的用电。一台所用变压器应接至电源进线处(进线断路器的外侧),另一台则应接至与本变电所无直接联系的备用电源上。在所用变压器低压侧应采用备用电源自动投入装置,以确保变电所用电的可靠性。值得注意的是,由于两台所用变压器所接电源的相位关系,有时是不能并联运行的。所用变压器一般置于高压开关柜中,高压侧一般分别接在 6~35kV Ⅰ、Ⅱ段母线上,低压侧用单母线分段接线或单母线不分段接线。

所用变压器的用电负荷主要有操作电源、室外照明、室内照明、事故照明、生活用电等，所用变压器供电系统向上述用电负荷供电，如图 6-10（b）所示。

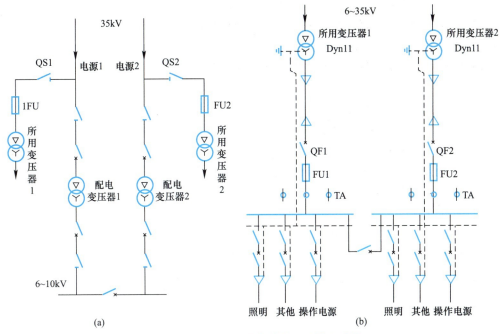

图 6-10　所用变压器接线位置及供电系统
（a）所用变压器接线位置；（b）所用变压器供电系统

6.5　供配电系统自动控制装置

6.5.1　自动重合闸装置

电力系统的运行经验证明，架空线路上的故障大多数是瞬时性短路，如雷电放电、鸟类或树枝的跨接等，短路故障后，故障点的绝缘一般能自行恢复。因此，断路器分闸后，若断路器再合闸，有可能恢复供电，从而提高了供电的可靠性。

自动重合闸装置（Automatic Reclosing Device，ARD）是当断路器分闸后，能够自动地将断路器重新合闸的装置。运行资料表明，重合闸成功率为 60%～90%。自动重合闸装置主要用于架空线路，在电缆线路（电缆与架空线混合的线路除外）一般不用 ARD，因为电缆线路的电缆、电缆头或中间接头绝缘损坏故障一般为永久性故障。

自动重合闸装置按动作方法可分为机械式和电气式；按重合次数分有一次重合闸、二次或三次重合闸，用户变电所一般采用一次重合闸。

1. 对自动重合闸的要求

（1）手动或遥控操作断开断路器及手动合闸于故障线路，断路器分闸后，自动重合闸不应动作。

（2）除上述情况外，当断路器因继电保护动作或其他原因而分闸时，自动重合闸装置均应动作。

(3) 自动重合闸次数应符合预先规定,即使 ARD 装置中任何元件发生故障或触点粘结时,也应保证不多次重合。一次重合闸,只重合一次;两次重合闸,可重合两次。

(4) 应优先采用由控制开关位置与断路器位置不对应的原则来启动重合闸,同时也允许由保护装置来启动,但此时必须采取措施来保证自动重合闸能可靠动作。

(5) 自动重合闸在完成动作以后,应能自动复归,为下次动作做好准备。有值守人员的 10kV 以下线路,也可采用手动复归。

(6) 应有可能在重合闸前或重合闸后加速继电保护的动作,以便更好地和继电保护相配合,加速故障的切除。

(7) 在双侧电源的线路上实现自动重合闸时,应考虑合闸时两侧电源间的同步问题。

(8) 当断路器处于不正常状态而不允许自动重合闸时,应将自动重合闸装置闭锁。

2. 电气一次自动重合闸装置的接线

图 6-11 所示为采用 DH-2 型重合闸继电器的自动重合闸原理图,1SA 为断路器控制开关,2SA 为自动重合闸装置选择开关,用于投入和解除 ARD。

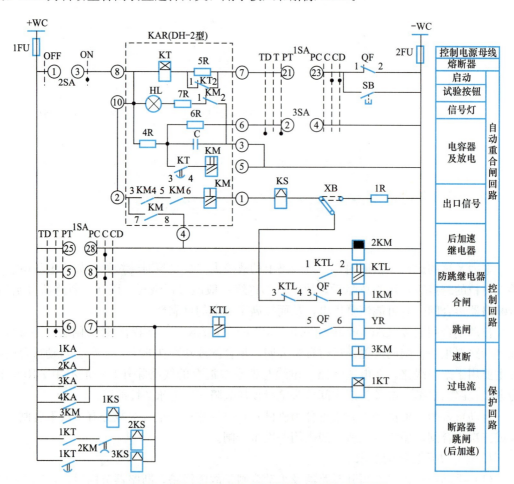

图 6-11 DH-2 型重合闸继电器的自动重合闸原理图

1SA—断路器控制开关;2SA—选择开关;KAR—重合闸继电器;1KM—合闸接触器;
YR—分闸线圈;OF—断路器辅助触点;KTL—防跳继电器(DZB-115 型中间继电器);
2KM—后加速继电器(DZS145 型中间继电器);1KS~3KS—信号继电器

(1) 故障分闸后的自动重合闸过程

线路正常运行和自动重合闸装置投入运行时，1SA 和 2SA 处于合上的位置，图 6-11 中除①—③，㉑—㉓接通之外，其余接点均是断开的，ARD 投入工作，QF（1—2）是断开的。重合闸继电器 KAR 中电容器 C 经 4R 充电，其通电回路是 ＋WC→2SA→4R→C→WC，同时指示灯 HL 亮，表示母线电压正常，电容器已处于充电状态。

当线路发生故障时，继电保护（速断或过电流）动作，使跳闸回路通电分闸，防跳继电器 KTL 电流线圈启动 KTL（1—2）闭合，但因 1SA⑤—⑧不通，KTL 的电压线圈不能自保持，跳闸后 KTL 的电流线圈断电。

由于 QF（1—2）闭合，KAR 中的 KT 通电动作，KT（1—2）打开，使 5R 串入 KT 回路，以限制 KT 线圈中的电流，仍使 KT 保持动作状态，KT（3—4）经延时后闭合，电容器 C 对 KM 线圈放电使 KM 动作，KM（1—2）打开使 HL 熄灭，表示 KAR 动作。KM（3—4）、KM（5—6）、KM（7—8）闭合。合闸接触器 1KM 经＋WC→2SA→KM（3—4）、KM（5—6）→KM 电流线圈→KS→XB→KTL（3—4）→QF（3—4）接通正电源，使断路器重新合闸。同时后加速继电器 2KM 也因 KM（7—8）闭合而启动，2KM 辅助触点闭合。若故障为瞬时性的，此时故障应已消除，继电器保护不会再动作，则重合闸成功。QF（1—2）断开，KAR 内继电器均返回，但后加速继电器 2KM 触点延时打开。若故障为永久性的，则继电保护动作（速断或至少过电流动作）1KT 常开闭合，经 2KM 的延时打开触点，接通跳闸回路跳闸，QF（1—2）闭合，KT 重新动作。由于电容器还来不及充足电，KM 不能动作，即使时间很长，因电容器 C 与 KM 线圈已经并联，电容器 C 将不会充电至电源电压值。所以，自动重合闸只重合一次。

(2) 手动跳闸时，重合闸不应重合

因为手动操作断路器跳闸是运行的需要，不需要重合闸，利用 1SA 的㉑—㉓和②—③来实现。操作控制开关跳闸时，SA 的㉑—㉓在"PC（预备分闸）"、"T（分闸）"和"TD（跳闸后）"均不通，断开重合闸的正电源，重合闸不动作。同时，在"PC（预备分闸）"和"TD（分闸后）"1SA 的②—④接通，使电容器与 6R 并联，C 充电不到电源电压而不能重合闸。

(3) 防跳功能

当 ARD 重合于永久性故障时，断路器将再一次分闸若 KAR 中 KM（3—4）、KM（5—6）触点粘结时，KTL 的电流线圈因跳闸而被启动，KTL（1—2）闭合并能自锁，KTL 电压线圈通电保持 KM（3—4）断开切断合闸回路，防止跳跃现象。

(4) ARD 与继电保护的配合方式

ARD 与继电保护配合的主要方式，目前在供配电系统为重合闸后加速保护方式。重合闸后加速保护就是当线路上发生故障时，首先按有选择性的方式动作分闸，若断路器重合于永久性故障，则加速保护动作，切除故障。

假设线路上装设有带时限的过电流保护和电流速断保护，则在线路末端短路时，过电流保护应该动作，因为末端是电流速断保护的"死区"，电流速断保护不会动作。过电流保护使断路器分闸后，由于 ARD 动作，将使断路器重新合闸。如果故障是永久性的，则过电流保护又要动作，使断路器再次分闸。但由于过电流保护带有时限，因而将使故障时间延长。为了加快切除故障，提高供电的可靠性，供电系统中常采用重合闸后加速保护方式。如在图 6-11 中，在 ARD 动作后，KM 的常开触点 KM（7—8）闭合，后加速继电器 2KM 也因 KM（7—8）闭合而启动，其常开触点 2KM 闭合。若故障是永久性的，则继电保护装置动作后，1KT 常开闭合，经 2KM 的延时打开触点，接通跳闸回路快速跳闸。

重合闸后加速保护方式的优点：故障的首次切除保证了选择性，所以不会扩大停电范围；其次，重合于永久性故障线路，仍能快速、有选择性地将故障切除。

另外在图 6-11 中，控制开关 1SA 手柄在"C（合闸）"位置时，其触点㉕—㉘接通若 1SA "C（合闸）"于故障线路，则直接接通后加速继电器 2KM，也会加速故障电路的切除。

6.5.2　备用电源自动投入装置

在对供电可靠性要求较高的变配电所中，通常采用两路及以上的电源进线。两电源或互为备用，或一个为主电源，另一个为备用电源。备用电源自动投入装置（Reserve Source Auto-Put-Into Device，APD），就是当工作电源线路发生故障而断电时，能自动且迅速将备用电源投入运行，以确保供电可靠性的装置。

1. 对备用电源自动投入装置的要求

（1）工作电源不论何种原因消失（故障或误操作）时，APD 应动作；

（2）应保证在工作电源断开后，备用电源电压正常时，才投入 APD；

（3）APD 只允许动作一次；

（4）电压互感器二次回路断线时，APD 不应误动作；

（5）备用电源无电压时，APD 不应动作；

（6）装置的启动部分应能反映工作母线失去电压的状态；

（7）APD 应保证停电时间最短．使电动机容易自启动；

（8）采用 APD 的情况下，应检验备用电源过负荷情况和电动机自启动情况。如过负荷严重或不能保证电动机自启动，应在 APD 动作前自动减负荷。

2. 备用电源自动投入装置的接线

当双电源进线互为备用时，要求任一主工作电源消失时，另一路备用电源自动投入装置动作。双电源进线的两个 APD 接线是相似的。如图 6-12 所示为双电源互为备用的 APD 原理接线图。

当电源 1WL 工作时，2WL 为备用。1QF 在合闸位置，1SA 的⑤—⑧、⑥—⑦不通，⑯—⑬通。1QF 的辅助触点常闭打开，常开闭合。2QF 在分闸位置，2SA 的⑤—⑧、⑥—⑦均断开。

当工作电源 1WL 因故障而断电时，电压继电器 1KV、2KV 常闭触点闭合，1KT 动作，其延时闭合触点延时闭合，使 1QF 的分闸线圈 1YR 通电，则 1QF 分闸，1QF（1—2）闭合，则 2QF 的合闸线圈 2YO 经 1SA（⑯—⑬）→1QF（1—2）→4KS→2KM 常闭触点→2QF（7—8）→WC（b）通电，将 2QF 合闸，从而使备用电源 2WL 自动投入，变配电所恢复供电。

同样当 2WL 为工作电源时，发生上述现象后，WL 也能自动投入。

在合闸电路中，虚框内的触点为对方断路器保护回路的出口继电器触点，用于闭锁 APD，当 1QF 因故障跳闸时，2WL 中的 APD 合闸回路便被断开，从而保证变配电所内部故障跳闸时，APD 不被投入。

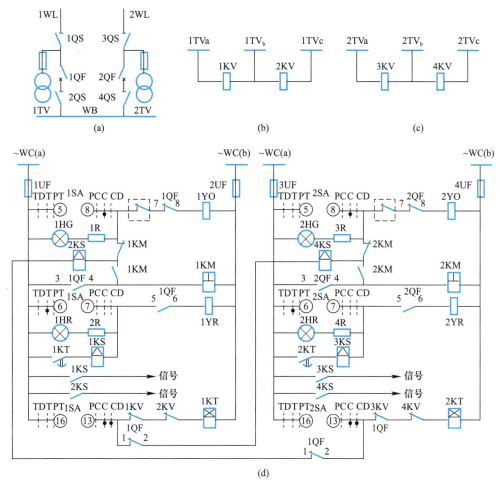

图 6-12 双电源互为备用的 APD 原理接线图

(a) 主电路一次接线圈；(b) 一段母线电压回路；(c) 二段母线电压回路；(d) APD 控制电路

1KV～4KV——电压继电器；1KM——合闸接触器；1SA、2SA——控制开关；

1YQ、2YQ——合闸线圈；1KS～3KS——信号继电器

思考题与习题

1. 供配电系统综合监控的目标有哪些？
2. 变配所二次回路按功能分为哪几部分？各部分的作用是什么？
3. 操作电源有哪几种，直流操作电源又有哪几种？各有何特点？
4. 交流操作电源有哪些特点？可通过哪些途径获得电源？
5. 所用电变压器一般接在什么位置？对所用变压器的台数有哪些要求？
6. 简述断路器控制回路的具体要求。
7. 供配电系统中，电气测量的目的是什么？对仪表的配置有何要求？
8. 计费计量中，互感器、仪表的准确度有何要求？

9. 对自动重合闸装置有什么要求？电气一次自动闸装置如何实现对自动重合闸的要求？
10. 简述对备用电源自动投入装置的要求。
11. 简述变电站综合自动化系统的特点。
12. 智能供配电系统的发展要求有哪些？

第7章 电气安全与防雷接地

7.1 电气安全

电气安全包括人身安全和设备安全两个方面。人身安全是指电气从业人员或其他人员的安全；设备安全是指电气设备及其所拖动的机械设备的安全。

7.1.1 触电类型及其危害

触电是指电流通过人体，对人体造成伤害的现象。当电流通过人体组织时，可能会引起生理学功能改变，致使非自主肌肉收缩、心室纤维震颤、中枢神经系统损伤等，严重的甚至能造成呼吸停止、心脏停搏。

1. 触电事故类型

触电事故可归纳为电击与电伤两种。

（1）电击

电流流过人体时，对人体内部器官造成的伤害，称为电击。电击在人体外表的作用痕迹不明显。死亡事故一般情况下由电击造成。

（2）电伤

由于电流的机械效应、热效应、化学效应以及电弧熔化或蒸发的金属微粒等的侵入，对表皮组织的烧伤和皮肤金属化等的危害，称为电伤。电伤严重的也可致人死亡。

2. 人体触电方式

按照人体触及带电体的方式，主要分为直接接触触电和间接接触触电两种。此外，还有高压电场、高频电磁场、静电感应、雷击等对人体造成的伤害。

（1）直接接触触电

人体直接接触和过于靠近电气设备及线路的带电导体而发生的触电现象称为直接接触触电。常见的直接接触触电有单相触电、两相触电和电弧伤害。

1）单相触电

人体的某一部位与地面或接地导体接触，其他部位触及带电体造成的触电事故。此种触电加在人体上的是相电压，所以又可以叫相电压触电。根据国内外的统计资料，单相触电事故占全部触电事故的70%以上。因此，防止触电事故的技术措施应将单相触电作为重点预防内容。

2）两相触电

人体同时触及两相带电体而发生的触电事故。在此情况下人体所承受的电压为三相系统中的线电压，所以又可以叫线电压触电。因为触电电压相对较大，其危险性也较大。

3）电弧伤害

电弧是气体间隙被强电场击穿时的一种现象。人体过分接近高压带电体会引起电弧放电，带负荷拉、合刀间会造成弧光短路。电弧不仅使人受电击，而且使人受电伤，对人体的危害往往是致命的。

(2) 间接接触触电

电气设备在正常运行时，其金属外壳或结构是不带电的。但当电气设备绝缘损坏而发生接地短路故障时（俗称"碰壳"或"漏电"），其金属外壳或结构可能带有危险电压，此时人体触及就可能会发生触电，这称为间接接触触电。最常见的就是跨步电压触电和接触电压触电。

1) 跨步电压触电

电气设备发生接地故障时，在接地电流入地点周围电位分布区（以电流入地点为圆心，半径20m范围内）的人，两脚之间所承受的电位差称跨步电压，其值随人体离接地点的距离和跨步的大小而改变。离得越近或跨步越大，跨步电压就越高，反之则越小。

跨步电压的大小与接地电流的大小、土壤电阻率、设备接地电阻及人体位置等因素有关。当人穿有靴鞋时，由于地面和靴鞋的绝缘电阻上有压降，人体受到的接触电压和跨步电压将显著降低，因此严禁人员裸臂赤脚去操作电气设备。

2) 接触电压触电

电气设备的金属外壳带电时，人若碰到带电外壳造成触电，这种触电称之为接触电压触电。接触电压是指人站在带电金属外壳旁，人手触及外壳时，其手、脚间承受的电位差。

3. 触电伤害程度影响因素

(1) 电流大小和安全电压

触电电流的大小取决于人体电阻及触电电压。对于交流电，一般不大于36V的电压或小于10mA的电流，对人体不会造成生命危险。

(2) 电流路径

电流通过人体造成的伤害，与心脏受损状况关系密切。实验表明，人体内不同路径的电流对心脏有不同的损伤程度，如表7-1所示。一般从左手经右脚到地，电流途经心脏最危险。

不同路径电流通过心脏的百分比　　表7-1

人体触电接触部位	两脚	两手	右手至左脚	左手至右脚
电流通过心脏的百分比	0.4%	3.3%	3.7%	6.7%

(3) 触电时间

触电对人体伤害的轻重程度还与电流作用时间的长短有关。图7-1为国际电工委员会（IEC）人体触电时间与通过人体电流（15~100Hz）对人体机质反应的曲线。

图中纵轴为通电时间，横轴为通过人体电流，A、B、C三条曲线将平面分为四个区域：

AC-1区，通电无感觉，又称安全区，感知阈值交流0.5mA。

AC-2区，通电有感觉，又称感知区，但没有损伤，人可以自行摆脱，摆脱阈值交流5mA。

AC-3区，通电有可能会引起一定损伤，又称不易摆脱区，阈值交流30mA；但不会引起心室纤颤，没有生命危险。

AC-4 区，通电有可能会引起心室纤颤。其中，AC-4 区又被 C_1、C_2、C_3 三条曲线分为三个区：AC-4.1 区有 5% 的可能引起心室纤颤，AC-4.2 区有 50% 的可能引起纤颤，AC-4.3 区和再往右的区域，引起纤颤的概率就超过 50%。

由图 7-1 可知，触电时间以 0.2s 为界。触电时间超过 0.2s 时，致命心室纤维性颤动颤电流值将急剧降低。所以国际上将 C_1 曲线最上边的电流值，大约是 30mA，作为一个评判是否安全的界限。

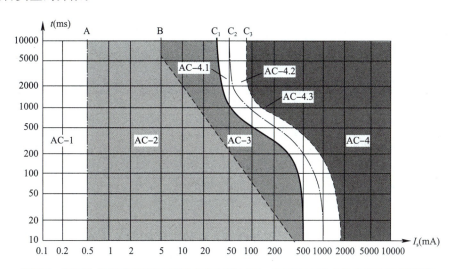

图 7-1　IEC 人体触电时间与通过人体电流（15～100Hz）对人体机体反应的曲线

（4）电流性质

IEC 指出：人体触电后的危害与触电电流的种类、大小、频率和流经人体的时间有关。在交流供电系统，以 50～60Hz 低频的电流对人体的危害最为严重。

（5）健康状况及精神状态

健康的人与体弱多病的人，对电击的抵抗能力是不相同的，体质越弱，电流通过时对其造成的危害也越重。人在精神饱满的状态下承受电击的能力比情绪低落时强。

7.1.2　电气安全技术措施

电气安全主要技术措施，有采用安全的特低电压，保证电气设备的绝缘性能，采取屏护、障碍，保证安全距离，合理选用电气装置，装设漏电保护装置和自动断开电源等，大致分为直接接触防护和间接接触防护两大类。

1. 直接接触防护

（1）将带电导体绝缘。带电导体应全部用绝缘层覆盖，其绝缘层应能长期承受在运行中遇到的机械、化学、电及热的各种不利影响。

（2）采用遮栏或外护物。设置防止人、畜意外触及带电导体的防护设施；在可能触及带电导体的开孔处，设置"禁止触及"的标志。

（3）采用阻挡物。当裸带电导体采用遮栏或外护物防护有困难时，在电气专用房间或区域宜采用栏杆或网状屏障等阻挡物防护。

（4）将人可能无意识同时触及的不同电位的可导电部分置于伸臂范围之外。

2. 间接接触防护

（1）一般规定

1）采用安全特低电压

在需要防护电击的地方，采用不高于《特低电压（ELV）限值》GB/T 3805—2008 中规定的不同环境下，正常和故障状态时的稳态电压限值，如表 7-2 所示，则不会对人体构成危险。

正常和故障状态下的稳态电压限值　　　　　　　　表 7-2

环境状况	电压限值（V）					
	正常（无故障）		单故障		双故障	
	交流	直流	交流	直流	交流	直流
皮肤阻抗和对地电阻均忽略不计（如：人体浸没水中）	0	0	0	0	16	35
皮肤阻抗和对地电阻降低（如：潮湿条件）	16	35	33	70	不适用	
皮肤阻抗和对地电阻均不降低（如：干燥条件）	33^1	70^2	55^1	140^2	不适用	
特殊状况（如：电焊、电镀）	特殊应用					

注：1. 对接触面积小于 $1cm^2$ 的不可握紧部件，电压限值分别为 66V、80V。
　　2. 对电池充电，电压限值分别为 75V、150V。

表 7-2 交流电压限值为正弦波的均方根值。直流电压限值是无网纹直流电压（网纹量的均方根值不大于 10% 的直流）。由表 7-2 可知，在地面正常环境下，相应的对人体器官不构成伤害的电压限值为：无故障时交流 33V、直流 70V；单故障时交流 55V、直流 140V。在潮湿环境下人体电阻大为降低，约为 650Ω，无故障正常状态下的电压限值为：交流 16V、直流 35V。

2）装设剩余电流保护装置

剩余电流保护又称残余电流保护，是一种在电气设备或线路剩余电流时，切除供电回路，保证人身与设备安全的装置。其主要作用是防止由于剩余电流而引起的触电事故，其动作电流不大于 30mA；其次是可以用剩余电流保护防止漏电地点局部过热而引起的火灾，其动作电流一般相对较大，可达几百毫安。剩余电流保护装置还可以作为监视、用于电源单相接地或三相电机缺相运行故障的保护来使用。

3）自动断开电源（接地故障保护）

根据供配电系统的运行方式以及安全的要求，选择合适的保护元件和接地形式，在发生漏电、接地等故障时能在规定的时间内自动断开电源，防止人员触及危险的电压。不同接地形式的供配电系统，可根据各自的特点采用过电流保护、剩余电流保护、绝缘监视、故障电压保护等。

4）创造等电位环境

建筑中的等电位联结是将建筑物中各电气装置和其他装置外露的金属及可导电部分与人工或自然接地体用导体连接起来，以减少电位差。等电位联结有总等电位联结、局部等电位联结和辅助等电位联结之分。局部等电位联结或辅助等电位联结的有效性，应符合下式的要求：

$$R \leqslant \frac{50}{I_a} \tag{7-1}$$

式中 R——可同时触及的外露可导电部分和装置外可导电部分之间,故障电流产生的电压降引起接触电压的一段线路的电阻,Ω;

I_a——保证间接接触保护电器在规定时间内切断故障回路的动作电流,A。

(2) TN 系统间接电击防护

TN 系统内回路因绝缘损坏发生接地故障后有几种可能情况:

① 故障点相接触的两金属部分因大幅值的故障电流通过而熔化成团并缩回,从而脱离接触,接地故障自然消失。

② 两金属部分熔化成团脱离接触后引燃电弧,形成电弧性接地故障,相当大一部分的线路电压降落在电弧上,PE 导线上的电压降形成的接触电压相对减少,它的电气危险常表现为电弧引燃起火而非人身电击。

③ 两金属部分熔化后互相焊牢,使故障继续存在,其故障点阻抗可忽略不计,如果故障电流足够大,过电流防护电器能迅速切断电源,则可以避免电击事故的发生。如果故障电流不足以使过电流防护电器动作或者防护电器动作不及时,而 PE 导线上的接触电压超过其限值,这时如果人体触及到带电的设备外露导电部分,就有可能发生电击事故。

④ TN 系统内本回路没有发生接地故障,而是该 TN 系统内其他回路发生接地故障,故障电压通过 PEN 导线和 PE 导线传导,使无故障回路内外露导电部分也呈现故障电压,但是该回路内并未通过故障电流,回路的防护电器不会动作,如果该故障电压值超过接触电压限值,就有可能发生电击事故,这就要采取补充措施来防止电击事故的发生。

1) TN 系统故障保护

当建筑物内发生接地故障时,TN 系统的保护电器以及回路的阻抗应能满足在规定时间内自动切断电源的要求,阻抗表示如下:

$$Z_s I_a \leqslant U_0 \tag{7-2}$$

式中 Z_s——故障回路的阻抗,它包括电源(变压器或发电机)、相导线、PEN 或 PE 导线的阻抗,Ω;

I_a——能保证保护电器在规定时间内动作的电流,A;

U_0——相导体对地电压,V。

TN 系统的故障保护可以采用过电流保护电器和剩余电流动作保护器(Residual Current Operated Protective Device,RCD)。如果 TN 系统内发生接地故障的回路故障电流较大,可利用过电流保护电器兼做故障保护。但在某些情况下,如线路长、导线截面小,过电流保护电器通常不能满足自动切断电源的时间要求,则采用 RCD 做故障保护最为有效。

2) TN 系统采用局部等电位联结作为附加防护

① 当配电线路较长,导线截面较小时,由于回路阻抗大,接地故障电流 I_a 小,过电流保护电器超过规定时,除了加大导线截面或装设 RCD,还可以采用局部等电位联结或辅助等电位联结来降低接触电压,从而更可靠地防止电击事故的发生。

② 如果同一配电盘既供给大于 32A 的供电回路,又供给不大于 32A 的终端回路。当前者发生接地故障时,引起的危险故障电压将通过 PE 导线传到后者的外露可导电部分,

若前者切断故障回路的时间较长,则接触到后者的人员可能产生电击危险,为此应作局部等电位联结,将接触电压降到 50V 以下。

3) TN 系统内故障电压通过 PEN 或 PE 导线传导。相导线与大地间发生接地故障时,由于故障回路阻抗大,故障电流 I_d 较小,线路首端的过电流保护电器往往不能动作,使得 I_d 持续存在。I_d 在电源端的接地极上将产生电压降 $U_f=I_dR_B$,此电压即电源中性点对地的故障电压。此故障电压将沿 PEN 或 PE 导线传至用电设备的外露可导电部分上,相导线对大地故障引起对地故障电压如图 7-2 所示。

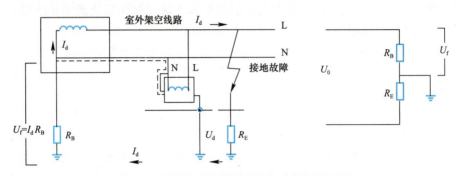

图 7-2 相导线对大地故障引起对地故障电压

如果设备在无等电位联结的户外,而故障电压超过接触电压限值,将对人身构成危害,为此应尽量使工作接地极的电阻 R_B 与接地故障电阻 R_E 之比满足下式以减少电击危险:

$$\frac{R_B}{R_E} \leqslant \frac{50}{U_0-50} \tag{7-3}$$

式中 R_B——工作接地极的电阻,Ω;
R_E——接地故障电阻,Ω;
U_0——相导线对地电压,V。

当 U_0 为 220V 时,$\frac{R_B}{R_E} \leqslant 0.29$。

为此应尽量降低 R_B,例如沿架空线路多做重复接地以满足此条件。或者将户外无等电位联结的电气设备改为局部 TT 系统,以避免故障电压通过 PEN 或 PE 导线传导。但如果设备在建筑物内,其做了总等电位联结,由于设备外露可导电部分和装置外可导电部分以及地面的电位同时升高而处于同一电位,从而不会有电击危险。

4) TN 系统重复接地设置

在 TN 系统中,总等电位联结内的地下金属管道和结构已实现了接地电阻小、使用寿命长的良好自然重复接地,所以在电源线进入建筑物内电气装置处一般不必设置人工接地极,通常自进线配电箱的 PE(PEN)母线引出联结线至配电箱近旁接地母排上即实现了接地电阻小且无须维护的重复接地。应注意,在 TN-C 或 TN-C-S 系统建筑物内 PEN 导线只能在一点作重复接地。

(3) TT 系统间接电击防护

1) TT 系统故障保护

TT 系统发生接地故障时,故障回路包含有电气装置外露导电部分保护接地的接地极和电源处系统接地的接地极的接地电阻。与 TN 系统相比,TT 系统故障回路阻抗大,故障电流小,通常采用 RCD 作为接地故障保护,此时应满足下列条件:

$$R_A I_{\Delta n} \leqslant 50\text{V} \tag{7-4}$$

式中 R_A——电气装置外露可导电部分的接地极和 PE 导线的电阻之和,Ω;

$I_{\Delta n}$——能保证保护电器在规定时间内额定剩余动作的电流,A。

当故障回路的阻抗 Z_s 值足够小,且确保其值可靠又能保持稳定,也可选用过电流保护电器用于接地故障保护。采用过电流保护电器时,应满足下列条件:

$$Z_s I_a \leqslant U_0 \tag{7-5}$$

式中 Z_s——故障回路的阻抗,Ω,包括电源、电源至故障点的相导线、外露可导电部分的保护接地导线、接地导线、电气装置的接地极、电源的接地极的阻抗之和;

I_a——能保证保护电器在规定时间内动作的电流,A;

U_0——相导体对地电压,V。

2) TT 系统接地极设置

在 TT 系统内,原则上各保护电器保护范围内的外露可导电部分应分别接至各自的接地极上。在总等电位作用范围内由同一保护电器保护的几个外露导电部分应通过 PE 导线连至共同的接地极,如果被同一保护电器保护的各外露可导电部分不在总等电位作用范围内,可采用各自的接地极。

(4) IT 系统间接电击防护

1) 第一次故障时 IT 系统故障保护

在 IT 系统中,带电部分应对地绝缘或通过高阻抗接地。当系统内发生第一次接地故障时,只能通过另外两个非故障相导线对地的电容返回电源,故障电流为该电容电流的相量和,如图 7-3 所示,其值很小。外露可导电部分的故障电压限制在接触电压限值以下,不需要切断电源,以提高供电可靠性,这也是 IT 系统的主要优点。发生第二次接地故障后应有绝缘监测器发出信号,以便及时排除故障。

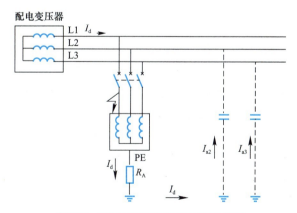

图 7-3 IT 系统接地故障电流示意图

IT 系统电气装置外露可导电部分应单独、成组或集中接地,第一次接地故障时应发出报警信号,并满足以下条件:

$$交流系统中 \quad R_A I_d \leqslant 50V \tag{7-6}$$

$$直流系统中 \quad R_A I_d \leqslant 120V \tag{7-7}$$

式中 R_A——接地极与外露可导电部分的 PE 导线电阻之和，Ω；

I_d——线导线和外露可导电部分之间的阻抗可忽略不计的情况下的故障电流，A；I_d 值考虑了泄漏电流和装置的总接地阻抗的影响。

2) 第二次故障时 IT 系统故障保护

当 IT 系统的外露可导电部分单独接地时，如发生第二次接地故障，其防电击要求和 TT 系统相同，应满足式（7-4）的要求。当 IT 系统全部的外露可导电部分共同接地时，如发生第二次接地故障，其防电击要求和 TN 系统相同。

当 IT 系统不配出中性导体时：

$$2Z_s I_a \leqslant U \tag{7-8}$$

当 IT 系统配出中性导体时：

$$2Z'_s I_a \leqslant U_0 \tag{7-9}$$

式中 Z_s——包括相导线和保护接地导线的故障回路的阻抗，Ω；

Z'_s——包括相导线、中性导线和保护接地导线的故障回路的阻抗，Ω；

I_a——保证保护电器在满足第二次故障时规定的时间内切断故障回路的电流，A；

U_0——相导线与中性导线之间的标称交流电压或直流电压，V；

U——相导线之间的标称交流电压或直流电压，V。

3) IT 系统内监视器和保护电器的选用

IT 系统可以采用下列监视器和保护电器：绝缘监控装置（Insulation Monitoring Device，IMD）、绝缘故障定位系统（Insulation Fault Location System，IFLS）、剩余电流监视器（Residual Current Monitor，RCM）、过电流保护电器、剩余电流动作保护器。

7.2 建筑防雷

7.2.1 过电压及雷电

1. 过电压定义及分类

过电压是指在供用电系统的运行过程中，产生危及电气设备绝缘的电压升高，称为过电压。例如：工频下交流电压均方根值升高，超过额定值的 10%，并持续时间超过 1min 时，就可以认为是过电压。过电压属于供配电系统中的一种电磁扰动现象，在电路状态或电磁状态突然变化时出现，分内部过电压和外部过电压两大类。

（1）内部过电压

内部过电压是操作或故障时，供配电系统参数发生变化、电磁能量产生振荡、积聚、转化或传递而引起的过电压，包括持续时间较长的暂时过电压、持续时间较短的瞬态操作过电压和特快速瞬态过电压。

1) 暂时过电压

暂时过电压是由于断路器操作或发生短路故障，使电力系统从稳定状态经历一个过渡过程，后重新达到某种暂时稳定状态时所出现的过电压，包括工频过电压和谐振过电压。

① 工频过电压：起源于空载长线的电容效应、不对称接地故障、发电机突然甩负荷等的暂态或稳态工频电压升高；其波形可为工频基波及其整数或分数倍的谐振波。

② 谐振过电压：因系统的电感、电容参数配合不当而引起的各类持续时间较长、波形周期性振荡的谐振现象及其电压升高。

2）操作过电压

操作过电压是操作高电压的大电感—电容元件（如合/分空载长线路、变压器、并联补偿电容—电抗装置、高压感应电动机等）以及故障线路跳闸/重合闸、振荡解列及间隙性电弧接地等产生的过渡过程。其幅值一般不超过系统最高相电压的 4 倍，总持续时间较短，约为几毫秒到数十毫秒，具有脉冲性质，又称操作冲击波。

3）特快速瞬态过电压

特快速瞬态过电压是由于断路器操作或发生短路故障，使电力系统从稳定状态经历一个过渡过程，后重新达到某种暂时稳定状态时所出现的过电压。常见的有不对称接地短路过电压、甩负荷过电压、空载长线电容效应过电压等。

气体绝缘金属封闭开关设备（Gas Insulator Switchgear，GIS）或复合电器（Hybrid-GIS，HGIS，仅适用于 500kV 及以上系统）中隔离开关分/合空载母线时，由于固有结构的原因以及触头运动速度较慢，引发断口多次重燃而产生的高频振荡，形成阶跃行波并在其内部多次折射、反射和叠加，从而产生幅值上升极快、波前时间极短（<0.1μs）、振荡频率很高（>1MHz）的过电压，称为特快速瞬态过电压（Very Fast Transient Overvoltage，VFTO），又称为"陡波前过电压"。VFTO 也可发生在与开关设备连线很短的中压干式变压器上。

按产生原因，VFTO 亦属特殊类型的操作过电压；按波形和频率，VFTO 则属"特快波前过电压"，比雷电过电压波前更陡、频率更高。

(2) 外部过电压

外部过电压又称大气过电压、雷电过电压，是由于大气中的雷云放电而在供配电系统的电气设备上所形成的过电压。外部过电压的持续时间约为几十微秒，具有脉冲的特性，常称为雷电冲击波，其电压幅值可高达几千万伏，电流幅值可达到几十万安培。雷电过电压分为直击雷过电压、闪电感应过电压和闪电电涌侵入过电压三种。

1）直击雷过电压

当雷电直接击中电气设备、线路或建筑物时，强大的雷电流通过被击物流入大地，在被击物上产生较高的电压，称为直击雷过电压。

2）闪电感应过电压（感应雷过电压）

闪电感应过电压是指雷电在放电过程中，由于静电感应或电磁感应，致使未直接遭受雷击的电气设备、线路或其他物体上感应出的过电压。

① 静电感应

雷云接近地面时，在地面凸出物顶部感应出等量的异性束缚电荷，当雷云放电时，凸出物顶部电荷顿时失去约束，立刻呈现出高电压，雷电流在其周围空间生成迅速变化的强磁场，因而可在强磁场附近的金属物上感应出高电压，如图 7-4 所示。在雷云电荷没有泄放之前，其被束缚住，如图 7-4（a）所示。当雷云放电后，感应出的电荷就变成了自由电荷，以波的形式向两边传，其过电压幅值可达到几十到数百千伏，如图 7-4（b）所示。

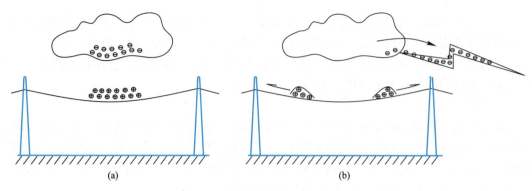

图 7-4 静电感应过电压示意
(a) 雷电静电感应束缚状态；(b) 雷电静电感应泄放状态

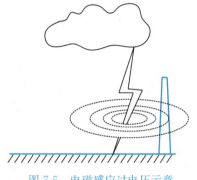

图 7-5 电磁感应过电压示意

② 电磁感应

指雷击后，雷电流在周围空间迅速产生的强大而变化的电磁场，从而在金属物上感应出的较大电动势和感应电流，电磁感应过电压如图 7-5 所示。

3) 闪电电涌侵入过电压（雷电波侵入过电压）

闪电电涌是指闪电击于防雷装置或线路上以及由闪电静电感应和闪电电磁脉冲引发，表现为过电压、过电流的瞬态波，即雷电波，雷电波侵入如图 7-6 所示。

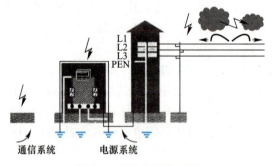

图 7-6 雷电波侵入示意

闪电电涌侵入是指雷电对架空线路、电缆线路和金属管道的作用，可能沿着管线侵入室内，危及人身安全或损坏设备。这种闪电电涌侵入造成的危害占雷电危害总数的一半以上。

2. 防雷相关名词

1) 雷电流

是指流入雷击点的电流，短时首次雷击是一个幅值很大、陡度很高的冲击波电流，典型波形如图 7-7 所示。

从图 7-7 可以看出，短时雷电流幅值从 0 到峰值电流 I_{max} 的上升时间很短，在达到峰值后，雷电流以较长时间逐步衰减。国际电工委员会（IEC）采用了波头时间 $T1$，半值时间 $T2$ 和平均陡度 $I/T1$ 来描述雷电波波形。

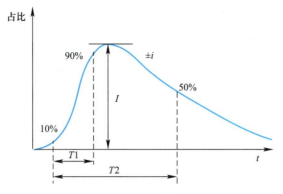

图 7-7　短时雷击波形

波头时间 $T1$ 是雷电流达到 10% 和 90% 幅值电流之间的时间间隔乘以 1.25。半值时间 $T2$ 是雷电流由幅值 10% 处开始上升到峰值然后逐渐下降到幅值 50% 时所需要的时间。通常，用 $T1/T2$ 表示雷电流波形，如：雷电计算中 10/350 表示波头时间 $T1$ 为 10，半值时间 $T2$ 为 350 的首次正极性雷击波形；同理，首次负极性雷击为 1/200，0.25/100 则代表了首次负极性以后雷击的波形。雷电流的陡度定义为：

$$d_i/d_t = \frac{i_{T2} - i_{T1}}{T2 - T1} \tag{7-10}$$

式中　d_i/d_t——雷电流的陡度；

　　　i_{T2}——半值时间对应的雷电流值，kA；

　　　i_{T1}——波头时间对应的雷电流值，kA；

　　　$T2$——半值时间，μs；

　　　$T1$——波头时间，μs。

常用雷电流峰值 I_{max} 与波头时间 $T1$ 的比值来表示即：$I_{max}/T1$。

2）雷暴日

雷暴日是指某地区一年中有雷电放电的天数，在一天中只要听到一次以上的雷声就记录成一个雷暴日，它反映了各地区雷电活动的频繁程度，是防雷设计的重要依据。各地的气象台、观测站将多年统计的雷暴日资料进行年平均，则得到年平均雷暴日数。我国把年平均雷暴日数不超过 15 天的地区，称为少雷区；年平均雷暴日数在 15 天至 40 天之间的，称为中雷区；年平均雷暴日数超过 40 天的地区，称为多雷区；年平均雷暴日数超过 90 天的地区称为强雷区。年平均雷暴日数越多，说明该地区雷电活动越频繁，防雷要求越高。

3）年预计雷击次数

建筑物的年预计雷击次数是反映某建筑物一年时间内可能会遭受雷击的次数，与建筑物等效面积、当地雷暴日及建筑物地况有关，应按下式计算：

$$N = k \times N_g \times A_e \tag{7-11}$$

式中　N——建筑物年预计雷击次数，次/a；

　　　k——校正系数，在一般情况下取 1；位于河边、湖边、山坡下或山地中土壤电阻率较小处、地下水露头处、土山顶部、山谷风口等处的建筑物，以及特别潮湿的建筑物取 1.5；金属屋面没有接地的砖木结构建筑物取 1.7；位于山顶上或旷野的孤立建筑物取 2；

N_g——建筑物所处地区雷击大地的年平均密度，次/(km²·a)；

A_e——与建筑物截收相同雷击次数的等效面积，km²。

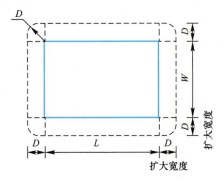

图 7-8　建筑物接收相同雷击次数的等效面积

雷击大地的年平均密度，首先应按当地气象台、站资料确定；若无资料，可按下式计算：

$$N_g = 0.1 \times T_d \quad (7\text{-}12)$$

式中　T_d——年平均雷暴日，根据各地气象台、站提供的资料确定，d/a。

与建筑物接收相同雷击次数的等效面积 A_e 应为其实际平面面积向外扩大后的面积，如图 7-8 中周边虚线所包围的面积，L、W、H 分别为建筑物的长、宽、高（m），D 为其每边的扩大宽度和四角圆弧的半径（m）。

当建筑物的高度小于 100m 时，其每边的扩大宽度和等效面积应按下列公式计算：

$$D = \sqrt{H(200-H)} \quad (7\text{-}13)$$

$$A_e = [LW + 2(L+W)\sqrt{H(200-H)} + \pi H(200-H)] \times 10^{-6} \quad (7\text{-}14)$$

7.2.2　建筑物防雷分类

《建筑物防雷设计规范》GB 50057—2010 规定，建筑物应根据建筑物的重要性、使用性质、发生雷电事故的可能性和后果，按防雷要求分为三类。

1. 在可能发生对地闪击的地区，遇下列情况之一时，应划为第一类防雷建筑物：

（1）凡制造、使用或贮存火炸药及其制品的危险建筑物，因电火花而引起爆炸、爆轰，会造成巨大破坏和人身伤亡者；

（2）具有 0 区或 20 区爆炸危险场所的建筑物；

（3）具有 1 区或 21 区爆炸危险场所的建筑物，因电火花而引起爆炸，会造成巨大破坏和人身伤亡者。

2. 在可能发生对地闪击的地区，遇下列情况之一时，应划为第二类防雷建筑物：

（1）国家级重点文物保护的建筑物；

（2）国家级的会堂、办公建筑物、大型展览和博览建筑物、大型火车站和飞机场（不含停放飞机的露天场所和跑道）、国宾馆、国家级档案馆、大型城市的重要给水泵房等特别重要的建筑物；

（3）国家级计算中心、国际通信枢纽等对国民经济有重要意义的建筑物；

（4）国家特级和甲级大型体育馆；

（5）制造、使用或贮存火炸药及其制品的危险建筑物，且电火花不易引起爆炸或不致造成巨大破坏和人身伤亡者；

（6）具有 1 区或 21 区爆炸危险场所的建筑物，且电火花不易引起爆炸或不致造成巨大破坏和人身伤亡者；

（7）具有 2 区或 22 区爆炸危险场所的建筑物；

（8）有爆炸危险的露天钢质封闭气罐；

（9）预计雷击次数大于 0.05 次/a 的部、省级办公建筑物和其他重要或人员密集的公共建筑物以及火灾危险场所；

（10）预计雷击次数大于 0.25 次/a 的住宅、办公楼等一般性民用建筑物或一般性工业建筑物。

3. 在可能发生对地闪击的地区，遇下列情况之一时，应划为第三类防雷建筑物：

（1）省级重点文物保护的建筑物及省级档案馆；

（2）预计雷击次数大于或等于 0.01 次/a，且小于或等于 0.05 次/a 的部、省级办公建筑物和其他重要或人员密集的公共建筑物，以及火灾危险场所；

（3）预计雷击次数大于或等于 0.05 次/a，且小于或等于 0.25 次/a 的住宅、办公楼等一般性民用建筑物或一般性工业建筑物；

（4）在平均雷暴日大于 15d/a 的地区，高度在 15m 及以上的烟囱、水塔等孤立的高耸建筑物；在平均雷暴日小于或等于 l5d/a 的地区，高度在 20m 及以上的烟囱、水塔等孤立的高耸建筑物。

【例 7-1】 某座 33 层的高层住宅楼，其长宽高分别为 60m、25m、98m，所在地年平均雷暴日为 30d/a，校正系数 $k=1.5$，试问该住宅楼应属于第几类防雷建筑物？

解：

该建筑物的等效面积为：

$$A_e = [LW + 2(L+W)\sqrt{H(200-H)} + \pi H(200-H)] \times 10^{-6}$$
$$= [60 \times 25 + 2 \times (60+25) \times \sqrt{98 \times (200-98)} + \pi \times 98 \times (200-98)] \times 10^{-6}$$
$$= 0.049884$$

雷击大地的年平均密度：$N_g = 0.1 \times T_d = 0.1 \times 30 = 3$ 次$/(km^2 \cdot a)$

该住宅楼的年预计雷击次数：$N = k \times N_g \times A_e = 1.5 \times 3 \times 0.049884 = 0.22$ 次/a

根据《建筑物防雷设计规范》GB 50057—2010，预计雷击次数大于或等于 0.05 次/a，且小于或等于 0.25 次/a 的住宅楼，应为第三类防雷建筑物。

7.2.3 防雷设备

防雷保护包括外部防雷保护和内部防雷保护两部分。

外部防雷装置根据保护对象不同，分为建筑物外部防雷保护装置和电力设备设施用避雷器两类。建筑物外部防雷保护装置由接闪器、引下线和接地装置三部分组成。接闪器（也叫接闪装置）有三种形式：接闪杆、接闪线和接闪网（带），它位于建筑物的顶部，其作用是引雷或叫截获闪电，即把雷电流引下；引下线，用于接闪器与接地装置的连接，它的作用是把接闪器截获的雷电流引至接地装置；接地装置位于地下一定深度之处，它的作用是使雷电流顺利迅速流散到大地中去。

内部防雷装置的作用是减少建筑物内的雷电流和所产生的电磁效应以及防止反击、接触电压、跨步电压等二次雷电危害。除外部防雷装置外，所有为达到此目的所采用的设施、手段和措施均为内部防雷举措，它包括等电位连接设备（施）、屏蔽设施、加装的避雷器以及合理布线和良好接地等。

1. 建筑物外部防雷装置

建筑物外部防雷装置，如图 7-9 所示，主要由接闪器、引下线、接地装置三部分组成。

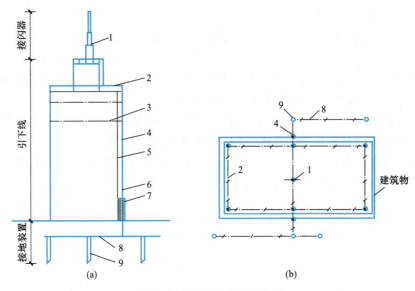

图 7-9 建筑物外部防雷装置
(a) 立面示意图；(b) 平面示意图
1—接闪杆；2—接闪带；3—均压环；4—引下线；5—引下线线夹；6—引下线检查口；
7—引下线护管；8—接地母线；9—接地极

（1）接闪器

1）接闪杆

由金属材料制成的棒状接闪器，俗称避雷针。一般采用镀锌圆钢（杆长 1m 以下时直径不小于 12mm、杆长 1~2m 时直径不小于 16mm、烟囱顶上的杆直径不小于 20mm）或镀锌焊接钢管（杆长 1m 以下时内径不小于 20mm、杆长 1~2m 时内径不小于 25mm、烟囱顶上的杆直径不小于 40mm）制成。它既可以附设式安装又可以独立式安装。

根据《建筑物防雷设计规范》GB 50057—2010 规定，接闪杆保护范围采用"滚球法"确定。所谓"滚球法"就是选择一个半径为 h_r（滚球半径）的假想球体，沿水平地面起开始，连续滚动，直至遇到高度为 h_r 接闪杆，翻过其顶部后继续滚动，再回到地面为止，如图 7-10（a）所示。由于是以接闪杆为轴滚动形成的，则令该球外圆运动轨迹形成的包络线轴向旋转所得到的锥形体，就是接闪杆实际保护范围，为从地面（或屋面）到保护最高点逐渐缩小的锥形体，如图 7-10（b）所示。

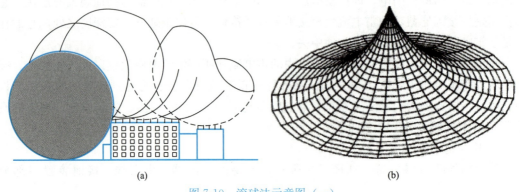

图 7-10 滚球法示意图（一）

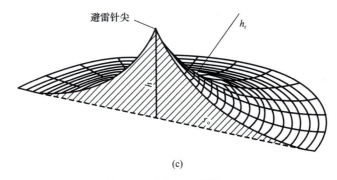

(c)

图 7-10　滚球法示意图（二）

(a) 滚球轨迹示意；(b) 滚球轨迹包络线轴向旋转锥体；(c) 有效保护范围剖面图

由于保护范围具有完全轴向对称，如图 7-10（c）所示。可以认为，若被保护的建筑物完全在该锥体所包围的范围内，则保护是有效的，否则就没有被完全保护。

滚球半径 h_r 的大小由防雷类别决定。《建筑物防雷设计规范》GB 50057—2010 规定了滚球半径尺寸，见表 7-3。

接闪器布置尺寸（m）　　　　表 7-3

建筑物防雷类别	滚球半径 h_r	接闪网网格尺寸
第一类防雷建筑物	20～30	≤5×5 或≤6×4
第二类防雷建筑物	45	≤10×10 或≤12×8
第三类防雷建筑物	60	≤20×20 或≤24×16

① 当接闪杆高度 h 小于或等于滚球半径 h_r，即 $h \leq h_r$ 时，如图 7-11 所示。

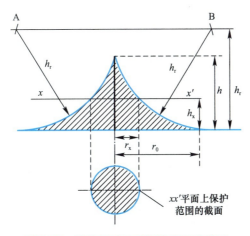

图 7-11　单支避雷针的保护范围示意图

a. 作一平行线平行于地面，距离地面 h_r；

b. 以 h_r 为半径，以接闪杆的尖端为圆心，做弧线交平行线于 A、B 两点；

c. 分别以 A、B 为圆心，h_r 为半径做弧线，与针尖相交并与地面相切的两段弧线与地面包围的锥形范围，就是接闪杆的保护空间；

d. 接闪杆在 h_x 高度 xx' 平面上的保护半径 r_x 的计算公式为：

$$r_x = \sqrt{h(2h_r - h)} - \sqrt{h_x(2h_r - h_x)} \qquad (7-15)$$

式中　r_x——接闪杆在 h_x 高度 xx' 平面上的保护半径，m；
　　　h——接闪杆高度，m；
　　　h_r——滚球半径，m；
　　　h_x——被保护物高度，m。

e. 接闪杆在地面上的保护半径 r_0 的按下式计算：

$$r_0 = \sqrt{h(2h_r - h)} \qquad (7-16)$$

式中　r_0——接闪杆在地面上的保护半径，m。

② 当接闪杆高度 $h > h_r$ 时：

在接闪杆上取高度为 h_r 的点代替单支接闪杆的尖端作圆心，其余的做法与上述 $h \leqslant h_r$ 时相同。

多支接闪杆的保护范围及计算，可参阅有关标准及设计手册。

【例 7-2】 某厂有一独立变电所高 10m（属第三类防雷建筑），其最远的一角到一个高 60m 的烟囱水平距离为 50m。烟囱上装有一根 2.5m 高的避雷针，试问算此避雷针能否保护这座变电所不遭受雷击。

解：

查表 7-3，得滚球半径 $h_r = 60$m，而接闪杆顶端高度 $h = 60 + 2.5 = 62.5$m，$h_x = 10$m，因此得：

$$r_x = \sqrt{h(2h_r - h)} - \sqrt{h_x(2h_r - h_x)} = \sqrt{62.5 \times (2 \times 60 - 62.5)} - \sqrt{10 \times (2 \times 60 - 10)}$$
$$= 59.95 - 33.17 = 26.78\text{m}$$

而该变电所最远的一角到烟囱的水平距离 $r = 50$m $> r_x$

由此可见，此避雷针不能保护这座变电所。

2) 接闪线

接闪线俗称架空地线、避雷线。常架设在杆塔顶部，保护下面的架空电力线路等狭长物体。其保护原理与接闪杆相似。接闪线截面宜采用不小于 50mm^2 的热镀锌钢绞线或铜绞线。

架空地线是高压输电线路结构的重要组成部分，是保护架空输电线路免遭雷闪袭击的装置。架空地线都是架设在被保护导线的上方。当线路上方出现雷云对地面放电时，雷闪通道容易首先击中架空地线，使雷电流进入大地，以保护导线正常工作。同时，架空地线还有电磁屏蔽作用，当线路附近雷云对地面放电时，可以降低在导线上引起的雷电感应过电压。架空地线须与杆塔接地装置牢固相连，以保证遭受雷击后能将雷电流可靠地导入大地，并且避免雷击点电位突然升高而造成反击。

架空地线由于不具有输送电流的功能，所以不要求具有与导线相同的导电率和导线截面，通常多采用钢绞线。线路正常送电时，架空地线中会受到三相电流的电磁感应而出现电流，从而增加线路功率损耗并且影响输电性能。有些输电线路也使用良导体地线，即用铝合金或铝包钢导线制成的架空地线。这种地线导电性能较好，可以改善线路输电性能，减轻对邻近通信线的干扰。

接闪线的保护范围，根据《建筑物防雷设计规范》GB 50057—2010 的规定：

① 单根接闪线，当高度 $h \geqslant 2h_r$ 时，无保护范围；

② 当接闪线的高度 $h<2h_r$ 时，如图 7-12 所示。保护范围按下列步骤确定：

a. 距地面 h_r 处做一平行于地面的平行线；

b. 以接闪线为圆心，h_r 为半径，做弧线交平行线于 A、B 两点；

c. 再以 A、B 点为圆心，h_r 为半径做弧线，该两弧线相交或相切，并与地面相切。两段弧线与地面包围的部分就是接闪线的保护范围。

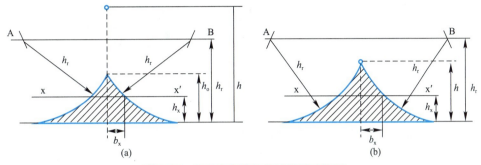

图 7-12 单根接闪线的保护范围示意图

(a) $h_r<h<2h_r$ 时的保护范围；(b) $h\leqslant h_r$ 时的保护范围

③ 当 $h_r<h<2h_r$ 时，保护范围最高点的高度 h_0 计算公式为：

$$h_0 = 2h_r - h \tag{7-17}$$

④ 接闪线在 h_r 高度 xx' 平面上的保护宽度 b_x 为：

$$b_x = \sqrt{h(2h_r-h)} - \sqrt{h_x(2h_r-h_x)} \tag{7-18}$$

式中　b_x——接闪线在 h_r 高度的 xx' 平面上的保护宽度，m；

　　　h——接闪线高度，m；

　　　h_r——滚球半径，m；

　　　h_x——被保护物高度，m。

⑤ 接闪线两端的保护范围，可按单支接闪杆的方法确定。

计算接闪杆保护范围时要注意，确定架空接闪线的高度 h 时应计及弧垂的影响。在无法确定弧垂的情况下，对于等高支柱间的挡距小于 120m 时，其接闪线中点的弧垂宜采用 2m；档距为 120~150m 时，弧垂宜采用 3m。

多根接闪线的保护范围，可参阅有关标准及设计手册。

3）接闪网（带）

接闪网（带）俗称避雷网（带）。接闪带是指沿建筑物檐角、屋角、屋脊、屋檐、女儿墙等最可能受雷击的地方敷设的防直击雷的金属导体。当屋顶面积较大时，需增加敷设金属导体，呈网格状，就形成了接闪网，屋面接闪带接闪网如图 7-13 所示。接闪网网格尺寸参照表 7-3。接闪带和接闪网宜采用圆钢或扁钢，圆钢直径不应小于 8mm；扁钢截面不应小于 50mm²，厚度不应小于 4mm。接闪带每隔 1m 用支架固定在墙上或固定在现浇混凝土支座上。

(2) 引下线

引下线是用于将雷电流从接闪器传导至接地装置的导体，有明敷设与暗敷设之分，如图 7-14 所示。引下线应能满足机械强度、热稳定以及耐腐蚀的要求。

引下线不应少于 2 根，并应沿着建筑物四周均匀或对称布置，其间距如表 7-4 所示。

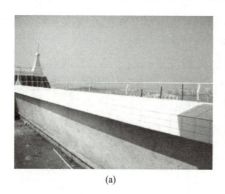 

图 7-13 屋面接闪带接闪网

(a) 接闪带；(b) 接闪网

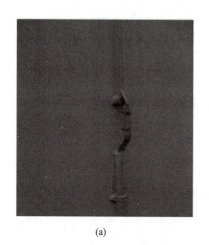  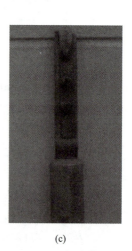

图 7-14 引下线

(a) 明敷设引下；(b) 暗敷设建筑主筋引下；(c) 暗敷设明检查断口

引下线间距　　　　　　　　　　　　　　　　表 7-4

建筑类型	间距（m）
一类防雷建筑物	12
二类防雷建筑物	18
三类防雷建筑物	25

建筑物防雷引下线宜利用建筑物钢筋混凝土内的钢筋暗敷设，或采用圆钢、扁钢明敷设。作为防雷引下线的钢筋，当钢筋直径大于或等于 16mm 时，应将两根钢筋绑扎或焊接在一起，作为一组引下线；当钢筋直径大于或等于 10mm 且小于 16mm 时，应利用四根钢筋绑扎或焊接作为一组引下线。当采用圆钢作引下线时，直径不应小于 8mm。当采用镀锌扁钢时，截面不应小于 50mm²，厚度不应小于 2.5mm。装设在烟囱上的引下线，圆钢直径要求不应小于 12mm，扁钢截面不应小于 100mm² 且厚度不应小于 4mm。

2. 避雷器

避雷器主要用来保护电力设备和电力线路，也用作防止高电压侵入室内的安全措施。避雷器并联在被保护设备或设施上，各式避雷器如图 7-15 所示。正常时装置与地绝缘，当出现雷击过电压时,装置与地由绝缘变成导通,并击穿放电,将雷电流或过电压引入大地,起到保护作用。过电压终止后,避雷器迅速恢复不通状态,恢复正常工作。

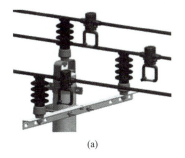   

图 7-15 各式避雷器

(a) 架空线避雷;(b) 变压器避雷;(c) 架空线转电缆避雷;(d) 室内低压避雷

3. 内部防雷产品(电涌保护器)

电涌保护器(Surge ProtectionDevice,SPD),又称浪涌保护器、防雷器等。主要用于室内为低压配电系统及各种电子设备、仪器仪表、通信线路等提供安全防护的电子装置。当电气回路或者通信线路中因为外界的干扰突然产生尖峰电流或者电压时,电涌保护器能在极短的时间内导通分流,从而避免浪涌对回路中其他设备的损害。

常用的交流电源 SPD,如图 7-16 所示,其中:图 7-16(a)可接于 L-N 或 L-PE 或 PE-N;图 7-16(b)接于 L-N+PE;图 7-16(c)接于 3P-PE;图 7-16(d)接于 3P-N+PE。

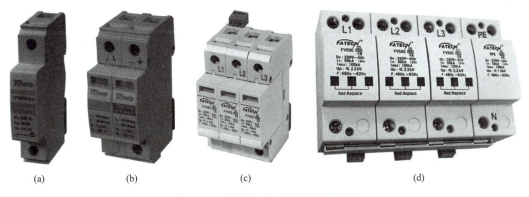

图 7-16 常用的交流电源电涌保护器

(a) 1P;(b) L-N+PE;(c) 3P-PE;(d) 3P-N+PE

7.2.4 防雷措施

1. 建筑物防雷

根据规范,各类防雷建筑物都应采取防直击雷和防雷电电涌侵入的措施。并且在装有防雷装置的建筑物,防雷装置如果与其他设施和建筑物内的人员无法隔离,应采取等电位联结。

(1)第一类防雷建筑物防雷措施

1)直击雷防护

防直击雷时,应装设独立接闪杆或架空接闪线(网),使被保护建筑物及突出屋面的物体均处于接闪器的保护范围内。架空接闪网的网格尺寸大小符合第一类防雷的要求。

要求独立接闪杆和架空接闪线（网）的支柱及其接地装置至被保护建筑物及与其有联系的管道、电缆等金属物之间的距离，架空接闪线（网）至被保护建筑物屋面和各种突出屋面物体之间的距离，均应不小于 3m。独立接闪杆、架空接闪线（网）应设置独立的接地装置，并且每一引下线的冲击接地电阻宜不大于 10Ω，在高土壤电阻率的地区，可适当增大。

2）侧击雷防护

当第一类防雷建筑物高于 30m 时，应采取防侧击雷措施：

① 从 30m 起，每隔不大于 6m 沿建筑物四周设水平接闪带并与引下线相连；

② 30m 以上外墙门窗、栏杆等较大金属物应与防雷装置相连接。

3）闪电电涌侵入和雷电感应防护

闪电电涌是指闪电击于防雷装置或线路上以及由闪电静电感应和闪电电磁脉冲引发，表现为过电压、过电流的瞬态波，即雷电波。雷电电涌侵入是指雷电对架空线路、电缆线路和金属管道的作用，可能沿着管线侵入室内，危及人身安全或损坏设备。这种雷电电涌侵入造成的危害占雷电危害总数的一半以上。

第一类防雷建筑物防雷电电涌侵入时，低压线路宜全线采用电缆直接埋地敷设，并在入户端，应将电缆的金属外皮、所穿钢管接到等电位联结带或防雷电感应的接地装置上。

如果全线采用电缆有困难，可采用铁横担和钢筋水泥电杆的架空线，在入户前的终端杆用一段埋地长度不于小 15m 的金属铠装电缆或护套电缆穿钢管直接埋地引入室内。在电缆与架空线连接处，还应设设 SPD。SPD、电缆金属外皮、钢管及绝缘子铁脚、金具等均应连在一起接地，其冲击接地电阻小于等于 30Ω，架空线与电缆防电涌侵入如图 7-17 所示。

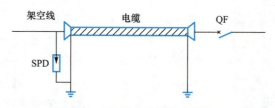

图 7-17　架空线与电缆防电涌侵入

（2）第二类防雷建筑物防雷措施

1）直击雷防护

在建筑物上宜采取装设接闪网（带）或接闪杆或由其两者混合组成的接闪器，使被保护的建筑物及凸出屋面的物体均处于接闪器的保护范围中。在整个屋面上装设接闪网的网格尺寸大小，应符合第二类建筑物防雷的要求。当建筑物高度超过 45m 时，屋顶四周应首先敷设接闪带，并且接闪带要设在外墙外表面或屋檐边垂直面上，也可以设在上述表面之外。

防直击雷的引下线采用建筑物钢筋混凝土中的钢筋或钢结构柱时，其根数可不限，间距沿周长计算应不大于 18m，但建筑外廊易受雷击的拐角柱钢筋，应优先选用，每根引下线的冲击接地电阻可不作规定。接闪器专设接地引下线时的冲击接地电阻不大于 10Ω，其根数应不少于 2 根。

2) 侧击雷防护

① 当建筑物高于 45m 时，对水平凸出外墙的物体，以滚球半径为 45m 的假想球体从屋顶四周接闪带开始，向地面垂直滚落，接触到凸出外墙的物体时，应采取相应的防雷措施；

② 高于 60m 的建筑物，其上部占高度 20% 并超过 60m 的部位应作侧击雷防护：

a. 在建筑物上部占高度 20% 并超过 60m 的部位，各表面上的尖物、墙角、边缘、设备以及显著凸出物，应按屋顶保护措施考虑；

b. 在建筑物上部占高度 20% 并超过 60m 的部位，布置的接闪器应符合对本类防雷建筑物的要求，接闪器应重点布置在墙角、边缘和显著凸出体上；

c. 外部金属物，当其最小尺寸符合《建筑物防雷设计规范》GB 50057—2010 规定时，可作为接闪器，也可利用布置在建筑物垂直边缘处的外部引下线作接闪器；

d. 符合《建筑物防雷设计规范》GB 50057—2010 规定的钢筋混凝土内钢筋及建筑物金属框架，当作为引下线或与引下线连接时，均可利用其作为接闪器；

③ 外墙内、外垂直敷设的金属管道及金属物的顶端和底端，应与防雷装置等电位联结。

3) 闪电电涌侵入和雷电感应防护

进入建筑物的各种线路及金属管道宜采用全线埋地引入，在入户端应将电缆金属外皮、金属管道等接地。当困难时，可采用一段埋地长度不小于 15m 的铠装电缆或穿钢管的电缆直接埋地引入。

在电气接地装置与防雷接地装置共用或相连的情况下，应在低压电源线路引入的总配电箱（柜）处装设 SPD。安装在建筑物内部或附设于外墙处，联结组标号为 Yyn0、Dyn11 的配电变压器，应在其高压侧装设避雷器；在低压侧母线上，当有出线回路自本建筑物引至其他独自敷设接地装置的配电装置时，应装设Ⅰ级试验的 SPD，当本建筑物无线路引出时，应在母线上装设Ⅱ级试验的 SPD。

(3) 第三类防雷建筑物防雷措施

1) 直击雷防护

宜采取在建筑物上装设接闪网（带）或接闪杆或由其两者混合组成的接闪器。接闪带应装设在屋脊、屋檐、屋角、女儿墙等易受雷击部位，整个屋面上网格尺寸大小应符合第三类建筑物防雷的要求。

当利用建筑物构造柱中的钢筋作防雷引下线时，其间距应不大于 25m，引下线数量可不受限制。建筑物外廊易受雷击的各拐角柱的主钢筋也可用于引下线。每根引下线的冲击接地电阻值可不作规定。为防雷专设的引下线，其数量应不少于 2 根，间距沿周长计算应不大于 25m，每根引下线的冲击接地电阻宜不大于 30Ω；对年预计雷击次数 $0.01 \leqslant N \leqslant 0.05$ 的部、省级办公建筑物及其他重要或人员密集的公共建筑物则不宜大于 10Ω。

2) 侧击雷防护

① 当建筑物高于 60m 时，对水平凸出外墙的物体，以滚球半径为 60m 的假想球体从屋顶四周接闪带开始，向地面垂直滚落，接触到凸出外墙的物体时，应采取相应的防雷措施。

② 高于 60m 的建筑物，其上部占高度 20% 并超过 60m 的部位应做侧击雷防护：

a. 在建筑物上部占高度 20% 并超过 60m 的部位，各表面上的尖物、墙角、边缘、设备以及显著突出的物体，应按屋顶保护措施考虑；

b. 在建筑物上部占高度20%并超过60m的部位，布置的接闪器应符合对本类防雷建筑物的要求，接闪器应重点布置在墙角、边缘和显著凸出物上；

c. 在建筑物外部的金属物，当其最小尺寸符合《建筑物防雷设计规范》GB 50057—2010 规定时，可作为接闪器，也可利用布置在建筑物垂直边缘处的外部引下线作接闪器；

d. 符合《建筑物防雷设计规范》GB 50057—2010 规定的钢筋混凝土内钢筋及建筑物金属框架，当作引下线或与引下线连接时，均可利用其作为接闪器。

③ 外墙内、外竖直敷设的金属管道及金属物的顶端和底端，应与防雷装置等电位联结。

3）雷电电涌侵入和雷电感应防护

当建筑物直接用电缆做进出线时，应在进出端将电缆的金属外皮、金属导管等与电气设备接地相连。架空线转换为电缆时，电缆长度宜不小于15m，应在转换处装设避雷器。电缆金属外皮和架空线的绝缘子铁脚、金具等应连在一起接地，其冲击接地电阻宜不大于30Ω。采用低压架空进出线的，应在进出处装设 SPD，并应与绝缘子铁脚、金具连在一起接地，架空进线防电涌侵入如图 7-18 所示。

在低压电源线路引入总配电箱（柜）处装设 SPD，设在建筑物内部或附设于外墙处的配电变压器应在低压侧母线上装设 SPD，各保护模式的冲击电流值应按防雷设计规范确定。

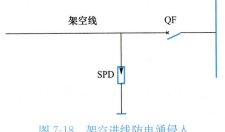

图 7-18 架空进线防电涌侵入

2. 机电设备设施雷电电磁脉冲防护

随着智能化、信息化技术快速发展，各种类型的电子装置包括计算机、电信设备、控制系统等广泛应用。这些高精度、高灵敏度产品中使用着大量的固态半导体元件，因耐压很低，易受到电磁冲击而出现故障或损坏。因此，要保证各行各业各个领域的电子信息系统、控制系统的正常运行，也必须对这类设施设备采取防雷电电磁脉冲（Lightning Electromagnetic Pulse, LEMP）措施。对雷电电磁脉冲的防护可以采取：屏蔽、等电位联结、接地以及装设 SPD 等措施。

建筑物本身抗 LEMP 干扰的典型思路是格栅形的笼式屏蔽系统。即利用法拉第笼的原理，将建筑物所属的金属部件，包括金属框架、支架、钢筋以及非可燃可爆的金属管线等进行多重联结后共同接地，从而形成一个三维的、格栅型金属屏蔽网络，使建筑物内的电子设备得到屏蔽保护，如图 7-19 所示。建筑物形成的格栅型金属屏蔽网络，除了能有效防护空间电磁脉冲外，还是等电位网络。将设备金属外壳和金属机柜、机架等并入此网络，可以限制设施和设备任意两点之间的电位差。另外，格栅型金属网络为雷电及感应电流提供多条并联通路，可使建筑物内部的分流达到最佳效果。

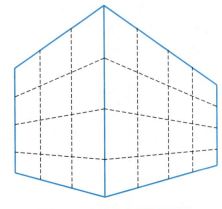

图 7-19 建筑物金属部件联结成格栅形网络

（1）防雷区

依据雷电电磁脉冲的强度等，可把建筑物或构筑物由外到内分为不同的雷电防护区

(Lightning Protection Zones，LPZ)，简称防雷区，如图 7-20 所示。不同空间区域采取与之相适应的防雷措施。

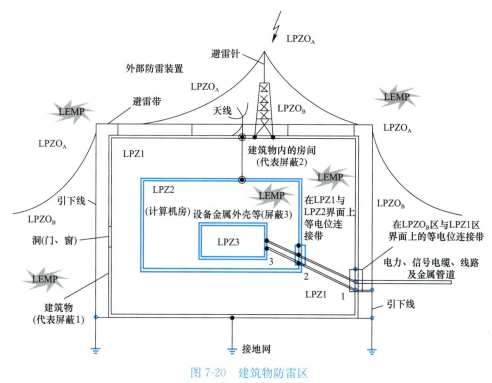

图 7-20　建筑物防雷区

防雷区可分为：

1) $LPZ0_A$ 区

为直击雷的非防护区，区内各物体处于防雷保护范围之外，有可能遭到直接雷击和接受全部雷电流；本区内的电磁场无衰减。例如大厦外面没有被接闪杆、接闪带保护范围之外。

2) $LPZ0_B$ 区

为暴露的直击雷防护区，区内各物体处于防雷保护范围之内，不可能遭到大于所选滚球半径对应雷电流的直接雷击，但本区内的电磁场仍然无任何屏蔽衰减。例如大厦顶部、侧面处于接闪带、接闪杆保护范围之内的空间以及无屏蔽措施的大厦内部或有屏蔽措施大厦的窗洞附近。

3) LPZ1 区

为建筑物内第一雷电防护区，区内各物体不可能遭受直接雷击，流经各导体的雷电流比 LPZOB 区进一步减小；并且由于建筑物的屏蔽作用，区内的电磁场可能得到初步衰减。例如有屏蔽措施大厦的内部（不包括窗、洞附近）。

4) LPZ2 区

为进一步减小导体部件上的雷电流和电磁场而引入的后续防护区。

5) LPZn 区

为保护高灵敏度仪器设备，更进一步减小所导入的电流或电磁场而增设的后续防护区。

（2）防雷电电磁脉冲屏蔽措施

屏蔽是减小电磁干扰的基本措施，包括以下几个方面：

1）外部屏蔽

将建筑物的混凝土内钢筋、金属框架与构架、金属屋顶、金属立面等所有大尺寸金属部件应连接在一起形成网孔宽度为几十厘米的金属屏蔽网络，并且与防雷系统等电位连接。典型的金属网格式屏蔽，如图 7-21 所示。穿入这类金属屏蔽网的导电金属物也应就近与其做等电位联结。

2）合理布线

对于强弱电线缆同时敷设的环境，强弱电线缆应分别敷设，并保持一定间距，以减少电磁感应，合理布线如图 7-22 所示。

图 7-21　典型的金属网格式屏蔽

图 7-22　合理布线

3）采用屏蔽线缆

对于电力、通信线路根据需要可以采用屏蔽电缆，如图 7-23 所示。但其屏蔽层如果要防 LEMP 的话至少应在两端进行等电位联结。当系统有防静电感应等要求只在一端做等电位联结时，应采用双层屏蔽电缆，其外层屏蔽按防 LEMP 要求在两端做等电位联结。电缆经过防雷区时，按规定还应在分区界面处再作等电位联结处理。

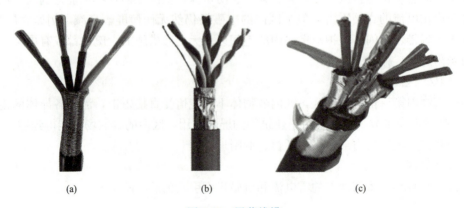

图 7-23　屏蔽线缆
(a) 编织屏蔽；(b) 泊层屏蔽；(c) 双屏蔽

(3) 等电位联结

等电位联结是用连接导体或 SPD 将分开的金属物相互连接起来，安全导走可能加于其上的电流，减小它们之间危险的电位差。

前面讲述的建筑物内通过多重联结而形成的三维格栅型金属网络，既是屏蔽网络也是等电位联结网络。电气装置的 PE 线应按照环型或星型方式接入等电位联结网络中。

1) 建筑物等电位联结要求

① 进入防雷区界面的所有导电物体和电力线、通信线都应在界面处作等局部电位联结。设备外壳与各种屏蔽结构等局部金属物体也连接到该联结带上。当外来导电物体与电力、通信线路在不同地点进入建筑物时，可以设置多个等电位联结带，并就近连到环形接地体或内部环形导体上，如图 7-24 所示。要求它们在电气上贯通的并连接到接地体。环形接地体和内部环形导体应连到钢筋或金属立面等屏蔽构件上，典型的连接间距为每隔 5m 一次。

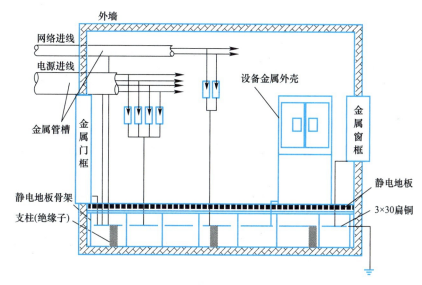

图 7-24 建筑物等电位联结

② 建筑物内部大尺寸导电物体，包括所有金属框架、金属桥架、金属地板、金属管线、轨道等，应以最短路径连到就近的等电位连接带或已有等电位联结的金属物体，各导电物体之间宜附加多重互联。

③ 机房内电子信息设备的外壳、机架等所有外露导电部分应建立等电位联结网络。电子信息设备的外露金属部件与建筑物的公共接地系统的等电位联结有两种方法，即 S 型（星型）结构和 M 型（网格型）结构，如图 7-25 所示。S 型等电位联结网络用于电子信息设备相对较少（面积 100m² 以下）的机房或局部的系统中，并应使除等电位联结点外的所有金属部件与公共接地系统隔离（或绝缘）。当 S 型网络以一点接入公共接地系统时，构成 S_s 型等电位联结网络。因为单点连接，所以与雷电相关的低频电流不会进入电子信息设备中，并且电子信息设备内部的低频干扰源也不能产生地电流。M 型网络通常用于设备间有许多线路联络的开环系统，此系统的金属部件不应与公共接地系统绝缘。当 M 型网络多点连接到公共接地系统时，则构成 M_m 型等电位联结网络。

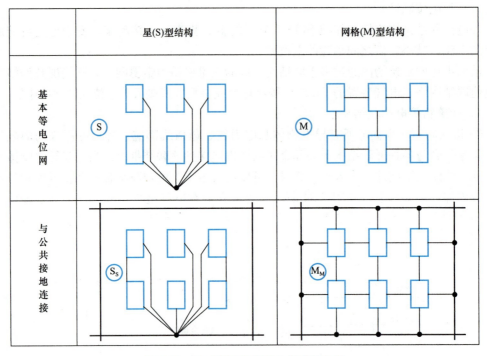

图 7-25　电子信息设备等电位联结方法

④ 对各类防雷建筑物，各种等电位联结导体的最小截面应符合表 7-5 的规定。

各种等电位联结导体的最小截面（mm²）　　　　表 7-5

	(1) 内部金属装置与等电位联结带之间的联结导体； (2) 通过小于 25% 总雷电流的等电位联结导体	(1) 等电位联结带之间的联结导体； (2) 等电位联结带与接地装置之间的联结导体； (3) 通过大于 25% 总雷电流的等电位联结导体
铜	6	16
铝	10	25
铁	16	50

镀锌钢或铜等电位联结带的截面应不小于 50mm²。

2）等电位联结分类

等电位联结可分为总等电位联结（Main Equipotential Bonding，MEB）、局部等电位联结（Local Equipotential Bonding，LEB）和辅助等电位联结（Supplementary Equipotential Bonding，SEB）。

① 总等电位联结

总等电位联结，如图 7-26 所示。总等电位联结作用于整栋建筑物，在一定程度上可降低建筑物内间接接触电击的接触电压和不同金属部件间的电位差，并消除来自建筑物外经电气线路和各种金属管道引入的危险故障电压的危害。总等电位联结应通过进线配电箱近旁的接地母排（总等电位联结端子板）将下列可导电部分互相连通：

第7章 电气安全与防雷接地

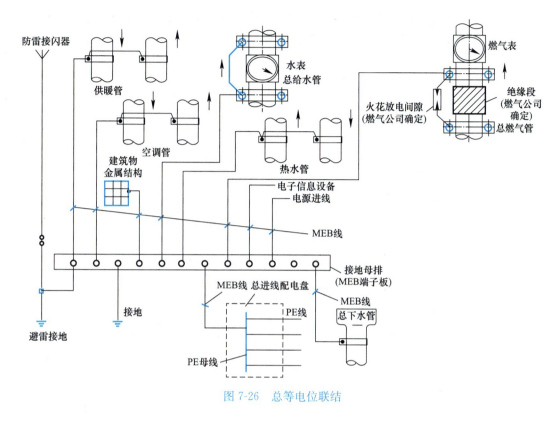

图7-26 总等电位联结

  a. 电箱的PE（PEN）母排；
  b. 公用设施的金属管道，如上、下水、热力、燃气等管道；
  c. 建筑物金属结构；
  d. 如果设置有人工接地，也包括其接地极引线。
  ② 局部等电位联结
  在一局部场所范围内，将各可导电部分连通，称作局部等电位联结，如图7-27所示。可通过局部等电位联结端子板将下列部分互相连通：
  a. PE母线或PE干线；
  b. 公用设施的金属管道；
  c. 建筑物金属结构。
  工程中，可淋浴的卫生间以及安全要求极高的胸腔手术室等地，均应作局部等电位联结。
  ③ 辅助等电位联结
  建筑物做了等电位连接之后，在伸臂范围内的某些外露可导电部分与装置外可导电部分之间，再用导线附加链接，以使其间的电位相等或更接近，称为辅助等电位联结，如图7-28所示。
  （4）电源SPD应用
  基于LPZ的概念，当电气线路穿越相邻防雷区交界处时，须安装SPD。根据设备的不同位置和耐压水平，可将保护级别分为三级或更多。但保护器之间必须很好的配合，以便按照它们各自耐能量的能力及在各 SPD 之间分配可接受的承受值和原始的雷电威胁值，有效地减至需要保护的设备的耐电涌能力。

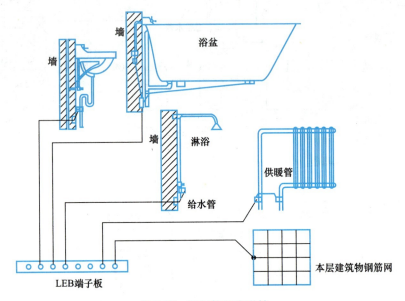

图 7-27　局部等电位联结

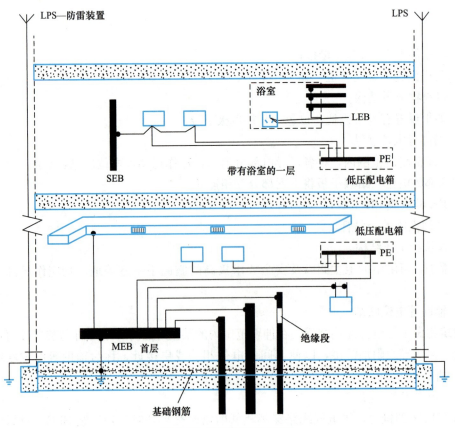

图 7-28　辅助等电位联结

7.3 电气系统接地

7.3.1 接地基本概念

1. 接地与接地装置

电气设备的某部分与大地之间做良好的电气连接,称为接地。埋入土壤或混凝土基础中作散流用的导体,称为接地体。接地体又分为人工接地体和自然接地体。为了达到接地的目的,人为埋入土壤的导体称为人工接地体;兼作接地用的且按与大地接触的各种金属管道、金属构件、建筑物以及基础中的钢筋等称为自然接地体。从接地端子、等电位连接带至接地体的连接导体,或从引下线断接卡或测试点至接地体的连接导体,称为接地线。接地体与接地线合称为接地装置。实际的接地装置是一个由多个接地体在大地中用接地线连接起来的网络状整体(又称接地网),如图7-29所示。

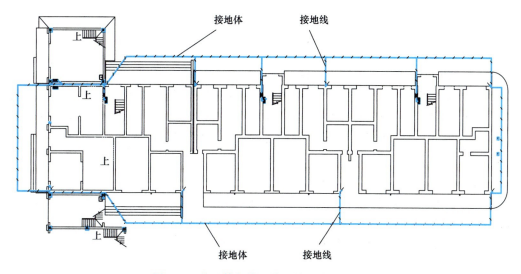

图 7-29 接地体与接地线连接而成的接地网

2. 接地电流和对地电压

电气设备发生接地故障时,电流经接地装置流入大地并作半球形散开,这一电流称为接地电流,如图7-30中的I_d所示。由于这半球形球面距接地体越远的地方球面越大,所以距接地体越远的地方,散流电电流越小。试验表明,在单根接地体或接地故障点20m远处,实际散流电电流已趋近于零,电位为零。这个电位为零的地方,称为电气上的"地"或"大地"。电气设备接地部分与零电位的"大地"之间的电位差,称为对地电压,如图7-30中的U_{d0}所示。

3. 接地分类

(1) 功能接地

功能接地是出于电气安全之外的目的,将系统、装置或设备的一点或多点接地。

1)(电力)系统接地。根据系统运行的需要进行的接地,如交流电力系统的中性点接地、直流系统中的电源正极或中点接地等。

2) 信号电路接地。为保证信号具有稳定的基准电位而设置的接地。

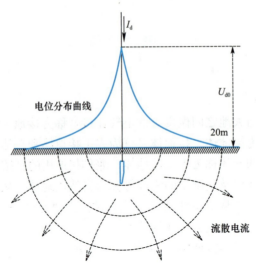

图 7-30 接地点附近电位分布曲线

（2）保护接地

为了电气安全，将系统、装置或设备的一点或多点接地。

1）电气装置保护接地。电气装置的外露可导电部分、配电装置的金属架构和线路杆塔等，由于绝缘损坏或爬电有可能带电，为防止其危及人身和设备的安全而设置的接地。

2）作业接地。将已停电的带电部分接地，以便在无电击危险情况下进行作业。

3）雷电防护接地。为雷电防护装置（按闪杆、接闪线和过电压保护器等）向大地泄放雷电流而设的接地，用以消除或减轻雷电危及人身和损坏设备。

4）防静电接地。将静电荷导入大地的接地。如对易燃易爆管道、贮罐以及电子器件、设备为防止静电的危害而设的接地。

5）阴极保护接地。使被保护金属表面成为电化学原电池的阴极，以防止该表面被腐蚀的接地。

（3）功能和保护兼有的接地

电磁兼容性是指为装置设备或系统在其工作的电磁环境中能不降低性能地正常工作，且对该环境中的其他事物（包括有生命体和无生命体）不构成电磁危害或骚扰的能力。为此目的所作的接地称为电磁兼容性接地。电磁兼容性（Electromagnetic Compatibility, EMC）接地，既有功能接地（抗干扰），又有保护接地（抗损害）的含义。

屏蔽是电磁兼容性要求的基本保护措施之一。为防止寄生电容回授或形成噪声电压需将屏蔽体接地，以便电磁屏蔽体泄放感应电荷或形成足够的反向电流以抵消干扰影响。

7.3.2 接地装置计算

1. 接地电阻

接地电阻是接地体、接地线的金属电阻与接地体流散电阻的总和。因接地线、接地体的金属电阻相对较小，所以可认为流散电阻就是接地电阻。

接地电阻分为工频接地电阻 R_d 和冲击接地电阻 R_{sh}。工频接地电阻是工频接地电流通过接地装置导入大地所呈现的接地电阻；冲击接地电阻是雷电流通过接地装置导入大地所呈现的接地电阻。《交流电气装置的接地设计规范》GB/T 50065—2011 规定的部分电力装置的工作接地电阻（包括 R_d 和 R_{sh}）数值，如表 7-6 所示。

部分电力装置工作接地电阻值　　　　　　　　　　　表 7-6

序号	电力装置名称	接地的电力装置特点		接地电阻值
1	1kV 以上大电流接地系统	仅用于该系统的接地装置		$R_d \leqslant \dfrac{2000\text{V}}{I_k^{(1)}}$ 当 $I_k^{(1)} > 4000\text{A}$ 时 $R_d \leqslant 0.5\Omega$
2	1kV 以上小电流接地系统	仅用于该系统的接地装置		$R_d \leqslant \dfrac{250\text{V}}{I_{C0}}$ 且 $R_d \leqslant 10\Omega$
3		与 1kV 以下系统共用的接地装置		$R_d \leqslant \dfrac{120\text{V}}{I_{C0}}$ 且 $R_d \leqslant 10\Omega$
4	1kV 以下系统	与总容量在 100kV·A 以上的发电机或变压器相联的接地装置		$R_d \leqslant 10\Omega$
5		上述（序号 4）装置的重复接地		$R_d \leqslant 10\Omega$
6		与总容量在 100kV·A 及以下的发电机或变压器相联的接地装置		$R_d \leqslant 10\Omega$
7		上述（序号 6）装置的重复接地		$R_d \leqslant 30\Omega$
8	避雷装置	变配电所装设的避雷器	与序号 4 装置共用	$R_d \leqslant 4\Omega$
9			与序号 6 装置共用	$R_d \leqslant 10\Omega$
10		线路上装设的避雷器或保护间隙	与电机无电气联系	$R_d \leqslant 10\Omega$
11			与电机有电气联系	$R_d \leqslant 5\Omega$
12		独立避雷针和避雷线		$R_d \leqslant 10\Omega$
13	防雷建筑物	第一类防雷建筑物		$R_{sh} \leqslant 10\Omega$
14		第二类防雷建筑物		$R_{sh} \leqslant 10\Omega$
15		第三类防雷建筑物		$R_{sh} \leqslant 30\Omega$

注：R_d 为工频接地电阻；R_{sh} 为冲击接地电阻；$I_k^{(1)}$ 为流经接地装置的单相短路电流有效值；I_{C0} 为单相接地电容电流有效值。

2. 接地装置计算

（1）人工接地体电阻的计算：

人工接地体电阻因数量、结构形式、敷设类型等不同，计算方法也不同：

1）单根垂直接地体

人工垂直接地体可采用角钢、圆钢或钢管。热镀锌角钢厚度不应小于 3mm，圆钢直径不应小于 14mm，钢管壁厚不应小于 2mm。人工垂直接地体的长一般为 2.5m。

工程设计中，常采用简化计算公式：

$$R_{d(1)} \approx \frac{\rho}{l} \tag{7-19}$$

式中　$R_{d(1)}$——单根人工接地体电阻，Ω；

　　　ρ——埋设地点的土壤电阻率，$\Omega\cdot m$，不同性质土壤电阻率参考值，见表 7-7；

　　　l——接地体有效长度，m。

不同性质土壤电阻率参考值 表 7-7

土壤名称	电阻率（Ω·m）	土壤名称	电阻率（Ω·m）
砂、砂砾	1000	黏土	60
多石土壤	400	黑土、田园土、陶土	50
含砂黏土、砂土	300	捣碎的木炭	40
黄土	200	泥炭、泥灰岩、沼泽地	20
砂质黏土、可耕地	100	陶黏土	10

2）多根垂直接地体

多根垂直接地体并联时，按照阻抗并联法则计算。不过，由于垂直接地体之间离得较近，流散电流之间相互排挤，将影响电流的流散，这被称为屏蔽效应。从而使得接地体的利用率有所下降，结果 n 根垂直接地体并联的总接地电阻 $R_{d\Sigma}$ 为：

$$R_{d\Sigma}=\frac{R_{d(1)}}{n\eta_d} \tag{7-20}$$

式中　$R_{d\Sigma}$——n 根垂直接地体并联的接地电阻总和，Ω；

　　　N——人工接地体数量，只（个、根）；

　　　η_d——接地体的利用系数，垂直管形接地体的利用系数，见表 7-8。

垂直管形接地体的利用系数值 表 7-8

1. 敷设成一排时（不计入连接扁钢的影响）					
管间距离与管子长度之比 a/l	管子根数 n	利用系数 η_d	管间距离与管子长度之比 a/l	管子根数 n	利用系数 η_d
1	2	0.84～0.87	1	5	0.67～0.72
2		0.90～0.92	2		0.79～0.83
3		0.93～0.95	3		0.85～0.88
1	3	0.76～0.80	1	10	0.56～0.62
2		0.85～0.88	2		0.72～0.77
3		0.90～0.92	3		0.79～0.83
2. 敷设成环形时（不计入连接扁钢的影响）					
管间距离与管子长度之比 a/l	管子根数 n	利用系数 η_d	管间距离与管子长度之比 a/l	管子根数 n	利用系数 η_d
1	4	0.66～0.72	1	20	0.44～0.50
2		0.76～0.80	2		0.61～0.66
3		0.84～0.86	3		0.68～0.73
1	6	0.58～0.65	1	30	0.41～0.47
2		0.71～0.75	2		0.58～0.63
3		0.78～0.82	3		0.66～0.71
1	10	0.52～0.58	1	40	0.38～0.44
2		0.66～0.71	2		0.56～0.61
3		0.74～0.78	3		0.64～0.69

3) 单根水平带形接地体

埋于土壤中的人工水平接地体可采用扁钢或圆钢。扁钢截面不应小于 100mm^2。工程设计中，计算单根水平带形接地体电阻的公式为：

$$R'_\text{d} \approx \frac{2\rho}{l} \qquad (7\text{-}21)$$

式中　R'_d——单根水平带形接地体电阻，Ω；

　　　ρ——埋设地点的土壤电阻率，$\Omega \cdot \text{m}$，不同性质土壤电阻率参考值，见表 7-7；

　　　l——接地体有效长度，m。

4) 环形水平接地网

工程设计中，环形接地体网电阻的计算公式为：

$$R''_\text{d} \approx \frac{0.6\rho}{\sqrt{A}} \qquad (7\text{-}22)$$

式中　R''_d——环形水平接地网电阻，Ω；

　　　ρ——埋设地点的土壤电阻率，$\Omega \cdot \text{m}$，不同性质土壤电阻率参考值，见表 7-7；

　　　A——环形接地网包围的面积，m^2。

(2) 自然接地体电阻 R_d 计算

1) 电缆金属外皮和水管等水平自然物的接地电阻计算公式如下：

$$R_\text{d} \approx \frac{2\rho}{l} \qquad (7\text{-}23)$$

2) 钢筋混凝土基础的接地电阻计算公式如下：

$$R_\text{d} \approx \frac{0.2\rho}{\sqrt[3]{V}} \qquad (7\text{-}24)$$

式中　V——钢筋混凝土基础的体积，m^3。

(3) 接地装置电阻 R_sh 计算

接地装置冲击接地电阻由工频接地电阻换算而来，公式如下：

$$R_\text{sh} = \frac{R_\text{d}}{K_\text{sh}} \qquad (7\text{-}25)$$

式中　R_sh——接地装置冲击接地电阻，Ω；

　　　R_d——工频接地电阻，Ω；

　　　K_sh——换算系数，如图 7-31 所示，图中的 l_e 为接地体的有效长度，m。

按《建筑物防雷设计规范》GB 50057—2010 中公式计算：

$$l_\text{e} = \sqrt{2\rho} \qquad (7\text{-}26)$$

图 7-31 中的 l 为接地体最长支线的实际长度。如果 $l > l_\text{e}$，则取 $l = l_\text{e}$。对环形接地体，l 为其周长的一半。

(4) 接地装置计算步骤

1) 根据设计规范确定本工程的工频接地电阻 R_d 值。

2) 实测或估算可利用的自然接地体的接地电阻 $R_\text{d(nat)}$。

3) 计算需要补充的人工接地体的接地电阻 $R_\text{d(man)}$：

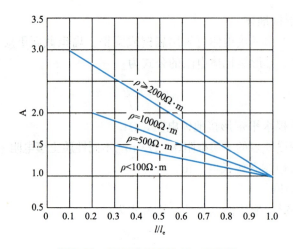

图 7-31 确定换算系数 K_{sh} 的曲线

$$R_{d(man)} = \frac{R_{d(nat)}R_d}{R_{d(nat)} - R_d} \qquad (7-27)$$

4) 按一般经验确定接地体和接地线的规格尺寸、初步布置接地体。

5) 计算单根人工接地体的接地电阻 $R_{d(1)}$。

6) 逐步逼近人工接地体的数量 n：

$$n = \frac{R_{d(1)}}{\eta_d R_{d(man)}} \qquad (7-28)$$

7) 短路热稳定校验。按满足热稳定最小允许截面，计算校验接地装置的金属材料截面大小是否满足要求。

3. 接地装置敷设要求

(1) 引下线与接地装置应采用可拆卸螺栓连接点，以方便接地电阻测量。

(2) 为减少相邻接地体的屏蔽作用，两相邻接地体之间的垂直间距不小于长度的2倍，水平间距不小于5m。

(3) 接地体与建筑物间距不小于1.5m。

(4) 围绕室内外配电装置、建筑物设置环形接地网时，引下线至少应在两点与接地网焊接。

(5) 接地线室内明敷时，距地面高度250～300mm，距墙面10～15mm，扁钢厚度不小于3mm，横截面积不小于24mm^2；圆钢直径不小于5mm。

(6) 接地线应防止发生机械性损伤或化学锈蚀。对有可能造成接地线机械损伤的地方，均应采取相应保护措施。在接地线引入室内的入口处，应设明显标志。

(7) 接地线焊接应采用搭接焊。焊接时，扁钢之间焊接，搭接长度为其宽度的2倍，不少于三面焊接；圆钢之间焊接，搭接长度为其直径的6倍，双面焊接；圆钢与扁钢焊接时，搭接长度为圆钢直径6倍，双面焊接；扁钢与钢管、扁钢与角钢焊接，扁钢应紧贴3/4钢管表面或角钢外侧面，不少于三面焊接。

(8) 所有电气设备及正常情况下不导电的金属外壳，均应单独与接地装置连接，不得串联。

思考题与习题

1. 什么是触电？有哪些危害？
2. 什么是电击、电伤？
3. 简述触电的三种形式。
4. 影响触电严重程度的因素有哪些？
5. 内部过电压和外部过电压的区别是什么？
6. 名词解释：雷电流、雷暴日、年预计雷击次数、雷电波侵入。
7. 名词解释：雷电电磁脉冲、电涌保护器、防雷区、屏蔽、等电位联结。
8. 简述接地的类型及其定义。
9. 什么叫总等电位联结和局部等电位联结？其功能是什么？
10. 建筑物按防雷要求分为哪几类？各类防雷建筑物应采取哪些防雷措施？
11. 某厂的原油储油罐，直径为 10m，高出地面 10m，需在储油罐旁用一独立避雷针进行保护，要求避雷针支架距罐壁最少 5m，原油储油罐按第二类防雷建筑物考虑。试计算该原油储油罐避雷针的高度。
12. 一个圆形水塔高度为 30m，其顶端直径为 10m，属于第三类防雷建筑物，滚球半径为 60m，在顶端中心位置安装避雷针，进行防雷保护，问避雷针至少需要多长？
13. 某建筑物长 54m，宽 20m，高 18m，假设该建筑物所在地区年平均雷暴日为 87.6d/a，试计算该建筑物的年预计雷击次数。
14. 某地区一座办公楼，其外形尺寸长宽高分别为 80m、50m、90m，所在地年平均雷暴日为 30d/a，校正系数 $k=1$，该建筑物应属于几级防雷建筑物？
15. 在某市远离发电厂的工业区拟建设一座 100kV/10kV 变电所，变电所所在场地土壤为均匀土壤，土壤电阻率为 $100\Omega \cdot m$，变电所场地内敷设以水平接地极为主边缘闭合的人工复合接地网，接地网长×宽为 75m×60m，水平接地极采用 $\phi 12$ 圆钢，埋设深度 1m，请采用简易计算公式计算接地网的接地电阻为多少？

参 考 文 献

[1] 方潜生. 建筑电气 [M]. 北京：中国建筑工业出版社，2010.
[2] 方潜生. 建筑电气 [M]. 第二版. 北京：中国建筑工业出版社，2018.
[3] 中南建筑设计院股份有限公司. 建筑工程设计文件编制深度规定 [M]. 北京：中国建材工业出版社，2017.
[4] 中华人民共和国住房和城乡建设部，国家市场监督管理总局. 民用建筑电气设计标准：GB 51348—2019 [S]. 北京：中国建筑工业出版社，2020.
[5] 中华人民共和国住房和城乡建设部，中华人民共和国国家质量监督检验检疫总局. 通用用电设备配电设计规范：GB 50055—2011 [S]. 北京：中国计划出版社，2012.
[6] 中华人民共和国住房和城乡建设部，中华人民共和国国家质量监督检验检疫总局. 供配电系统设计规范：GB 50052—2009 [S]. 北京：中国计划出版社，2010.
[7] 中华人民共和国住房和城乡建设部，中华人民共和国国家质量监督检验检疫总局. 建筑物防雷设计规范：GB 50057—2010 [S]. 北京：中国计划出版社，2011.
[8] 中华人民共和国住房和城乡建设部，国家市场监督管理总局. 建筑电气与智能化通用规范：GB 55024—2022 [S]. 北京：中国建筑工业出版社，2022.
[9] 国家市场监督管理总局，国家标准化管理委员会. 继电保护和安全自动装置技术规程：GB/T 14285—2023 [S]. 北京：中国标准出版社，2006.
[10] 中华人民共和国国家质量监督检验检疫总局，中国国家标准化管理委员会. 标准电压：GB/T 156—2017 [S]. 北京：中国标准出版社，2017.
[11] 中华人民共和国国家质量监督检验检疫总局，中国国家标准化管理委员会. 电能质量 电力系统频率偏差：GB/T 15945—2008 [S]. 北京：中国标准出版社，2008.
[12] 中华人民共和国国家质量监督检验检疫总局，中国国家标准化管理委员会. 电能质量 供电电压偏差：GB/T 12325—2008 [S]. 北京：中国标准出版社，2009.
[13] 中华人民共和国国家质量监督检验检疫总局，中国国家标准化管理委员会. 电能质量 电压波动和闪变：GB/T 12326—2008 [S]. 北京：中国标准出版社，2008.
[14] 中华人民共和国国家质量监督检验检疫总局，中国国家标准化管理委员会. 电能质量 公用电网间谐波：GB/T 24337—2009 [S]. 北京：中国标准出版社，2010.
[15] 中华人民共和国国家质量监督检验检疫总局，中国国家标准化管理委员会. 电能质量 三相电压不平衡：GB/T 15543—2008 [S]. 北京：中国标准出版社，2009.
[16] 国家市场监督管理总局，国家标准化管理委员会. 电力系统技术导则：GB/T 38969—2020 [S]. 北京：中国标准出版社，2020.
[17] 中华人民共和国住房和城乡建设部，中华人民共和国国家质量监督检验检疫总局. 20kV以及下变电所设计规范：GB 50053—2013 [S]. 北京：中国计划出版社，2014.
[18] 中华人民共和国住房和城乡建设部，中华人民共和国国家质量监督检验检疫总局. 35kV～110kV变电所设计规范：GB 50059—2011 [S]. 北京：中国计划出版社，2014.
[19] 中国建筑节能协会. 民用建筑直流配电设计标准：T/CABEE 030—2022 [S]. 北京：中国建筑工业出版社，2022.
[20] 中华人民共和国国家质量监督检验检疫总局，中国国家标准化管理委员会. 特低电压（ELV）限值：GB/T 3805—2008 [S]. 北京：中国标准出版社，2008.

[21] 中华人民共和国住房和城乡建设部，中华人民共和国国家质量监督检验检疫总局. 建筑物电子信息系统防雷技术规范：GB 50343—2012［S］. 北京：中国建筑工业出版社，2012.

[22] 中国航空规划设计研究总院有限公司. 工业与民用配电设计手册［M］. 第四版. 北京：中国电力出版社，2016.

[23] 王晓丽. 建筑供配电与照明（上册）［M］. 第二版. 北京：中国建筑工业出版社，2018.

[24] 郭福雁，黄民德. 建筑供配电与照明（下册）［M］. 北京：中国建筑工业出版社，2014.

[25] 中华人民共和国住房和城乡建设部，中华人民共和国国家质量监督检验检疫总局. 建筑电气工程施工质量验收规范：GB 50303—2015［S］. 北京：中国计划出版社，2016.

[26] 袁进东，李双喜，陈英杰. 建筑电气工程［M］. 第三版. 北京：中国林业出版社，2019.

[27] 毛庆传. 电线电缆手册［M］. 第三版. 北京：机械工业出版社，2017.

[28] 中国电力工程顾问集团有限公司，中国能源建设集团规划设计有限公司. 电力工程设计手册：电缆输电线路设计［M］. 北京：中国电力出版社，2019.

[29] 中华人民共和国住房和城乡建设部，国家市场监督管理总局. 电气装置安装工程 电缆线路施工及验收标准：GB 50168—2018［S］. 北京：中国计划出版社，2018.

[30] 国家能源局. 电力用电磁式电压互感器使用技术规范：DL/T 726—2023［S］. 北京：中国电力出版社，2023.

[31] 程明，杨志强，刑路阳，等. 虚拟电厂关键技术进展研究［J］. 仪器仪表用户，2023，30（12）：92-95.

[32] 张高. 含多种分布式能源的虚拟电厂竞价策略与协调调度研究［D］. 上海：上海交通大学，2019.

[33] 师璞，刘楠，赵耀民，等. 光储直柔建筑配电系统关键技术研究［J］. 电工技术，2023，（22）：56-60＋64.

[34] 王炳铮. 基于光储直柔的建筑配电系统及调度策略研究［D］. 北京：北京建筑大学，2023.

[35] 马瑾，马少清，马睿. 基于源网荷储协调优化的主动配电网运行［J］. 自动化应用，2023，64（5）：208-211.

[36] 郭尊. 考虑源网荷储资源的综合能源系统优化运行研究［D］. 北京：华北电力大学（北京），2020.

[37] 宁可儿，焦在滨，施任威，等. 直流配电技术成熟度分析及发展趋势预测［J］. 西安交通大学学报，2024，58（4）：41-53.

[38] 陈厚合，贺昌慧，张儒峰，等. 工业园区微电网参与配电市场的策略性能量管理双层优化方法［J］. 电网技术，2023，47（7）：2671-2683.